嫉羡与感恩

Envy and Gratitude

梅兰妮·克莱因 儿童心理学

嫉羡与感恩既关联又冲突，
唯有真正懂得这两种情感才能更好地与之相处

[英] 梅兰妮·克莱因 著
冀晖 译

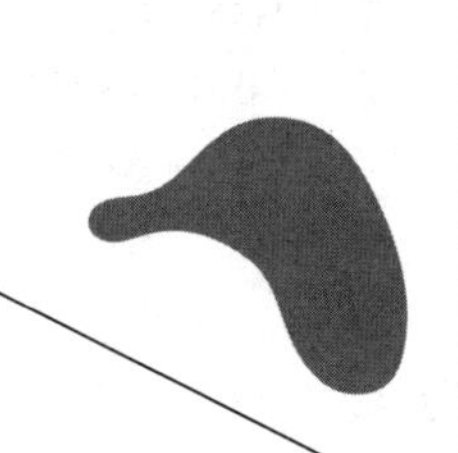

北京理工大学出版社
BEIJING INSTITUTE OF TECHNOLOGY PRESS

图书在版编目(CIP)数据

嫉羡与感恩 / (英)梅兰妮·克莱因著；冀晖译. —北京：北京理工大学出版社，2020.11（2024.6重印）

ISBN 978-7-5682-8776-0

Ⅰ. ①嫉… Ⅱ. ①梅… ②冀… Ⅲ. ①精神分析–研究 Ⅳ. ①B84-065

中国版本图书馆 CIP 数据核字（2020）第 132461 号

责任编辑：田家珍　　文案编辑：田家珍
责任校对：周瑞红　　责任印制：施胜娟

出版发行 / 北京理工大学出版社有限责任公司
社　　址 / 北京市丰台区四合庄路6号
邮　　编 / 100070
电　　话 / （010）68944451（大众售后服务热线）
　　　　　（010）68912824（大众售后服务热线）
网　　址 / http://www.bitpress.com.cn

版 印 次 / 2024年6月第1版第2次印刷
印　　刷 / 天津明都商贸有限公司
开　　本 / 880 mm × 1230 mm　1/32
印　　张 / 11
字　　数 / 284 千字
定　　价 / 79.80 元

目录

··· CONTENTS

第一章

对某些分裂机制[①]的论述（1946）

① （1952年版本的脚注）本文于1946年12月4日在英国精神分析学会宣讲，在稍作修改后（只加上了一个段落和一些脚注），基本维持原文出版。

第一章
对某些分裂机制的论述（1946）

在这章中我将主要阐述个体生命早期的“偏执与分裂焦虑”以及这种机制的重要性。在研究婴儿期的抑郁过程之前，我就在这个论题上提出了很多观点。后来，我继续研究婴儿期的“抑郁位置”，在这个过程中，我再次注意到与此抑郁位置相关联的一些问题。现在，我会对生命早期的焦虑与机制[①]的某些假说做一些我的阐释。

我根据成人和儿童的分析资料，推论出了下面我提出的这些与生命最早期发展阶段有关的假说，其中某些假说与精神医疗中常见的临床观察一致。因为篇幅有限，我不能在这里列举大量详细的案例资料，来更加深入地阐述我的观点，我会在我以后的著作中补足它们。

首先，我会对我提出的有关早期发展阶段的结论进行一段简要地说明，这会帮助读者更好地理解[②]。

---

① 在写作本文前，我曾与宝拉·海曼（Paula Heimann）讨论其主旨，她启发性的建议让我受益良多，使我得以完成并阐释本文的许多概念。

② 参见我的著作《儿童精神分析》（Psycho-Analysis of Children,1932）与文章《论躁郁状态的心理成因》（A Contribution to the Psychogenesis of Manic-Depressive States,1935）。

在早期的婴儿阶段就产生的焦虑，带有精神病的特质，这致使自我（ego）发展出一些特殊的防御机制。我们可以在这个阶段找到所有精神病的固着点。这个假说会让部分人觉得我把所有婴儿都看成了精神病患者，我在我的其他文章中已经充分回应了这种误解。婴儿阶段带有精神病特质的焦虑、机制以及自我防御机制，会影响到个体发展的各个层面——包括自我、超我与客体关系的发展。

我经常说：客体关系在婴儿刚出生时就存在了。生命的第一个客体是母亲的乳房，而婴儿会把这个客体分裂成两个不同的乳房：好的（满足他的）和坏的（挫折他的）。婴儿正是在这个时候，开始分离出了爱与恨。进一步地，我得出一个观点：第一个客体关系隐含了“内射”与“投射”机制，也就是说从生命一开始，客体关系就受到内射与投射两种机制的影响，另外，内在和外在客体与情境之间的相互作用也会影响到客体关系。这些过程参与了自我与超我的建立，并且为半岁开始的俄狄浦斯情结奠定了基础。

在生命一开始，客体就受到了破坏的冲动的影响，这种冲动在婴儿对母亲乳房所做的幻想性的“口腔施虐攻击”（oral-sadistic attacks）过程中表现出来，这种攻击很快发展成对母亲身体的尽可能的虐待。婴儿的“口腔施虐冲动”（oral-sadistic impulses）让他想要抢夺母亲身体中的好东西，“肛门施虐冲动”（anal-sadistic impulses）又让他想要将自己的排泄物放进母亲身体（包括进入她的身体，从而从里面控制她）。这两种施虐冲动让婴儿产生了被害恐惧（persecutory fears），而这种被害恐惧对于妄想症（paranoia）与精神分裂症（schizophrenia）的发生有很大影响。

我曾研究过早期自我的各种典型防御机制，比如将客体与冲动分裂、理想化、否认内在与外在现实、情绪抑制等。我还提出过各种焦虑，包括害怕被毒害与被吞噬等，这些普遍存在于生命早期的现象，大多可以在以后出现的精神分裂症状中找到痕迹。

这里我提到的早期阶段（最开始为“被害期”），后来我叫它“偏执位置”[①]，并指出它发生在抑郁位置之前。一旦被害的恐惧过于强烈，婴儿就无法修通偏执——分裂位置，那么抑郁位置的修通也将受阻。这些失败会导致退行性地（regressive）增强了被害恐惧，并强化严重精神病的固着点。抑郁位置期间还会引发的另一个严重病症——躁郁症（manic-depressive disorders）。我曾得出结论：在发展障碍不严重的个体上，上面这些因素强烈地影响他们选择了神经症（neurosis）。

虽然我假设抑郁位置的结果取决于能否修通分裂位置，但我仍把抑郁位置作为早期个体发展的中心，因为随着将客体作为整体的内射，个体的客体关系会发生根本的转变。整合完整客体的被爱与被恨，会引发哀悼与罪恶，这些感觉说明孩子在情绪与智力生活上有了进展，这正是个体是否会出现神经症或精神病的关键所在。

对费尔贝恩近期论文的一些评论

费尔贝恩近期的几篇论文中[②]，也提到了我现在的一些研究主题，我想就我俩基本观点的异同做一些澄清。本文中我提出的一些结论与

---

① 当本文在1946年初次发表时，我使用“偏执位置”这个概念，与费尔贝恩（W.R.D.Fairbairn）的“分裂位置”（schizoid position）类似。经过深入思考，我决定结合费尔贝恩的概念，因此在这本书里［《精神分析的发展》（Developments in Psycho-Analysis,1952），本文首次发表于此书］采用“偏执——分裂位置”这一措辞。

② 参见《再修订之精神病与神经症的精神病理学》（A Revised Psychopathology of the Psychosis and Neurosis），《以客体关系观点思考内在精神结构》（Endopsychic Structure of Considered in Terms of Object-Relationships）以及《客体关系与动力结构》（Object-Relationships and Dynamic Structure）。

费尔贝恩相同，但其他内容则有根本的差别。费尔贝恩主要关注与客体相联系的自我发展，而我主要是从焦虑和焦虑变迁的角度来切入。他称生命最早的发展期为“分裂位置”，并认为这个位置是正常发展的阶段，更是成人期分裂人格与精神分裂症的基石。这跟我的看法一致。费尔贝恩的“分裂或精神分裂症这一组疾病，比以往所宣称的更为广泛”和“癔症与精神分裂症之间具有内在联系”两种观点，我也十分赞同。

我不同意他对心理结构与本能理论的修订，我也不同意他的“只有坏客体被内化”的观点。客体内化问题导致了我和他在客体关系发展与自我发展观点上的分歧。我认为被内射的好乳房形成了自我的重要部分，从一开始就为自我发展带来了根本的影响——影响自我的结构与客体关系。另外，费尔贝恩认为“分裂个体的主要困难，在于如何去爱而不会用爱来破坏；然而，抑郁个体的主要困难则是如何去爱而不会用恨来破坏”①。这一结论和他驳斥弗洛伊德对原始本能的概念一致，也和他低估攻击与恨意在生命早期的影响相呼应。但这使得费尔贝恩未能足够重视早期焦虑与冲突及其带给发展的动力效果。

早期自我的一些特定问题

接下来，我将挑选自我发展的某一方面，并刻意不把它和整体自我发展联系在一起，在此我也无法触及自我与本我（id）以及超我（super-ego）的关系。

此前我们对早期自我的结构了解很少。近期出现的葛罗夫（Glover）的“自我核心”（ego nuclei）的概念，和费尔贝恩的“一个中心自我与

① 参见《再修订之精神病理学》（A Revised Psychopathology,1941）。

两个附属自我”的理论，我都不赞同。温尼考特（D.W.Winnicott）对早期自我尚未整合的强调[①]倒是与我不谋而合。我也认为生命早期的自我缺乏凝聚力，趋向整合与趋向崩解这两种趋势交替发生[②]。

我们假定：某些功能从生命一开始就存在，而其中佼佼者就是处理焦虑的功能。我认为焦虑源自有机体内死亡本能的抵抗，以被害恐惧为表现形式。对破坏冲动的恐惧或被理解为对无法驾驭、过于强大的客体的恐惧。原始焦虑（primary anxiety）的重要来源还有：出生创伤（分离焦虑）和身体需求受到挫折，这些焦虑在生命初期会被认为是由客体造成的。

因为个体要处理这些焦虑，就使得早期的自我必须发展一套基本的机制与防御；破坏冲动被部分向外投射（死亡本能的转向），它附着在第一个外在客体（即母亲的乳房）上。弗洛伊德指出：破坏冲动的其余部分，在某种程度上与有机体内在的力比多（libido）结合。但这些并不能完全达到个体需要的目的，内在被破坏的焦虑仍存在。我认为，与凝聚力缺乏相一致的是，当受到这种威胁，自我常常会支离破碎[③]。这里所说的“支离破碎”可看作精神分裂症中崩解（disintegration）状态的潜因。

---

① 温尼考特在他的著作《原始情绪发展》（Primitive Emotional Development,1945）中描述了未整合状态的病理性结果，例如一个女性患者无法区分自己和孪生姐妹的案例。

② 生命初期自我凝聚力的多少与自我忍受焦虑的能力有关，比如我之前的观点（参见《儿童精神分析》），这种焦虑是一个体质因素。

③ 费伦齐在《注释与片段》（Notes and Fragments,1930）中提出，每个生命有机体都极有可能通过碎裂化对不舒服的刺激进行反应，这可能是死亡本能的表现。或许，复杂的机制（生命有机体）只有通过外部条件的影响才能作为整体存活下来。当这些条件变得不利时，有机体则裂成碎片。

我们必须正视一个问题：自我中的某些活跃分裂过程会不会发生在生命初期？早期自我以一种活跃的方式来分裂客体及与客体的关系，而这可能暗示了某些活跃的自我分裂。结果就是：被感受为危险来源的“破坏冲动”被驱散了。我认为：害怕被内在破坏力所消灭的原始焦虑，和自我对于支离破碎或分裂自身的特定反应，在所有精神分裂症的病程中都起了很大作用。

与客体相关的分裂过程

向外投射的破坏冲动，最初体现为口腔攻击，我认为对母亲乳房的口腔施虐冲动在生命初期是活跃的，虽然食人（cannibalistic）冲动随着长出牙齿有所增强——这是亚伯拉罕所强调的一个因素。

在挫折与焦虑中，口腔施虐与食人的欲望增强，婴儿感到他已将乳头与乳房咬碎吃掉。因此在婴儿的幻想中，除了区别好乳房与坏乳房之外，还有挫折他的乳房（在口腔施虐的幻想中受到打压）也被感觉为碎片；那个满足他的乳房（在吮吸力比多的主导下被婴儿摄入）被感觉为完整的。这第一个内部的客体在自我中作为一个焦点（focal point），它可以反作用于分裂与消散的过程，建立凝聚力与整合，而且有助于自我的树立[①]。

我认为，如果没有在自我中发生分裂，自我就无法将（内、外）客体分裂，所以说内部客体状态的那些幻想对自我的结构至关重要。如果在合并（incorporate）客体的过程中，施虐冲动越多，那这个客体

① 温尼考特从另一个角度提到这个同样的过程：他描述了整合（integration）与适应力取决于婴儿对母亲的爱和照料的经验。

就越可能被认为是支离破碎的，而且自我也越容易陷入与内化客体碎片有关的被分裂的危险。

当然，以上这些过程是与婴儿的幻想生活联系起来的。婴儿正是在幻想中分裂了客体与自身，而且这种幻想很真实，使得他导致了感觉与关系（以及后来的思维过程）的真实割裂[①]。

与投射以及内射有关的分裂机制

我认为分裂机制是生命初期的自我功能与对抗焦虑的防御之一。内射与投射从生命一开始就被用来服务于自我。如弗洛伊德所说，投射是源于“死亡本能”向外的转向，我则认为它使自我摆脱了危险和坏东西，帮助自我克服焦虑。自我也用内射好客体这种防御机制来对抗焦虑。

其他一些机制也与投射、内射息息相关，我更关注分裂、理想化和否认之间的关联性。在谈到客体分裂时，我们要知道：孩子在满足的状态下，爱的情感会转向满足他的乳房；而在挫折的状态下，恨与被害的焦虑也会转向挫折他的乳房。

理想化与客体的分裂有密切的关联，理想化是被害恐惧的必然结果，也是源自本能欲望的力量。这种本能欲望目的是无限的满足，因此它需要一个永不枯竭且始终丰满的乳房，这就是理性化的乳房。

从婴儿的幻觉性满足（hallucinatory gratification）中，我们可以发现这种分裂（cleavage）。在理想化中发生的主要过程，也同样存在于

---

① 史考特博士（Dr W.C.M.Scott）在和我的讨论中，提到了分裂的另一个方面。他强调断裂在经验的连续性中的重要性，这意味着时间而非空间中的断裂。他举了睡眠与清醒两种状态交替发生的例子，我完全赞同他的观点。

幻觉性满足，也就是客体分裂以及同时否认挫折与迫害。挫折性与迫害性的客体跟理想化的客体被分离。然而，坏客体不仅与好客体分开，它的存在也不被认可，就好像挫折的整个情境与随挫折而来的“坏感觉”（痛苦）都被否认了一样。这整个过程与否认精神现实（psychic reality）有关。对精神现实的否认，只有通过强烈的全能（omnipotence）感才有可能发生，这种全能的感觉也是生命早期的基本特征之一。全能地否认坏客体的存在和坏感觉，在无意识层次上相当于被破坏性冲动所毁灭。不过，被否认与毁灭的不仅仅是一个情境和一个客体，客体关系也会遭殃。也就是说自我的一部分连同它对客体的感觉也被否认、被毁灭了。

在幻觉性满足中，发生着两个互相关联的过程：一个是全能地创造理想客体与情境，一个是全能地毁灭坏客体与痛苦的情境。这些过程的基础，就是客体与自我的分裂。

另外，我想说的是：在早期的发展中，分裂、否认与全能的作用，类似于压抑（repression）在后期的自我发展中的作用。在研究否认与全能的过程在一个充斥着被害恐惧与分裂机制的发展阶段中所发挥的重要性时，我们会联想到精神分裂症所表现的自大妄想与被害妄想。

现在，在处理被害恐惧的问题上，我提出了“口腔”要素。虽然口腔力比多占主导地位，但是身体内的其他力比多冲动、攻击冲动以及各种幻想也会出来，使得口腔、尿道与肛门的欲望（力比多与攻击的欲望）融合在一起。对母亲乳房的攻击，也会变成类似性质的对母亲身体的攻击，因为这个时候母亲不是被感知为一个人，而只是被感觉为是乳房的延伸。这些对母亲的攻击，有两种方法：第一种是以口腔冲动为主，想要将母亲（乳房）吸干、吃光、掏空，并抢夺母亲体内的好东西（后面我会讨论这些冲动是如何影响与内射有关的客体关系的发展）；第二种攻击源自肛门与尿道冲动，它的目的是排除体内危险的物质（排泄物），将它们放到母亲体内。自我分裂的碎片会和这些有害的排泄物一起，在怨恨中被排除。这些碎片也被投射在母亲身上，或者说是投射进入母亲[1]。这些排泄物和自我的“坏”碎片不仅仅是被用来伤害客体，也被用来控制、占有客体。只要母亲能够接受这些坏碎片，她将不被感知为分离的个体，而是被感知为那个坏的自我。

现在婴儿对自己某些部分的恨意大多数被转移到了母亲的身上，这导致了一种特别的认同形式。它建立了“攻击性客体关系”的原型（prototype），我将这种过程称为“投射性认同”（projectiveidentification）。当投射主要来自婴儿想要伤害或控制母亲的冲动时[2]，他的母亲成了迫害者。在精神病障碍中，这种将客体看成是“被自我怨恨的部分”，会使患者对他人产生强烈憎恨。当自我过度分裂并将碎片驱逐出去时，会一定程度地弱化自我。

不过，不是只有坏的自我才被排除与投射，好的部分也一样。这个时候，排泄物就成了礼物，和自我的某些部分一起，这些投射到他人身上，是爱的表现。以这种投射为基础的认同方式，同样对客体关系有重大影响。将好的感觉与自我好的部分投射到母亲身上，这决定了婴儿是否能够发展好的客体关系，并且整合自我。但如果这种投射过程被过度操作，个体将会感到自我中好的部分都流失了，母亲变成

---

① 对这些原始过程的描述有很大的困难，因为这些幻想无法用文字或语言来描述。在这种情况下，我使用“投射进入另一个人”的概念，我认为这是传达我试图描述的无意识过程的唯一办法。

② 埃文斯（M.G.Evans）在一篇简短的通信中（他在1946年1月在英国精神分析学会上宣读过）提供了几个案例，患者有这样的症状：缺乏现实感，感到被分解，人格的某些部分进入了母亲的身体，想要抢夺并控制她。结果是母亲与其他遭受到类似攻击的人变成了病人的代表。埃文斯觉得这些过程与一个最原始的发展阶段有关。

了婴儿的“自我理想”（ego-ideal）。这个过程也会导致自我弱化与缺乏。后来，这个过程延伸到他人身上[①]，很可能会变成过度依赖他人，因为他人成了他自己“好”的部分的外在代表；另外，这个过程会导致害怕失去爱的能力，因为他是把客体当成“自身的代表”来爱的。

所以，我们说自我的某些部分分裂与投射到客体的过程，对于正常的发展与异常的客体关系至关重要。

内射对于客体关系的影响也一样重要。对好客体（首先是母亲的乳房）的内射，是正常发展的前提。在挫折或焦虑的状态下，婴儿逃到其内在理想化的客体处，这种机制会引起各种混乱：当被害恐惧过于强烈时，逃到理想化客体的动作变得过度，会严重阻碍自我的发展，并且扰乱客体关系，导致自我被感觉为完全顺从并依赖这个内在客体（自我只是个空壳）。个体的内部世界如果是带着一个未经同化（assimilated）的理想化客体，就会觉得“自我没有自己的生命与价值”[②]。我认为逃到尚未同化的理想化客体中，会让自我更进一步地分裂。

各种分裂自我与内在客体的方式产生了一种自我碎裂的感觉，可

---

① 史考特在一篇文章（几年前曾在英国精神分析学会中宣读过）中，描述了他在一个精神分裂症患者身上看到的三种相互关联的特征：她的现实感严重紊乱，感觉周围的世界是墓地，将她自己所有好的部分放到另一个人（葛丽泰·嘉宝，Greta Garbo，好莱坞默片时代的电影皇后）身上，让这个人代表自己。

② 参见《对升华问题及其与内化过程的关系的贡献》（A Contribution to the Problem of Sublimation and its Relation to the Processes of Internalization,1942）。在这篇文章中，宝拉·海曼描述到：内在客体表现为一些嵌入在自体（self）之中的异物。虽然对坏客体来说这是更加明显的，但对于好客体来说，如果自我将它们留存，也会一样明显。当自我过度服务其内部的好客体时，这些客体就会感觉到是对自我的危险，如同施加一种迫害性的影响。宝拉·海曼引入了“对内在客体同化”的概念，并将它专门应用于升华（sublimation）。至于自我的发展，她指出这种同化对于自我功能的成功运作与获得独立是最基本的条件。

以将这种感觉理解为自我的“崩解”。在正常的发展过程中，婴儿感觉到的分裂状态是暂时的；在其他相关因素中，来自外在好客体[①]的满足，会帮助孩子度过分裂状态。孩子克服暂时分裂状态的能力和他的心理功能的弹性与耐受性有关。如果自我无法克服分裂和崩解，随着这种状态的持久且频繁地发生，婴儿可能会出现一种精神分裂症。成人患者的人格解体（depersonalization）与精神分裂的解离（dissociation）状态，也可以看成是上述这种婴儿崩解状态的退行[②]。

我认为：婴儿早期过多的被害恐惧与分裂机制，也许会对其早期的智力发展有害；所以，某些特定的心理缺陷要纳入精神分裂症的范畴。当我们在思考任何年龄段孩子的心智缺陷时，应该想到婴儿早期精神分裂症的可能性。

上面我讲了在客体关系上过度内射与投射的一些影响。有些病例是以内射为主，有些病例则是以投射为主。正常的人格，我认为是：自我发展与客体关系的过程，由内射与投射之间的平衡点所决定，这一点又和自我的整合以及内在客体的同化有关。即使失去了这个平衡，即使这两种过程的任何一种变得过度，内射与投射也依然存在着一些相互作用。

投射过程的另外一方面，是关于自我的某些部分强行进入并控制

---

① 由此可见，母亲对婴儿的爱与了解，可以被看成是孩子在克服精神病性质的崩解与焦虑的最大依靠。

② 赫尔伯特·罗森费尔德（Herbert Rosenfeld）在《对一例带有人格解体的精神分裂状态的分析》（Analysis of a Schizophrenic State with Depersonalization,1947）一文中，曾报告了个案材料来说明与投射性认同密切相关的分裂机制是如何导致精神分裂状态与人格解组。在他的文章《关于慢性精神分裂症中混乱状态的精神病理学评论》（A Note on the Psychopathology of Confusional States in Chronic Schizophrenias,1950）中，他指出当个体失去区分好客体与坏客体、攻击性冲动与力比多冲动等能力时，就会进入一种混乱状态。在这种混乱的状态下，为了防御目的，分裂机制极有可能被增强。

了客体。因为这样，内射可以被视为由外而内的侵入，是暴力投射的惩罚。这可能带来一种恐惧，害怕身体和心智都被他人用充满敌意的方式所控制。这就会在内射好客体时产生严重的紊乱，从而阻碍所有的自我功能的发展，并且会过分地退缩到内在世界。可以理解为：这种退缩是因为对内射外在危险世界的恐惧，也是因为对内在迫害者的害怕，以及随后的逃到理想化的内在客体。

我说，过度的分裂与投射性认同导致了自我缺乏与弱化，这个被弱化的自我无法同化它的内在客体，于是自我好像是被这些客体钳制了；同样，这个被弱化的自我无法将投射到外在世界的部分再摄取回来。这些发生在内射与投射交互作用的种种紊乱是过度自我分裂的体现，它对于个体内在与外在世界之间的关系有很不好的影响，并且似乎成为某些精神分裂类型的根源。

投射性认同是许多焦虑情境的基础。幻想中，强行侵入客体产生了焦虑，同时又害怕来自客体内部的危险会威胁到个体，例如，想要在客体里面控制它的冲动，产生了害怕在里面被控制与被迫害的感觉。通过将先前强行侵入该个体的客体内射与再内射，个体内部被迫害的感觉会更强。因为“再度被内射的客体”被感觉为包含了自我的危险部分，这种被害感会更加强烈。当这种性质的焦虑累积时，自我（如过去一样）就会陷入种种内在与外在的被害情境中，这是妄想症的一个基本要素[①]。

---

① 赫尔伯特·罗森费尔德在《对一例带有人格解体的精神分裂状态的分析》与《关于男同性恋与妄想症的关系评论》（Remarks on the Relation of Male Homosexuality to Paranoia,1949）中，讨论了那些精神病患者身上与投射性认同相联系的妄想性焦虑在临床上的重要性。在他描述的两个精神分裂症案例中，病人明显都很害怕分析师强行侵入，他们感到恐惧，当这些恐惧在移情情境中被分析时，病情会好转。罗森费尔德进一步将投射性认同（和相应的被害恐惧）一方面与女性的性冷淡相联系，另一方面与男性同性恋和妄想症的经常发生相结合。

这之前，我阐述了婴儿关于攻击与施虐性地侵入母体的幻想[①]，造成了各种焦虑情境（特别是害怕在母体内遭到囚禁与迫害），而这些焦虑情境则是妄想症的基础。我也呈现了害怕在母体内被监禁（特别是怕阴茎受到攻击），是造成以后男性性功能障碍与幽闭恐惧症（claustrophobia）的重要因素[②]。

分裂的客体关系

关于分裂人格的一些紊乱的客体关系，我认为是这样的：自我的暴力分裂与过度投射，使个体将被投射的客体认为是迫害者。由于自体将具有破坏性与恨的部分裂解并投射出去，自体感觉这对他所爱的客体是个危险，于是引发了罪疚感。罪疚感会在投射过程中从自身转向他人。但罪疚感不会消失，这个被转向的罪疚感成了一种对“他人”的无意识责任，这些人已经成为自体具有攻击性部分的外在代表。

分裂的客体关系的另一种典型特质是自恋。这种自恋源于婴儿期内射与投射的过程。当我们把理想自我投射到另一个人时，就会变得十分喜爱并赞赏这个人，因为他拥有自我的“好”的部分。反过来，如

① 参见《儿童精神分析》第八章以及第十二章。

② 琼·里维埃（Joan Riviere）在一篇文章《见于日常生活与分析的妄想症态度》（Paranoid Attitudes seen in Everyday Life and in Analysis, 在 1948 年在英国精神分析学会上宣读过）中，报告了大量临床资料，其中包括投射性认同。强迫整个自体进入客体的内部（以获得控制与占有）的这种无意识幻想，由于害怕被报复，导致了各种被害恐惧，比如幽闭恐惧症或害怕窃贼、蜘蛛、战时侵略等常见的恐惧症。这些恐惧与无意识的“灾难性”幻想相联系，比如被肢解、被掏空内脏、被撕成碎片，及身体与人格的内在受到破坏。这些恐惧是对灭绝（死亡）的恐惧的延伸，而且都具有增强分裂机制与自我瓦解过程（见于精神病患者）的效果。

果是将自体“坏”的部分投射到他人，这就具有自恋的性质，因为在这种情况下，客体同样一定程度地代表了自体的一部分。这两种自恋的客体关系都有着强烈的强迫特质。我们知道，控制他人的冲动是强迫神经症（obsessional neurosis）的一个基本元素。在某种程度上，控制他人的需要，可以用控制自体某些部分的冲动被转向来解释。当这些部分被过度投射到另一个人的时候，只能通过控制这个人来控制它们。所以可以从婴儿期投射过程的特殊认同中，找到强迫机制的一个根源。这个关联会帮助我们了解那些经常有修复（reparation）倾向的强迫元素，因为个体想要修复的，不仅是一个令他有罪疚感的客体，还是自体的某些部分。

上面这些会产生两种结果：一是个体与特定的客体之间形成一种束缚关系；二是个体从人群中退缩，以免自我的破坏性部分侵入他人，并受到他人报复的危险。因为害怕这类危险，在客体关系中人往往会呈现出负面的态度。例如，我的一个病人说他不喜欢那种太容易被他影响的人，因为他怕这些人变得太像他自己。

分裂的客体关系的另一个特征，是明显的造作与自发性的缺乏。与这一点息息相关的是对自体的感觉发生了严重的紊乱。也就是，精神现实以及外在现实的关系受到了干扰。

自体分裂的部分投射到另一个人身上，基本上影响了客体关系、情感生活与作为整体的人格。我来举两个例子：孤独感与分离恐惧。与人分离时产生的抑郁感，可以在个体对客体遭受攻击冲动破坏的恐惧中找到根源。更确切地说，是分裂与投射的过程形成了这个恐惧的基础。如果在客体关系中，攻击性元素占多数，并且被分离挫折诱发，个体便会感觉到自体的分裂部分（被投射到客体）；同时，内在客体与外在客体一样被感觉到处于同样的破坏危险中（自体的一部分被感觉到留在该外在客体中），这会导致自我过度的弱化，于是产生了孤独感。

分裂客体关系的某些其他特质，也可以在正常人身上看到痕迹，例如害羞、缺乏自发性，或者是对人有特别强烈的兴趣。

同样的，思考过程的正常干扰与发展过程中所经历的偏执——分裂位置有关。因为我们都难免会发生思绪与联想被切断的情况，情境经验被分裂成彼此失去连接的片段。事实上，这就是自我暂时被分裂的状态。

抑郁位置与偏执——分裂位置的关系

下面我主要来讲婴儿的后续发展。这之前，我已经说明了生命早期几个月所特有的焦虑、机制与防御方式。随着婴儿将完整的客体内射，明显的整合发生在第4～6个月的时候，这时客体关系会有重要改变。感觉对母亲的爱与恨的部分相互掺杂，这使得婴儿害怕失落的感觉增强。这跟哀悼与强烈的罪疚感类似。接着，感觉到抑郁的经验会进一步整合自我，因为它能使内在与外在情境合成（synthesis），也会增加个体对精神现实的认知和对外部世界的感知。

在这个阶段出现的修复冲动，是因为对精神现实有更多认知以及合成增加了，这一冲动表明了个体对悲伤感、罪疚感与丧失恐惧等感觉，有更加符合现实的反应。因为想要修复或保护受伤客体的冲动，使得个体发展更满意的客体关系并升华，然后这个冲动强化了合成，并促成自我的整合。

在出生后的第6～12个月，婴儿在修通抑郁位置上有了很大的进展。然而，分裂机制还在发挥作用，虽然它形式调整了，程度轻微，而且早期的焦虑情境被一再感觉到。儿童期的前几年会一直进行被害位置与抑郁位置的修通过程，这在婴儿期的神经症中发挥了重要作用。在这个发展过程中，焦虑减轻了，客体变得不那么理想化，也不那么吓人了，自我变得更加统一。这一切都和现实知觉的增加及对现实的适应有关。

如果偏执——分裂位置不能正常发展，婴儿（因为其内、外在的某些原因）无法应付抑郁焦虑的冲动，就会发生恶性循环。如果被害恐惧与分裂机制过于强烈，会阻碍自我修通抑郁位置，迫使自我退行到偏执——分裂位置，还会进一步增强较早期的被害恐惧与分裂现象，成为日后各种形式的精神分裂症的诱因。由于这种退行发生的时候，不只使得分裂位置（schizoid position）上的固着点被强化了，还有可能发生更严重的崩解。而另一种结果是增强抑郁的特征。

外在经验在上面描述的发展过程中非常重要，例如，我在分析一个表现得抑郁和分裂特征的病人时，能明显看到他婴儿时的早期经验。这种经验很明显，有某几次治疗中，病人甚至发生了喉咙或消化器官方面的身体感觉。这个病人在4个月大的时候，因为妈妈生病而突然断奶，后来的四个星期都没有见到妈妈。当妈妈回来时，她发现这个孩子变了，之前孩子很活泼、对周围事物感兴趣，现在变得对什么都没有兴趣、面无表情。虽然孩子能够接受替代食品，但他对食物的渴望降低了，体重下降，并且产生许多消化方面的问题。直到将近周岁的时候，他接触了其他食物，身体才再次有了不错的发育。

可见，许多类似经验对他整体发展有着非常大的影响，他在成年后的观点与态度都是这个早期阶段所建立的模式。例如，在研究中，我们看到他会贪婪地拿任何他人给他的东西，这是一种被他人以非选择性的方式影响的现象；而在内射的过程中伴随着极度的不信任。这个过程总是被各种来源的焦虑影响，这些焦虑促成了贪婪。

从上面这个例子来看，我得到了如下结论：当他突然失去了乳房和妈妈的时候，这个婴儿已经在某种程度上建立了与“完整的好客体”的关系。这时他已进入了抑郁位置，但是在修通这个位置时遇到了困难，于是退行性地增强了偏执——分裂位置，这让他表现出“淡漠”（apathy）。

而在此之前，这个孩子对周围事物已经能够表现出强烈的兴趣，说明他已到达抑郁位置，并已经内射了完整客体。事实上他已经拥有了爱的能力，而且对于完整的好客体有强烈的渴望。这个病人一个典型的人格特质是：想要去爱并信任他人，无意识地重新获得与再次建立完整的好乳房，这个乳房是他曾经拥有，也是曾经失去的。

“分裂”与“躁狂抑郁”现象之间的联系

个体总是会在偏执——分裂位置与抑郁位置之间摇摆不定，这种波动是正常发展的一部分。这两个发展阶段分界并不明显，并且这两个位置也在不断调整，在某种程度上它们是相互交织、相互影响的。我认为，在异常的发展过程中，这种相互作用影响着某些精神分裂症和躁狂抑郁症的临床表现。

下面我的这个个案材料会更好地描述这种关联性。我的这个病人有明显的躁狂抑郁症，她表现了这个疾病的所有特质：在抑郁与躁狂状态之间的转变摆荡，以及强烈的自杀倾向让她有反复的自杀行动，并且有各种其他躁郁症状。在分析过程中她达到了一个阶段，有了真实且重大的改善，不仅躁郁周期缩短了，她的人格与她的客体关系也发生了根本性的改变，多方面的生产性和真正快乐的感觉（不是躁狂的那种快乐）都发展了起来。随后，病人进入另一个阶段，这最后的阶段持续了几个月，病人在分析过程中用一种特殊的方式跟我合作，她规律地来分析，并充分联想、报告她梦的内容，并为分析提供材料。然而，她不但对我的解释没有任何情绪反应，甚至表现出鄙视，对于我所提示的部分，几乎没有任何意识层面的确认。她对于解释的反应所呈现的材料，反映了它们的无意识效应。这个阶段呈现的强烈抗拒，似乎完全来自人格的某一部分，但同时人格的另外一部分却对分析有所反应。不只是她人格的某些部分不想和我合作，她的人格中不同部分也不能合作，可惜的是当时的分析无法帮助病人去整合这些部分。在这个阶段里，她决定结束分析，外部环境让她做了这个决定，于是她约好了最后一次分析的日子。

在那个特别的日子，她报告了她的梦：梦中的盲人对自己的失明很忧心，但是他似乎想通过触摸她梦中的衣服及试图看看她的衣服是如何被弄紧的，来获得安慰。梦中的衣服让她想起她的一件连体女装，扣子一直扣到脖子处。病人对这个梦有两个进一步的联想，她稍带抗拒地说，那个盲人是她自己。而当提到那件扣子扣到脖子的衣服时，她认为她是走进了自己的“隐藏之所”（hide）。我给她提示，在梦中她无意识地表达了对困境的无视，而且她生活中的各种情景，乃至她对分析所做的决定，都与她无意识的知识不一致。这点也通过她所说的曾走进了她的“隐藏之所”来证明。走进“隐藏之所”是指把自己关闭起来，这种态度是她在前几个阶段的分析中所熟知的。因此无意识的洞识，甚至一些在意识层次的合作（认识到她是那个盲人，以及她已经走进自己的“隐藏之所”），仅来自她人格中一些孤立的部分。事实上，在这次分析的一个小时中，我对这个梦的解释没有达到效果，也并没有改变病人要结束分析的决定。[①]

在这个病人与其他个案的分析中，病人遇到的某些困难的本质，在她中断治疗前的最后几个月，就已经清楚地显现出来了，正是“分裂”与“躁郁”的混合特性决定了她的疾病本质。因为在整个分析过程中（尤其在早期阶段，当抑郁与躁狂最为活跃的时候），有时候抑郁与分裂机制会同时出现，例如：病人很长时间都沉浸在无价值感之中，她泪

---

① 这个分析在中断一段时间后又恢复了。

水表现出了她的绝望。但当我解释这些情绪的时候，她说丝毫没有感觉到这些，于是她责怪自己竟然一点感觉都没有。事实上是出现了思维奔逸，思考好像被切断，它们的表达也是不连贯的。

在解释了隐藏在这些状态下的无意识原因之后，有时候在几次分析中，病人的情绪与抑郁焦虑能够完全流露出来。在这个时候，思考与言语也更为一致。

这种在抑郁与分裂现象之间的紧密联结的现象，通过不同的形式持续表现在她的分析中，而且在分析中断前的最后阶段会变得非常明显。

上面已经提到偏执——分裂位置与抑郁位置之间在发展上的关联，现在问题是：在发展过程中的这个关联，是这些躁狂抑郁障碍的混合症状甚至精神分裂症的根源吗？如果答案是肯定的，那结论将会是：从发展的角度看，精神分裂症与躁狂抑郁障碍比我们原先认为的关联更为紧密。这一点也解释了那些难以鉴别的重度抑郁症（melancholia）或精神分裂症的情况。

某些分裂防御

我们普遍认为分裂病人比躁郁症患者更难分析，前者的退缩、缺乏情绪表达的态度，在客体关系中的自恋元素，使他们在和分析师的整个关系上产生一种分离的敌意（detached hostility），分析中病人有一种非常困难的阻抗。我认为，这是分裂的过程的结果。病人自己感到被隔绝或与分析师距离遥远，分析师也有同样的感觉：即病人的人格和情绪有很多是无法触及的。具有分裂特质的病人可能会说："我听见你说的话了，你可能是对的，但是那些对我没有意义。"或者，他们说感觉自己不在那里。这些病人所表达的"没意义"并非意味着他们对解释的积极排斥，而是提示了他们人格的某些部分与情绪已被裂解，因此无法处理所接收到的解释。他们既无法接受它，也无法拒绝它。

我曾经的一个病例，可以来描述这种状态的潜在过程。这个病人在某次分析的一开始就告诉我他感觉到焦虑，但是不知道为什么；接着他拿一些比他成功、幸运的人（这些人中也包括我）来比较，他明显地表现出非常强烈的挫折感、嫉羡与哀伤。当时我和他解释：这些感觉是指向分析师且他想要摧毁我。这时他的情绪突然改变了，声调变得不连贯，用缓慢而缺乏表情的方式说话。他说感觉到和整个情境脱节。他又说我的解释似乎是正确的，不过这也无所谓，事实上他不再拥有任何愿望，而且没有什么是值得烦恼的。

下面我解释的重点放在了这种情绪改变的原因上。我的解释是：当我进行解释的时候，那种“想要摧毁我”的危险对他来说已经变得非常真实，这立刻让他感到害怕失去我。之前在分析他的某些特定阶段上，这种解释都会让他出现罪疚感与抑郁位置。现在不同的是，他想用一种特殊的分裂方法来处理这些危险。我们知道，在两难、冲突与罪疚感的压力之下，病人通常会分裂分析师，然后分析师可能在某些时刻被他所爱，而在其他时刻被他所恨。他和分析师的关系是这样的：他自己维持在好人（或坏人）的状态，他人则成为相反的人物。但是，这不是发生在这个案例的分析方式。这个病人分裂掉自己的某些部分，也就是他感觉到自我中对分析师有危险与敌意的部分，他将他的破坏冲动从他的客体转向他的自我上，结果是他的自我有些部分暂时“不存在了”。在幻想里，这将导致部分人格的消失。将坏冲动转向自己人格一部分的特定机制，以及随后发生的“将情绪分散”（dispersal），能够把他的焦虑控制在潜伏的状态。

我对这些过程的解释再次改变了这个病人的情绪。他变得情绪化，很想哭，感到抑郁，但也觉得自己更加整合了；另外，他还表示感到饥饿[①]。

在焦虑与罪疚感的压力之下，将人格的一部分暴力地分裂并且摧毁，在我看来，这是一种重要的分裂机制。再来看另外一个案例：一名女病人梦见她必须应付一个执意要谋杀某人的邪恶小女孩，她试图去影响或控制这个孩子，并且逼迫孩子招认（她认为这样对孩子有利），但是她失败了。我也进入了这个梦，病人以为我会帮助她控制这个小孩。然后，病人把小孩绑在树上。当病人要拉扯绳子，试图杀死这个孩子的时候，她醒了过来。梦中的最后一段，分析师也在场，但仍旧是袖手旁观。

在这里，我仅提几点我对上面这个案例的分析结论。在梦中，这名病人的人格被分裂成两部分：一个是邪恶的孩子，另一个是想要影响、控制孩子的自我。这个孩子当然也代表了各种过往人物，但是在这里，它主要是代表病人自我的一部分。另外，分析师就是那个孩子想要谋杀的人，而分析师在梦中的角色部分是要防止谋杀发生。杀死孩子（这是病人所必须采取的方法）代表的是“消灭”她人格的一部分。

这就出现了一个问题：“消灭一部分自我”的分裂机制如何与压抑发生关联的？而后者目的是要应付那些危险的冲动。这里我并不探讨这个问题。

情绪的改变，当然不会总是在单次分析中表现出戏剧化的变化。但我发现，解释导致分裂的特定原因会带来病人整合（synthesis）方面

---

① 饥饿感表明内射过程在力比多的支配下再次运作。虽然他对于我对他的恐惧（害怕他的攻击会毁灭我）的初次解释的回应是，立即强烈地分裂并毁灭自己人格的某些部分，但现在，他能更充分地体验到哀伤、罪疚感与丧失恐惧的情绪，及这些抑郁焦虑的稍稍缓解。焦虑的缓解让分析师再次成为他可以信任的好客体，所以想要将我内射为好客体的欲望能显现。如果他能重建内在的好乳房，就能强化并整合自我，而且能正视自己的破坏冲动。事实上，他能够因此而保护自己与分析师。

的进展。这些解释必须处理当下的移情情境，当然包括与过去的关联，并且与促使自我退行到分裂机制的焦虑情境的细节进行联结。由此而来的解释促成的整合会伴随各种抑郁与焦虑的发生，这种阵发性的抑郁位置（随后又更大的整合）逐渐导致了分裂现象的减弱，以及客体关系的根本改变。

分裂病人的潜伏焦虑

缺乏情绪会使分裂病人反应迟钝，随之而来的是缺乏焦虑，这让分析工作变得困难。因为对于那些具有非常明显或潜伏焦虑的其他类型的病人来说，焦虑在解释中获得了缓解，这种经验将提高他们在分析中的合作能力。

分裂病人身上常有这种缺乏焦虑，他们感到崩解、无法体验情绪、失去客体。在得到整合的进展时，这一点变得更清楚了，病人当时感到极大的缓解是因为他体会到自己的内、外在世界不但变得更加整合，而且再次恢复了生机。所以说，当缺乏情绪时客体关系变得模糊，并且感到失去了人格某些部分的时候，一切似乎都死亡了。这些近乎一种非常严重的焦虑。这种焦虑通过分散被控制在潜伏状态，却一直存在，只是它的形式与在其他类型的病人所见的潜伏焦虑不同。

我认为，对分裂状态进行解释，需要用一种条理清楚的形式来进行，通过这种形式来建立意识、前意识与潜意识之间的联结。当然，这一点我们现在还做不到，但它很重要，因为当病人的情绪无法被触及，我们似乎只能解释他的理智（不论它是多么破碎）。

我的这些提示，在某种程度上可能也可应用在分析精神分裂病人的技术上。

结语

现在我对本篇论文中的结论进行总结。我的主要结论之一是，在生命的最初几个月中，婴儿的焦虑主要为被害焦虑，它促成了一些特定的机制与防御方式。这些防御机制中，特别突出的是分裂内部与外部客体、情绪与自我的机制。这些机制与防御是正常发展的一部分，同时也是以后发生精神分裂症的基础。另外，通过投射而发生认同的一些潜在过程将自我某些部分裂解，然后将它们投射到另外一个人身上；其次是，这种认同对于正常与分裂的客体关系有某些影响。进入抑郁位置的起始阶段是个关键点，此刻分裂机制可能通过退行而得以增强。最后一点是，在躁狂抑郁障碍与分裂疾病之间存在密切关联，这种关联的基础在于婴儿期偏执——分裂位置与抑郁位置之间的相互作用。

第二章

关于焦虑与罪疚的理论（1948）

第二章
关于焦虑与罪疚的理论（1948）

我的焦虑与罪疚感的理论，是在几年的时间里一步步发展出来的，现在来看看我是如何获得这些理论的，可能会对你们有所帮助。

一

弗洛伊德认为焦虑起源于力比多的直接转化。在《抑制、症状与焦虑》（Inhibitions,Symptoms and Anxiety）一书中，他回顾了自己关于焦虑起源的各种理论。他提道："我提议将我们知道的所有关于焦虑的事实总结起来，不带偏颇，也不要期待能够获得一个新的整合"（S.E.20，第 132 页）。后来他认为焦虑起源于力比多的直接转化，但是这次他认为焦虑起源的这个经济层面不太重要。他在以下的声明中证实了这点："我想如果我们认同以下这种明确的说法，整个问题就能得以澄清：作为压抑的结果，原来要发生在本我中的兴奋过程完全没有发生，自我成功地抑制了这个过程或让它转向。如果是这样，就没有在压抑之下'情感转化'的问题了"（同上，第 91 页）。而且，"焦虑的发生是怎么与压抑相关联的，这可能不是一个单纯的问题，但是我们可以正当地坚持这样的观念，即自我是焦虑真正所在的位置，并且放弃我们先前的观念——被压抑的冲动的能量贯注(cathectic energy)自动地变成焦虑"

（同上，第 93 页）。

弗洛伊德认为儿童的焦虑是源于孩子“思念他所爱与渴望的人”（同上，第 136 页）。在研究女孩最根本的焦虑时，他描述了婴儿对于失去爱的恐惧，他的观点在某种程度上似乎对男婴和女婴都适用。“如果妈妈不在身边或者不爱自己的小孩，婴儿就不能确定自己的需要是否能被满足，而且也许会处于极为痛苦的紧张感之中”（S.E.22，第 87 页）。

《精神分析新论》（New Introductory Lectures）中有这样的理论：焦虑来自未被满足的力比多转化。弗洛伊德说这个理论已经“在某些相当常见的儿童恐惧症上找到了支持的证据——婴儿期的恐惧症和在焦虑性神经症中对于焦虑的期待，提供给我们两个例子佐证了神经症性焦虑来源的一种方式——力比多直接转换”（S.E.22，第 82–83 页）。

从弗洛伊德的这些论述中我得到两个结论：一是小孩子身上的力比多兴奋如果不能被满足，它就会转变成焦虑；二是最早期的焦虑是婴儿害怕万一妈妈“不在”，自己的需要将不能被满足的危机感。

二

弗洛伊德罪疚感来源于俄狄浦斯情结。弗洛伊德曾明确地指出冲突与罪疚感是来自生命更早期的阶段，他说：“……罪疚感是一种冲突的表达，而这种冲突是因为生本能与破坏或死亡本能之间永无休止的斗争所带来的矛盾（ambivalence）状态所致。”他还说：“……由于与生俱来，源于矛盾情感的冲突，以及爱与恨两种倾向之间的永恒斗争所致，产生了逐渐升高的罪疚感”。[①]

① 参见《文明及其缺憾》（Civilization and its Discontents,S.E.21, 第 132–133 页）。

另外，对于某些作者提出的挫折强化了罪疚感的观点，弗洛伊德指出："我们要如何根据动力与经济因素来说明罪疚感的增加出现在未被实现的情欲需求上呢？这点只有通过绕圈子的方式才有可能。如果我们假设：由于情欲未得到满足，唤起了一些攻击性来对付那个干涉他获得满足的人，而且这种攻击性反过来必须被它自己抑制。但如果真是这样，终究只有攻击性是通过抑制转移给超我而被转化成罪疚感。如果精神分析对于罪疚感是如何发生的发现被限定在攻击本能上，我相信许多过程将具有一个比较简单且清楚的说明。"[①]

在这里，弗洛伊德明确指出罪疚感来自攻击性，而这一点连同以上所引用的句子（《矛盾情感的固有冲突》），都指向了起源于发展最早期的罪疚感。然而，用整体的角度来看弗洛伊德的观点时，我们就会清楚地看到他的基本假设：罪疚感的开始是俄狄浦斯情结的一个后果。

亚伯拉罕在他对力比多组织[②]的研究中，阐明了最早期的发展阶段。他在幼儿性欲领域中的发现，得益于探讨焦虑和罪疚感来源的新方法。亚伯拉罕认为："在带有食人性目标（cannibalistic sexual aim）的自恋阶段，本能被抑制的第一个证据是以病态焦虑的形式来呈现的，克服食人冲动的过程伴随着罪疚感，这个罪疚感会成为一个属于第三阶段（较早期的肛门施虐）典型的抑制现象。"[③]

---

① 同上引文中第138页。在同一本书中（第130页），弗洛伊德接受了我的假设［这个假设发表在我1927年的文章《俄狄浦斯情结的早期阶段》（Early Stages of the Oedipus Conflict）和1930年的《象征形成在自我发展中的重要性》（The Importance of Symbol-Formation in the Development of the Ego)］：在某种程度上，超我的严厉源于儿童的攻击性被投射到超我身上。

② 参见《根据心理障碍来看力比多发展简论》。

③ 参见《根据心理障碍来看力比多发展简论》，第496页。

三

亚伯拉罕的理论，有助于我们了解焦虑与罪疚感的来源，是他第一次指出焦虑、罪疚感与食人欲望之间有关联。后来，我的研究证实了亚伯拉罕关于焦虑与罪疚感的发现，并说明了这些发现的重要性，而且还进一步发展它，将它们与儿童分析所发现的许多新事实结合在一起。

我的研究发现，施虐冲动和幻想在婴儿期焦虑中有着根本性的重要作用。施虐冲动和幻想涵盖了最早期的发展阶段，并且在这些阶段中达到顶峰。我也看到早期的内射与投射过程，使得极度恐惧及迫害性的客体与极端的“好”客体一起在自我内部建立起来。这些形象（figures）是婴儿自己的攻击冲动与幻想，也就是说，他将自己的攻击性投射到内在客体上，形成了早期超我的一部分。从这些来源中产生的焦虑被附着上了罪疚感，这些罪疚感是婴儿对他爱的第一个客体的攻击冲动（内在与外在都是这样）的结果。[①]

在我的另一篇文章[②]中，我用一个极端案例描述了婴儿焦虑如何被他们的破坏冲动所唤起的。我总结得出：最早期的自我防御（不管是正常还是不正常的发展），是针对攻击冲动与幻想所引发的焦虑而产生的。[③]

几年后，我将弗洛伊德假设的生本能与死本能之间的斗争，应用于在儿童分析中所获得的临场材料上。这帮助我更充分地理解婴儿的施虐幻想及其起源。弗洛伊德曾说：“个体用各种方法来处理危险的

---

① 参见我的论文《俄狄浦斯情结的早期阶段》（1927）。

② 参见《象征形成在自我发展中的重要性》（1930）。

③ 在《儿童精神分析》（The Psycho-Analysis of Children）一书的第八、九章中，我从各个角度更加完整地说明了这个问题。

死本能：它们有一部分与情欲成分（erotic components）融合在一起，被认为是无害的；有一部分则被导向外部世界，呈现出攻击的形式。然而它们在很大程度上仍继续着其未受阻碍的内部运作。”[①]

由此，我提出这样的假设[②]：焦虑是被来自死本能且威胁到有机体的危险所诱发的，这是焦虑产生的最主要原因。弗洛伊德对于生本能与死本能之间的斗争（导致了一部分死本能转向外部以及生、死本能的融合）的描述，提出的结论是：焦虑的起源在于对死亡的恐惧。

弗洛伊德在一篇关于受虐狂的论文[③]中，提出了一些关于受虐狂与死本能相互关联的看法，他认为各种焦虑是由死本能之活动转向内部而来[④]。不过在这些焦虑中，他没有提到对死亡的恐惧。

弗洛伊德在《抑制、症状与焦虑》中，写到他不把恐惧死亡视为看成是原始焦虑的理由。他认为：“无意识似乎不含有提供我们生命灭绝概念的内容”（S.E.20，第 129 页），这是因为人除了可能的晕眩之外，根本无法体验到死亡。由此，他得出的结论是：“对死亡的恐惧可以看成是与阉割恐惧相类似的体验。”

弗洛伊德的这个观点我不赞同，因为据我在分析中的观察，我得出：在无意识中存在着对生命灭绝的恐惧。我也认为，如果我们假设死本能是存在的，那么也必须假设，在心灵的最深处存在着一种对这种本能的反应，这个反应是以恐惧生命被灭绝的形式呈现的。所以，

---

① 《自我与本我》（The Ego and the Id,1923,S.E.19, 第 54 页）。

② 参见《儿童精神分析》，第 126–127 页。

③ 参见《受虐狂的经济问题》（The Economic Problem in Masochism,1924）。在这篇文章中，弗洛伊德第一次将新的本能分类应用在临床问题上。“道德受虐狂因而变成了本能融合存在的典型例证之一。”（S.E.19, 第 170 页）

④ 同上，第 164 页。

在我看来，死本能的内在运作所产生的危险是焦虑的首要原因。[1]由于生本能与死本能两者之间的拉锯持续在人的一生，这种焦虑的来源不会消除，而且会成为一个持续的因子，进入所有的焦虑情境。

我根据我在分析儿童的经验得到结论：焦虑起源于对灭绝的恐惧。在我的一些分析案例中，婴儿的早期焦虑情境被唤醒并不断重复，最终被导向自身本能的、与生俱来的力量；甚至内部或外部的挫折还可能在迫害冲动的各种变迁过程中扮演不同的角色，这一点可以用我在《儿童精神分析》一书中提到的一个例子来佐证。一个5岁的男孩，常常假装他有各种的野兽，例如大象、花豹、鬣狗和狼，来帮助他对付敌人。这些动物代表危险的客体（迫害者），不过他已将它们驯化，可用来保护他对抗敌人。但是分析过程中我发现，这些动物也代表他自己的施虐性（sadism），每一种动物都代表了一个特定的施虐来源以及他在这个联系中用到的身体器官：大象是他的肌肉施虐性，想要践踏、跺脚的冲动；花豹代表了他的牙齿与指甲，可以将猎物撕裂；野狼象征了他的排泄物，象征着破坏性。他有时候变得非常恐惧，害怕他已经驯服的野兽会反噬他，这种恐惧感传达了他被自己的破坏性（以及内在的迫害者）威胁的感觉。

对儿童的焦虑所进行的分析，让我们懂得了存在于无意识中的对死亡的恐惧的各种形式，以及这种恐惧在各种焦虑情境中所起的作用。弗洛伊德的一篇文章《受虐狂的经济问题》论述的基础就是他对于死本能的新发现。他曾列举了一个焦虑情境[2]："害怕被图腾动物（父亲）吃掉"。在我看来，这是害怕自我被完全灭绝的直接表现。怕被父亲吞

① 参见《早期焦虑与俄狄浦斯情结》。在1946年，我得出这样的结论：这种原初的焦虑情境在精神分裂疾病中影响重大。

② 参见S.E.19，第165页。

噬的恐惧，是由婴儿吞噬其客体的那些冲动经过投射而来的。先是母亲的乳房（以及母亲）在婴儿的心中变成了吞噬他的客体[①]，他感到恐惧，而后这些恐惧很快扩展到父亲的阴茎及父亲身上。同时，由于“吞噬”从一开始就有把被吞噬的客体内化的意思，自我在感觉上就包含着被吞噬且吞噬他的客体。于是，超我从这个会吞噬他的乳房（母亲）和吞噬他的阴茎（父亲）那里建立起来。这些残酷且危险的内部人物形象，变成了死本能的代表。同时，早期超我的另外一面成形了，首先是来自内化的好乳房（加上父亲的好阴茎），它们是哺喂且有帮助的内在客体，是生本能的代表。而害怕灭绝的恐惧，包括了害怕内在好乳房被摧毁的焦虑，因为好乳房是延续生命不可或缺的。在内部运作的死本能对自我造成的威胁，与抑郁被内化的“食人母亲与父亲”的危险息息相关，产生了对死亡的恐惧。

根据这个观点，死亡的恐惧从一开始就进入了对超我的恐惧，而且并不是像弗洛伊德认为的是对超我的恐惧的“最终转化”。[②]

弗洛伊德在他的一篇关于施虐狂的文章中提到另外一个基本的危险情境，也就是对阉割的恐惧。我要说的是，对死亡的恐惧参与且强化了阉割恐惧，但是并不“类似”于阉割恐惧。[③]因为生殖器不只是最强烈的力比多满足的唯一来源，也是生本能的表现。而且，由于生育是对抗死亡的基本方式，失去生殖器意味着保持并延续生命创造力

---

① 参见伊萨克斯（Issacs）1962年的文章中给出的例子：男孩说他母亲的乳房曾经咬过他，女孩认为母亲的鞋子会吃掉她。

② 参见《抑制、症状与焦虑》(Inhibitions Symptoms and Anxiety,S.E.20，第140页)。

③ 对于和阉割恐惧相互作用的焦虑来源的更多讨论，参见我的论文《从早期焦虑看俄狄浦斯情结》（The Oedipus Complex in the Light of Early Anxieties，克莱因文集，第一卷）。

的结束。

四

如果我们将原始焦虑（也就是灭绝的恐惧）视觉化，我们要清楚婴儿在面对内部与外部危险时的无助感。因内在死本能的运作而产生的原始危险情境，被个体感受为压倒性的攻击与迫害。让我们在此关联中首先来关注某些随着死本能转向（deflect）外界而发生的过程，和这些过程影响联系于内外情境的焦虑的方式。我们假设，生本能与死本能之间的斗争从刚出生时就开始了，并且增强了因此痛苦经验激发的被害焦虑（persecutory anxiety）。似乎这种经验具有一种效果，就是使得外部世界（包括第一个外部客体，也就是母亲的乳房）看起来是有敌意的，自我将破坏冲动转向这个最初的客体，就促使了上述情形的发生。对小婴儿来说，是乳房在报复他对它的破坏冲动，所以他会有受到乳房挫折的体验。另外，他将自己的破坏冲动投射在乳房上，也就是将死本能转向外界，这样，受到攻击的乳房就变成了死本能的外在代表。[①]“坏”乳房也被内射，并且这一点强化了内部的危险情境，即对死本能在内部运作的恐惧。因为通过内化“坏”乳房，之前被转向外界的死本能，与所有随之而来的危险，又一次被转向内部；而且自我将对自身破坏冲动的恐惧，寄托到这个内化的坏客体上。这些过

---

① 在《儿童精神分析》（第 124 页及其后）中，我指出婴儿最早的喂食困难是被害恐惧的表现。（我指的是喂食困难，是即使母亲奶水充足且没有外部因素干扰的情况下，还是无法形成令人满意的喂食情境）。我的结论是：当这些被害恐惧过度的时候，会导致对力比多欲望的深远抑制。这点见于我的文章《婴儿的情感生活》（The Emotional Life of Infant）。

程可能同时发生，没有先后顺序。我总结得出：令婴儿挫折的（坏的）乳房，由于投射机制而成为死亡的外在代表；通过内射机制，它增强了原始的内部危险情境，这使得自我的一部分更加想将内部危险（主要是死本能的活动）转向（投射）到外部世界。个体一直在对于内部坏客体与外部坏客体的恐惧之间摆荡，并运作于个人内部与转向外部的死本能之间。在这里，我们看到了（生命初期）投射与内射间相互作用的一个重要层面，外部危险被感觉为内部危险，并被强化。从另一方面来说，任何从外部威胁着个体的危险，增强了永久的内部危险情境。这种斗争在某种程度上受到外化（externalized），缓解了焦虑。这种内部危险情境的外化行为，是自我最早的对抗焦虑的防御方式，也是个体发展中最基本且最重要的防御方式之一。

被转向外界的死本能活动及其内部的运作，和同时发生的生本能活动是不能分开的。生本能紧随着死本能被转向外界，并通过力比多寄托在外部客体（满足他的好乳房）上，于是这个客体成为生本能的外在代表。这时个体内射这个好客体，并增强了生本能的力量。内化的好乳房被认为是生命的不可或缺的资源，形成自我的重要部分，将其保存起来成为一种必要的需求。因此，内射这个最早的好客体，和生本能所引发的所有过程有不可分割的联系。被内化的好乳房和象征吞噬性的坏乳房一起，形成了超我核心中好与坏的两个方面，它们代表了自我在生、死本能之间的挣扎。

第二个被内射的重要的部分客体是父亲的阴茎，它同样被判别成好与坏。这两个危险的客体（坏乳房与坏阴茎）是内部与外部迫害者的原型。外部与内部的迫害性客体，带来了那些带有痛苦性质的体验，和那些来自内部与外部的挫折。在所有这些经验中，迫害焦虑与攻击彼此增强。婴儿投射出去的攻击冲动，在他建构迫害者形象的过程中发挥了基本而重要的作用。这些迫害者的形象增加了他的迫害恐惧，并随之增强了他的攻击冲动与幻想，以应付这些“危险的”外部与内部客体。

我认为，成人的妄想症紊乱，其根源是在生命早期所感受到的被害焦虑。妄想症病人被害恐惧的本质，是感觉有一种危险的作用力或机构要害他，使他受苦、受伤，并且最终被毁灭。这个迫害的作用力或是机构，可能是一个人或许多人，甚至是自然力。我认为，妄想症患者被害恐惧的根源，是自我最终被死本能所毁灭的恐惧。

五

下面我将论述罪疚感与焦虑之间的关系。先来看看弗洛伊德与亚伯拉罕关于焦虑与罪疚感的某些观点。弗洛伊德一方面毫无疑问地相信焦虑与罪疚感是紧密联系的；另一方面他认为“罪疚感”这个词只适用于与良心的表现相关的范围，而良心是超我发展的结果。在弗洛伊德看来，超我是俄狄浦斯情结的发展结果，所以，他认为对于四五岁以下的儿童来说，“良心”（conscience）与“罪疚感”这两个词并不适用，而且这个年龄段的焦虑与罪疚感是不同的。[①]

---

① 关于焦虑与罪疚感之间联系的重要参考，来自：“在此，也许我们可以高兴地指出，罪疚感充其量不过是焦虑的一种地形学变体”（《文明及其缺憾》，S.E.21，第 135 页）。另一方面，弗洛伊德明确地区分了焦虑与罪疚感，在讨论罪疚感的发展时，他提到“罪疚感”这个术语的使用和早期“坏良心”的表现有关，并说道：“这种心理状态被称为‘坏良心’，但实际上我们不该这样称呼它。因为在这个阶段，罪疚感明显只是一种对爱的丧失的恐惧，是一种‘社会性’焦虑。对幼童来说，它不可能是什么别的东西，但是在很多成人身上，它也不过是改变到以下程度而已：父亲或双亲的位置被更大的人类社会所取代——一个重大的改变只发生在权威经由超我的建立而被内化的时候，良心的现象于是达到了更高的阶段。事实上，直到现在我们才能谈论良心或罪疚感。”（S.E.21，第 124–125 页）

亚伯拉罕认为，罪疚感源于克服较早的肛门施虐阶段中的食人（也就是攻击）冲动。它发生在一个比上面弗洛伊德所推断的更早阶段，但他并没有给出焦虑与罪疚感之间的区别。费伦齐也没有注意到焦虑与罪疚感之间的区别，他认为罪疚感的本质中有某些部分源于肛门期，他认为有可能存在一种超我的生理预兆（physiological precursor）。他称之为"括约肌道德感"（sphincter-morality）。[①]

恩斯特·琼斯（1929）曾研究过恨、恐惧与罪疚感之间的相互作用。他将罪疚感的发展区分成两个阶段，并且称第一个阶段为罪疚感的"前邪恶期"（pre-nefarious stage）。他把这一阶段与超我发展过程中"施虐的前性器期"（sadistic pre-genital stages）相结合，并且认为罪疚感"总是不可避免地伴随着恨的冲动"；第二个阶段是"真正罪疚感的阶段，它的功能是要保护个体免于外部的危险"。

我曾在论文《论躁狂抑郁位置的心理成因》中，将焦虑分为两种主要形式：被害焦虑与抑郁焦虑。但这两种焦虑并不容易区分。在这篇论文中，我得出一个结论：被害焦虑主要和自我的毁灭有关，抑郁焦虑则主要和个体自身的破坏冲动对他所爱的内在与外在客体所造成的伤害有关。抑郁焦虑有许多种，例如：好客体受到伤害，它正在受苦，它正在恶化，它变成了坏客体，它被灭绝了、丢失了，而且永远不会再有。我还得出结论：抑郁焦虑与罪疚感及其进行修复的倾向密切相关。

我曾在论文中提出一个观点：抑郁焦虑与罪疚感的发生伴随着完整客体的内射。我在偏执——分裂位置[②]（这个位置发生在抑郁心理位

---

① 费伦齐，《性癖好的精神分析》（Psycho-Analysis of Sexual Habits,1925，第 267 页）。

② 参见《早期焦虑与俄狄浦斯情结》。

置之前）方面的研究，引导我得出这样的结论：第一个阶段是以破坏冲动与被害焦虑为主，但抑郁焦虑与罪疚感已经在婴儿最早的客体关系（他和母亲乳房之间的关系）中扮演了某些角色。

在偏执——分裂心理位置期间，也就是生命最初的3～4个月，分裂的过程（包括第一个客体“乳房”的分裂和对它的感觉的分裂）正是最活跃的时候。恨与被害焦虑依附在使个体挫折的（坏）乳房上，爱与抚慰则依附在满足他的（好）乳房上。但即使在这个阶段，这种分裂过程也不是完全有效的；因为从生命刚开始时，自我就想整合它自己，并将客体的不同面加以整合（这种倾向可以被视为生本能的一种表现）。甚至在很小的婴儿身上，都存在着一些朝向整合的过渡状态，这些状态随着发展的进行而变得更为频繁与持久。在过渡状态中，好与坏乳房之间的分裂不太明显。

与部分客体相关的爱与恨，在这种整合状态中发生了一定程度的整合。这引发了抑郁焦虑、罪疚感和修复他所爱且被他伤害的客体的欲望——第一个要修复的是好乳房[①]，也就是说，需要将抑郁焦虑的发生与对部分客体的关系联系起来。我一直认为，抑郁焦虑的基础，是对一个（完整）客体的破坏冲动和爱的感觉之间的整合。

接下来，我们看看这个修正对于抑郁位置概念的影响有多大。现在我要将这个位置进行如下描述：在婴儿3～6个月时，自我的整合有了非常大的进展，婴儿的客体关系及其内射过程在本质上发生了改变。婴儿知觉到的母亲与内射的母亲越来越接近一个完整的人，这代表更

---

① 虽然如此，我们必须记住：就算在这个阶段，母亲的脸、双手和她整个身体的“在场”，越来越多地参与到逐渐建构起来的母子关系中，在这个关系里的母亲是完整的。

完整的认同以及和母亲有了更稳定的关系。虽然这些过程主要体现在母亲身上，但婴儿与父亲（包括其他周围的人）的关系也发生了类似的变化，于是父亲在他的心中也成了一个完整的人。同时，分裂过程的强度减弱了，它们现在主要是和完整的客体有关，而在较早的阶段中，它们主要是和部分客体有关。

客体的对立面及与客体相互冲突的感觉、冲动与幻想，在婴儿心里更加紧密地交织在一起。虽然被害焦虑继续在抑郁位置上扮演它的角色，但是在数量上减少了；而抑郁焦虑则增加并超过了被害焦虑。因为感受到（被内化的与外在的）所爱之人受到攻击冲动的伤害，婴儿会产生强烈的抑郁感。这种情形比他在更早期阶段曾短暂体验到的抑郁焦虑与罪疚感更为持久。现在这个较为整合的自我，需要面对一种非常痛苦的精神现实——即从被内化的受到伤害的父母那里散发的抱怨与责难。这个时候的父母，是完整的客体和完整的人——而且为了应对这种痛苦的精神现实，自我被迫处在更大痛苦的压力之下。这就产生了一种压倒性的想要保存、修复所爱客体的需求：即进行修复的倾向，自我强烈地告诉自己躁狂防御[①]是一种处理焦虑的替代方法，也有很大可能是一种同时使用的方法。

从上面的描述中可以看出，我对关于较早发生的抑郁焦虑、罪疚感的观点所做的修订，并没有对我关于抑郁位置的概念有任何根本的改变。

现在我需要更加深入地研究抑郁焦虑、罪疚感及修复冲动的发生

---

① 躁狂防御的概念和它在心理生活中的广泛应用，在我的两篇文章《论躁郁状态的心理成因》《哀悼及其与躁郁状态的关系》中有较为详细的论述，这两篇文章皆出自《克莱因文集Ⅰ》。

过程。之前我指出，抑郁焦虑的基础，是自我朝向某一客体整合破坏冲动与爱的感觉的过程。所爱客体受到伤害的感觉，是个体自身的攻击冲动造成的。我认为这种感受是罪疚感的本质（婴儿的罪疚感可能包括每一种发生在其所爱客体身上的灾祸，甚至包含了他的迫害客体所造成的伤害）。个体认为是自己造成了这种伤害，产生罪疚感，于是产生想要撤销或修复这种伤害的冲动。因此，修复的倾向可以被看作是罪疚感的后果。

现在有一个问题：罪疚感到底是不是抑郁焦虑的一个要素？这两者是否是同一过程的不同层面？或者，是否其中一个是另一个的结果或表现？我不知道答案，但我仍想说抑郁焦虑、罪疚感和修复冲动，经常是同时被体验到的。

有可能只有当客体的爱的感觉超越了破坏冲动时，抑郁焦虑、罪疚感与修复冲动才会被体验到。或者，我们可以假设：反复体验到“爱”超越“恨”（说到底，是生本能超越了死本能）是让自我能够整合自己并将客体的对立面综合起来的一个基本条件。在这种情况下，与客体坏的方面的关系（包括被害焦虑）已经减弱了。

但我认为在生命最初的 3～4 个月里，是抑郁焦虑和罪疚感发生的阶段，也正是分裂过程与被害焦虑最活跃的时候，于是被害焦虑非常快速地影响着整合的进行，而且抑郁焦虑、罪疚感与修复的经验只是短暂过渡。其结果是被爱的受伤客体可能快速地转变为加害者，而修复冲动则可能变成安抚或取悦加害者的需要。但是，即使在下个阶段（抑郁位置），当更加整合的自我内射并建构逐渐完整的人物形象（person）时，被害焦虑还在继续。这期间，婴儿不仅体验到哀伤、抑郁和罪疚感，也体验到与超我的坏层面相联系的被害焦虑。所以，应付被害焦虑的防御机制与应付抑郁焦虑的防御机制是同时存在的。

我认为，抑郁焦虑和被害焦虑之间的区别是建立在一个有限的概念上，但在精神分析的实践中，许多分析师都发现区分这两者意义重大；它有助于了解情绪的状况。下面我举一个分析抑郁病人的案例，它显示了在分析过程中我们遭遇到的典型情况。在一个特定的治疗时段里，病人可能因为无法修复感觉上是他所造成的伤害，而有强烈的罪恶感与沮丧感。随后，发生了一个戏剧性的改变：这个病人突然带出了被害的内容，他认为分析师分析这件事除了使她受伤之外，什么帮助也没有，并且抱怨先前受到的挫折。我认为这个改变的过程是因为：被害焦虑已经占了优势，罪疚感消退，同时对客体的爱似乎也已经消失了。在这种情绪下，客体就变成坏的、不能被爱的，所以将破坏冲动朝向它似乎也合理。这表明，为了逃避罪恶感与沮丧感带来的压迫性负担，被害焦虑与防御已经被增强了。当然，在许多其他案例中，患者可能同时显示罪疚感与相当多的被害焦虑，而转变到以被害焦虑为主的过程，并不总是像上面这个案例那么戏剧化。在此类案例中，区分被害焦虑与抑郁焦虑，会帮助我们理解试图分析的一些过程。

对于抑郁焦虑、罪疚感与修复，以及被害焦虑与此焦虑的防御，在这两者之间所做的概念性区别，不仅对分析工作有帮助，还有更深远的作用。它能解释许多与人类情绪及行为有关的问题[①]，我认为这个概念对于“儿童的观察与了解”这个特殊领域，具有启发作用。

现在我对我在这一节中所提出的焦虑与抑郁之间的关系，进行简短地总结：罪疚感和焦虑（更确切地说，是与其特定的焦虑形式——

---

① 马尼－基尔在他的论文《朝向共同的目标——精神分析对伦理学的贡献》（Towards a Common Aim–a Psycho–Analytical Contribution to Ethics）中，将被害与抑郁两种焦虑的区别，应用在对于一般伦理学的态度上，更特别应用在对于政治信念的态度上，在他的著作《精神分析与政治》（Psycho–Analysis and Politics）中研究并延伸了这些观点。

抑郁焦虑）是密不可分的，它产生了修复倾向，并且发生在生命的最初几个月中，它还和最早阶段的超我有关。

六

内在危险与外部危险的相互关系说明了“客观的”与“神经症的”焦虑相对应的问题。弗洛伊德将“客观的焦虑”与“神经症的焦虑”区别为下：“真实的危险是可知的，现实的客观的焦虑是对这种可知危险的焦虑；神经症的焦虑是对未知危险的焦虑，神经症的危险实际上是一种不存在的危险，它是一种本能的危险。”[①]而且，“真实的危险是来自外在客体并威胁到个体，神经症的危险则是来自本能的要求而威胁到个体”。[②]

弗洛伊德还提到了这两种焦虑来源之间的相互作用[③]，客观焦虑与神经症焦虑之间并不是泾渭分明的。

弗洛伊德这样描述：焦虑是源于儿童“思念某个他所爱与渴望的人”。[④]弗洛伊德在描述婴儿的基本失落恐惧时说：“他们还不能够区分‘暂时不在’和‘永久失去’的不同，只要没看见妈妈，就会以为妈妈没有了。重复与此相反的抚慰经验是有用的，这会让婴儿知道妈

---

① 参见《抑制、症状与焦虑》（S.E.20，第 165 页）。

② 参见《抑制、症状与焦虑》（S.E.20，第 167 页）。

③ 弗洛伊德提到这种源自外在环境与内在环境的两种焦虑之间的相互作用，是与某些神经症的焦虑有关。“危险是可知的，但与它有关的焦虑却过度强烈，超过了适当的程度——分析表明，未知的本能危险会依附在一个可知而且真实的危险上。”（同上，第 165–166 页）

④ 同上，第 136 页。

妈在消失之后通常会再次出现。”[①]

在另一篇描述失去爱的恐惧的文章里，弗洛伊德认为这种恐惧“很显然是一种当婴儿发现妈妈不在时，所引发的焦虑的后期延长。这种焦虑所对应的危险处境是非常真实且强烈的，如果一个母亲不在了，或不再爱她的孩子时，婴儿将不能确认自己的需要是否能被满足，这会使得他暴露在最痛苦的紧张感觉中。”[②]

然而，在上面这一段文字之前，弗洛伊德从神经症焦虑的角度解释了这种特别的危险处境，这说明了他是从两个角度来探讨这个婴儿期处境的。我认为，这两个主要的婴儿期失落恐惧来源有两种：一种是对母亲的完全依赖，为了满足他的需要与释放紧张，这种来源的焦虑可以理解为客观的焦虑；另外一种焦虑的来源是，婴儿担心他所爱的母亲被他的施虐冲动所摧毁，这种恐惧（可以被称为“神经症的焦虑”）与母亲是一个不可缺少的外在（与内在的）好客体有关，而且会使婴儿觉得她永远也不会回来了。这两种焦虑的来源之间，从一开始就存在着相互作用。

另外，如果外部危险从一开始就和来自死本能的内在危险有所联系的话，那么幼儿就不会体验到来自外面的客观的危险处境。事实上谁都无法做如此清楚的区分，从某种程度来讲，内、外在危险处境之间的互动是持续终生的。[③]

---

① 参见《抑制、症状与焦虑》，第 163 页。

② 参见《精神分析新论》(1932),S.E.22, 第 87 页。

③ 我在《儿童精神分析》中指出：“如果一个正常人被置于严酷的内、外在压力中，或者如果他生病了，或在某些方面失败了，我们可以在他身上观察到其最深层的焦虑处境的完整而直接的运作。但是因为每一个健康的人都有可能有一种神经症，所以他永不可能放弃他原有的焦虑处境。”

战时所进行的分析能很好地解释上面这个观点，哪怕是对正常成年人来说，被空袭、轰炸、火灾等客观的危险处境引起的焦虑，只能通过分析各种被唤起的早期焦虑来缓解，分析可以超越真实处境的影响。对许多人来说，这些焦虑的来源让人产生了对客观危险处境的强大否定（躁狂防御能力），这让他们不会感到明显的恐惧。这常常可以在儿童的身上观察到，而且无法只以他们未完全认知到实际的危险来加以解释。分析显示，客观的危险处境重新唤醒了孩子早期幻想的焦虑达到某种程度，这让他必须否认客观的危险处境。在一些战时案例中可以看到，同样是身处战火的危险处境，有些孩子就能处于相对稳定的状态。这部分孩子的稳定状态，与其说是由躁狂防御能力所决定，不如说它决定于较为成功地缓解了早期的被害焦虑与抑郁焦虑，躁狂防御能力让孩子对内在与外在世界产生安全感，与父母也可以维持好的关系。对于这些孩子，即使父亲不在身边，来自母亲的“在场”与家庭生活的慰藉，也可以帮助他们抗衡由客观危险所引发的恐惧感。

我们知道，幼儿对外在现实与外在客体的感知，常常被他的幻想所影响，并且这样的影响在某种程度上持续终身。唤起焦虑的外在处境，甚至会立即启动正常人身上的精神内源性焦虑，介于客观焦虑与神经症焦虑之间的互动（换句话说，就是外源性焦虑与内源性焦虑两者之间的互动），对应着外在现实与精神现实之间的互动。

当我们分析焦虑是否是神经症的性质的时候，我们必须考虑到弗洛伊德一再强调的一点：内源性焦虑的量有多少。因为这个因素关联着自我进化出适当的防御来应付焦虑的能力，即焦虑强度与自我强度的比例。

七

我的这些观点实际上是从一种对攻击性的研究中发展而来的，这和主流的精神分析思想有很大的不同。弗洛伊德最早发现攻击性的时候，是把它当成儿童性欲的一个元素看待的，他认为它是力比多（施虐性）的附加物。这使得在很长的时间里，精神分析的关注点都集中在力比多，攻击性也大致上被认为是力比多的附属物。[①]1920年，弗洛伊德发现了在破坏冲动中表现出的死本能，并且发现它是和生本能融合在一起运作的。接着，亚伯拉罕在1924年对幼童的分析中，对施虐性有了更深入的探讨。但尽管两位对精神分析有如此大的贡献，精神分析思想也还明显地停留在与力比多和对力比多冲动的防御有关的领域，相对地低估了攻击性的重要性。

我在开始精神分析工作的时候，我把关注点放在了焦虑及其诱因上，这让我可以更容易地去了解攻击性与焦虑之间的关系。[②]对幼童的分析（为此我发展了游戏的技术）支持了我的这一研究方向，这些分析显示：只有靠分析幼童的施虐幻想与冲动，并且对存在于施虐性与焦虑诱因中的攻击成分有更多的认识，才能真正缓解幼童的焦虑。我较完整地评估了攻击性的重要性，因此获得了一些特定的理论性结论，这些结论曾发表在我的论文《俄狄浦斯情结的早期阶段》（Early Stages of the Oedipus Conflict,1927）上。在这篇论文中我就儿童的正常发展与病理发展提出了假设：在生命第一年出现的焦虑与罪疚感，和内射与投

① 参见宝拉·海曼（1952）的文章，她在文章中讨论到这一理论偏见，即偏重于探讨力比多及它对理论发展的影响。

② 对焦虑的着重强调，在我早期出版的著作中就已经存在了。

射的过程密切相关，也和超我的发展及俄狄浦斯情结的最初阶段密切相关。还有，在这些焦虑中，攻击性以及对攻击性的防御机制都值得重视。

大约1927年之后，循着这些方向，英国精神分析学会（British Psycho-Analytical Society）的工作者展开了进一步的研究。在该学会中，许多精神分析师通力合作，为了解攻击性在心理生活中的影响做出了无数的贡献。[①]然而，在过去10–15年中，这方面的研究很少。

对攻击性的研究，让我们认识到修复倾向的主要功能，也就是生本能对抗死本能的一种表现。至此，我们不仅可以用更宽广的视野来看待破坏冲动，对生本能与死本能的互动也有了更完整的了解，还对力比多有了更多的认识。

综上所述，我的观点是：死本能（破坏冲动）是引发焦虑的主要原因。正是攻击性与力比多的相互作用（基本上，既是两种本能的两极对立，也是两者的融合）引发了焦虑与罪疚感。这种相互作用的另一面是力比多对破坏冲动的缓和作用。力比多与攻击性互动的最佳状态是：虽然死本能的永恒活动而产生的焦虑从不停止，却受到生本能力量的对抗，并且确保这种焦虑不造成威胁。

① 参见里维埃（1952）的论文附带参考书目。

第三章

关于精神分析结束的标准（1950）

第三章
关于精神分析结束的标准（1950）

分析结束的标准，对于每一个精神分析师来说都是一个重要问题。有许多标准是我们大家都公认的，此外，我会在本文里对这个问题提出不同的探讨方法。

我经常观察到：分析的结束会重新唤起病人早年的分离处境——断奶的经验。这意味着，在分析接近尾声时，早年婴儿期的冲突再次浮现时，婴儿在断奶时所感觉到的情绪被强烈地重新唤起。所以，在结束分析之前，我必须解决好这一点：生命第一年所体验到的冲突与焦虑，是否都已经在治疗的过程中得到了充分的分析与修通。

我在早期发展方面的研究（1935，1940，1946，1948）帮助我区分了两种焦虑：一种是被害焦虑，它在生命的前几个月中是最主要的，并且引起了偏执——分裂位置；另一种则是抑郁焦虑，它大约在6个月时发生，并且引发了抑郁位置。由此我得出了进一步的结论：婴儿从刚出生时开始体验内源性与外源性的被害焦虑。就其外源而言，出生经验对于婴儿来说感觉就像攻击一般；就其内源而言，弗洛伊德认为对有机体的威胁是来自死本能，我认为这种威胁激发了被灭绝的恐惧，即对死亡的恐惧。我认为这种恐惧就是焦虑的首要原因。

被害焦虑主要和自我感觉到的危险有关，抑郁焦虑则是和感觉上威胁到所爱客体的危险有关，这种危险主要是由个体对客体的攻击产生的。抑郁焦虑发生在自我的整合过程中，由于不断的整合，爱与恨、客体好与坏的层面，都在婴儿的心理更加紧密地靠近彼此。并且，某种程度的整合也是将母亲看成完整的人来内射的一个必要条件。在大约6个月大的时候，婴儿的抑郁感与焦虑达到了巅峰，也就是抑郁位置。被害焦虑在这个时候虽然有所减弱，但仍然影响很大。

和抑郁焦虑有关的是罪疚感，这种罪疚感与食人和施虐的欲望所造成的伤害有关。罪疚感让个体急迫地想要修复其所爱且被其伤害的客体。这种急迫感加深了爱的感觉，并且促进了客体关系。

在断奶的时候，婴儿感觉到他失去了第一个所爱的客体——母亲的乳房。这个客体既是外在的，也是内在的，而且他的失落来源于他的恨意、攻击性与贪婪。断奶让婴儿体验到一种哀伤的感觉。而后抑郁位置带来了痛苦和对精神现实的洞察，这种洞察促进了个体对外在世界有更好的了解。通过逐渐适应现实并且扩展客体关系的范围，婴儿变得能够对抗与减轻抑郁焦虑，并且能稳固地建立他内化的好客体，也就是建立超我中具有帮助与保护性的那一面。

我认为，现实感最早是在早期婴儿阶段被启动的。当个体想要克服抑郁位置的哀伤时，而且在以后，无论何时，只要体验到哀伤，这些早期的过程就会再度被唤起。我发现对成人来说，哀悼的成功不仅需要在自我中建立被哀悼者，还必须重新建立最初所爱的客体，这些客体在早期婴儿阶段受到了破坏性冲动的威胁或伤害。

虽然对抗抑郁焦虑的机制在生命的第一年中就出现了，但被害与抑郁的感觉在整个童年期还是会不断发生。这些焦虑是通过婴儿期神经症（infantile neurosis）的过程而得以修通，且大部分都会被克服。往往是在潜伏期开始的时候，适当的防御已经发展成熟，而且有一些稳定的机制已经形成。这表明已经达到了以性器首位（genital primacy）且令人满意的客体关系，而且俄狄浦斯情结的强度已经减弱了。

根据上面的定义：被害焦虑是和“感觉是威胁到自我的危险”有关，而抑郁焦虑是和“感觉是威胁到所爱客体的危险”有关，我提出一个结论：这两种形式的焦虑构成了孩童期经历的所有焦虑情境。被吞噬的恐惧、被毒害的恐惧、被阉割的恐惧、害怕身体内部受到攻击的恐惧，全部都是被害焦虑，而一切与所爱客体有关的焦虑，则都是抑郁焦虑。被害焦虑与抑郁焦虑区别明显，在临床上却经常混在一起。例如，我已经界定了男性阉割恐惧具有被害的性质，但它又引发了一种无法使女人受孕的感觉，这种恐惧是与抑郁焦虑混在一起的，它的本质是他无法使他所爱的母亲受孕，因此无法为他对母亲的施虐冲动所造成的伤害进行修复。我们知道，阳痿常常会导致男人的严重抑郁。现在来看看女人最常见的焦虑，女孩害怕母亲会攻击她的身体和身体里的婴儿，我认为这种恐惧是女性最根本的焦虑处境，属于被害的性质。但是，因为这种恐惧意味着她所爱的客体，即在她体内的婴儿会遭到攻击，因而这种恐惧包含了一种强烈的抑郁焦虑元素。

因此，我认为被害焦虑与抑郁焦虑的大量减少并缓和是正常发展的前提，尤其是对结束儿童和成人的分析时。

我已经清楚地表明：我提出的标准，其前提是分析发展的早期阶段，到达心理的深层，并且已经修通了被害焦虑与抑郁焦虑。

这一点使我得出一个与技术有关的结论，在分析过程中，分析师经常看起来如同一个被理想化的任务。理想化被当成对抗被害焦虑及其后果的防御，而且是这种防御的必然结果。如果分析师主要依赖于正向的移情关系（positive transference），他可能真的会取得某些进展。当然，这适用于任何一个成功的心理治疗。只有通过分析负向的移情关系，而非正向的移情关系，焦虑才有可能从根本上减轻。在治疗过程中，精神分析师在移情的情境中代表了各种不同的人物形象，这些人物形象和那些在早期发展过程中被内射的形象对应［克莱因，1929；斯特雷奇（Strachey），1934］。因此，有时候这些人物形象被内射为迫害者，有时候则被当作理想的形象。在这两个极端之间还有各式各样不同的形象。

随着被害焦虑与抑郁焦虑在分析过程中被病人体验到并最终得以减轻，最早期的恐怖形象在病人的心中发生了根本的改变。我认为，只有在迫害形象与理想化形象之间的严重分裂得到减轻，攻击和力比多的冲动已经彼此靠近；只有当恨已经被爱化解时，好的客体才能够在病人心中被稳固地建立起来。整合能力的提升，证明了源自早期幼儿期的分裂过程已经减弱了，而且自我的深度整合已经发生了。

第四章

移情的起源（1952）

第四章
移情的起源（1952）

在《一个癔症案例分析的片段》（Fragment of an Analysis of a Case of Hysteria）（1905）这篇文章中，弗洛伊德这样定义移情情境：

“什么是移情？它们是在分析进行中，被唤起并被意识到的冲动与幻想的新版本或是新摹本（facsimile），但是它们有特殊性——代表了它们的属性：它们用医生这个人替换了某位较早时候的人，也就是说，一套完整系列的心理经验被重新唤起了，被套用在当下的这个医生身上。”

移情以各种形式存在于生命的进程中，并影响着人际关系，但我只关注在精神分析中移情的各种表现。精神分析的特别在于：当开始通往病人无意识之路时，他的过往逐渐被重新唤起，因此他想要转移其早期经验、客体关系与情绪的迫切感再次得到增强，并且聚焦在精神分析师身上。也就是说，病人通过利用和早年情境中一样的机制与防御，来处理被重新激活的冲突与焦虑。

因此，如果我们能够进入无意识越深，能够将分析往回追溯得越早，我们对移情的了解也将会越多。因此，简短地说明一下我关于发展最早阶段的结论，与本文是相符的。

最早的焦虑形式，其本质是迫害性的，内在死本能的运作（弗洛伊德认为是朝向有机体本身）引发了被灭绝的恐惧，这也是被害焦虑的最初成因。而且，从出生的那一刻开始，对客体的破坏冲动激发了害怕遭受报复的恐惧。这些内源性的被害感由于那些外在的痛苦经验而增强，因为从生命一开始，挫折与难受的体验让婴儿产生“正遭受到敌对力量（forces）的攻击”的感觉。所以，婴儿在出生时所体验到的感觉，和调适自己适应全新环境的困难，引发了被害焦虑。出生后接受到的舒适与照料（特别是第一次喝奶的经验），在感觉上是来自好的力量。婴儿把满足与爱的感觉指向“好”乳房，并将破坏冲动与被害感指向令他感到挫折的对象，也就是“坏”乳房。分裂的过程在这个阶段最活跃，爱与恨就好比乳房的好与坏的两面，是被远远地隔离开的。婴儿安全感的基础是将好的客体转变为理想的客体，保护自己避免受到危险客体与迫害客体的伤害。这些过程，也就是分裂、否认、全能与理想化，活跃于生命最初的3～4个月时，即“偏执——分裂位置”（1946）。通过这些方式，在最早的阶段，被害焦虑及理想化，从根本上影响着客体关系。

与婴儿的情绪与焦虑紧密联结在一起的原始投射与内射过程，创造了客体关系：通过投射，将力比多与攻击性转向母亲的乳房，建立了客体关系的基础；通过将客体（主要是乳房）内射，形成与内在客体的关系，即婴儿从一出生开始就和母亲建立的一种关系（虽然主要的焦点在母亲的乳房上），这种关系蕴含着客体关系的基本元素，也就是爱、恨、幻想、焦虑与防御。[①]

---

① 所有客体关系最早形态的基本特征都是两人关系的原型，在两人关系中没有其他客体进入。这一点对于日后的客体关系非常重要。虽然这种排他的形式可能维持不了多久，因为和父亲及其阴茎有关的幻想（这些幻想开启了俄狄浦斯情结的早期阶段）将关系引入单一客体以外的其他客体。在分析成人与儿童时，病人有时候会体验到幸福快乐的感觉，这是通过再次唤起早期与母亲及其乳房的独特排他关系。这种经验通常随着对嫉妒与竞争情境（在这些情境中，第三个客体——基本上是父亲）的分析而发生。

我认为，将乳房内射是超我形成的开始，而且这个过程会持续好几年。我们假设：从第一次哺乳经验开始，婴儿就内射了乳房的不同层面，于是超我的核心是母亲的乳房，不论好坏。由于内射与投射同时运作，与外在和内在客体的关系是彼此互动的。很快父亲就成为婴儿内在世界中的重要部分。婴儿情感生活的特点是，在爱与恨、外在与内在情境、对现实的感知及其有关的幻想之间摆荡。而且，被害焦虑与理想化之间是相互作用的，被理想化的客体是迫害体（最坏的客体）的必然结果。

自我逐渐成长的整合与综合能力，使得爱与恨，以及客体相应的好坏两面，都持续被合成。这引发了第二种焦虑形式（抑郁焦虑），因为婴儿现在感觉到他对坏乳房（母亲）的攻击冲动与欲望也会危及好乳房（母亲）。在4～6个月时，这些情绪被进一步增强，因为在这个阶段，婴儿越来越能够将母亲作为一个人来感知与内射。抑郁焦虑更加强烈，因为婴儿感觉到他的贪婪与无法控制的攻击已经破坏或是正在破坏一个完整的客体。此外，由于其情绪的合成逐渐增长，他现在感觉到这些破坏冲动是朝向一个他爱的人。类似的过程也同样发生在他和父亲及其他家人的关系上。这些焦虑与对应的防御形成了抑郁位置。这个位置在第一年的中期发生，其本质是与所爱的内在、外在客体的丧失与破坏有关的焦虑与罪疚感。

就在这个阶段，俄狄浦斯情结也来了。焦虑与罪疚感加速了俄狄浦斯情结的开始。因为焦虑与罪疚感提高了将坏的人物形象外化（投射），将好的人物形象内化（内射）的需要，以便将欲望、爱、罪疚感与修复倾向依附在某些客体上，而将恨、焦虑依附在其他客体上，在外部世界中寻找内在人物形象的代表。但婴儿并不只是想寻找新的客体，他还有朝向新目标的冲动：离开乳房朝向阴茎，即从口腔欲望（oral desires）转向性器欲望（genital desires）。这个发展的促成因素有很多：力比多的前进冲动、与日俱增的自我整合、身体与心理的技能，以及适应外部世界的持续进展。这些发展与象征形成的过程密不可分，而象征形成让婴儿能够从甲客体转移到乙客体，不只是兴趣而已，还有情绪与幻想，焦虑与罪疚感。

我相信最早的焦虑处境所造成的压力，是导致强迫性重复（repetition compulsion）的因素之一，这跟我上面描述的阶段有关。

我认为：客体关系的运作始于婴儿诞生之时。在婴儿阶段，自体性欲与自恋和最早的客体关系（外在的与内化的）是同时存在的。我要再次简短说明我的假设：自体性欲与自恋包括了对内化好客体的爱及关系，这个好客体在幻想中形成了被爱的身体与自我的一部分。在自体情欲的满足于自恋状态中，发生了朝向这个内化客体的退缩；同时，婴儿刚一出生，和众多客体（主要是母亲的乳房）的关系就是存在了。我的这个假设与弗洛伊德对于自体情欲和自恋阶段的概念是相冲突的，他认为和客体（母亲的乳房）的关系先于自体情欲与自恋，客体关系不存在于这些阶段。

其实，弗洛伊德所用的“客体”一词，与我的指意并不相同。他说的是本能趋向的客体，而我的意思是除此之外，有一个客体关系涉及婴儿的情绪、幻想、焦虑与防御。这是弗洛伊德和我关于婴儿早期发展阶段的观点分歧之一。在长期对儿童的分析工作中，我了解到：每一种本能冲动、焦虑情境、心理过程都牵涉到（外在或内在的）客体。也就是说，客体关系是情感生活最核心的部分，而且爱与恨、幻想、焦虑与防御，也是在生命一开始就展开运作，并和客体关系密不可分地联结在了一起。

现在，我要提出本篇的结论：移情源自于最早阶段中决定客体关系的同一过程。所以，我们必须在分析中追溯到客体（所爱的与所嫉恨的、外在的与内在的）之间的摆荡，这种摆荡主导着早期的婴儿阶段。

只有当我们探索早年的爱与恨之间的互动、攻击性的恶性循环、焦虑、罪疚感与攻击性的增强，以及这些冲突情绪与焦虑所朝向的客体的不同层面，我们才能够完全认识正向与负向移情之间的关联性。另一方面，通过对这些早年过程的探索，我确信对负向移情的分析是分析深层心理的前提。这一点过去在精神分析的技术方面得到的关注很少。[①]分析正向移情，也分析负向移情及它们之间的关联性，是我多年来一贯主张的，也是治疗各种病人、儿童与成人时遵循的原则。

这种方法在过去使得儿童精神分析成为可能，而在近几年，在分析精神分裂病人方面它被证实是有效的。直到1920年以前，人们普遍认为精神分裂症患者无法形成移情，因而无法接受精神分析。自那以后，人们开始尝试使用各种技术对精神分裂症患者进行精神分析。但是，在这方面最根本的观点的改变是在最近才发生的，这和分析师们对婴儿早期运作的机制、焦虑与防御有了更多的认知有关。

回顾来看，这些在技术层面的显著进展，离不开弗洛伊德基于生本能与死本能的发现所提出的精神分析理论，他的发现基本上增加了我们对于矛盾起源的了解。因为生本能、死本能及相应的爱与恨，在根源上有最紧密的互动，所以负向与正向移情基本上是互相联结在一起的。

对于最早期客体关系的了解及其所隐含过程的了解，已经在根本上从各种角度影响了技术。我们知道，在移情情境中的精神分析师，有可能代表了母亲、父亲或是其他人，有时候在病人的心里，分析师也扮演了超我的角色，而在其他时候则是本我或自我的角色。我们目前的认知，让我们能够看穿病人分配给分析师的各种角色的特殊细节。事实上，在婴儿的生活里接触到的人并不多，他对人的感受却是众多

① 这主要是因为低估了攻击的重要性。

的客体，因为他看到的是人的各种不同层面。因此，分析师可能有时候代表了自体、超我的一部分，或是各种内化的角色。同样，如果我们只是认知到分析师代表了真实的父亲或母亲，这样的帮助并不大，除非我们了解到是父母的哪个层面被激活了。在病人心中的父母形象，经过了婴儿期的许多投射与理想化过程之后，已经有各种程度的扭曲，并且经常保留了很多婴儿期的幻想本质。总的来说，在婴儿的心里，每个外在经验都有他的幻想成分，而且从另一方面来说，每个幻想也包含了一些真实经验的元素。只有通过对移情情境进行深入分析，我们才能发现关于过去的真实与幻想层面。也是这些最早的婴儿期摆荡的根源，解释了它们在移情中的强度，以及在父亲与母亲之间、在全能的客体与危险的迫害者之间、在内在与外在形象之间的快速转变。有时候这些变化甚至出现在单次治疗过程中。有时候分析师看起来同时代表了双亲，在这种情形下，通常以联合起来的坏的形象对付病人，此时负向移情达到了极为强烈的程度。在移情情境中，被激活或是表现出来的就是一种混合了病人幻想中双亲合二为一的形象，也就是“联合父母意象”（combined parent figure）.[①]这是在俄狄浦斯情结最早期阶段中幻想形成的特征之一，而这一点如果继续保持其强度，就会危害客体关系与性的发展。

通过对这些早期情境的分析，我们发现了在婴儿心中，当他受到挫折时，或是因为内在的一些原因而不能被满足，他的挫折感会伴随这样的感觉：另外一个客体（不久将以父亲为代表）从母亲那里获得了他所渴望的满足与爱。从而形成了以下幻想：双亲结合于一种具有口腔、肛门与性器性质的持续的相互满足。在我看来，这是嫉羡与嫉妒情境

---

① 参见《儿童精神分析》，第八章和第十一章有详细论述。

的原型。

关于移情的分析，还有另外一个层面需要一提，我们习惯于说移情情境，但我们是否总是记得这个概念的基本重要性？我的意思是：在揭开移情的细节时，最基本的是要思考关于从过去转移到当下的整体情境，而不单单是情绪、防御与客体关系。

多年来移情一直被理解为将病人的数据直接指涉到分析师身上。对这一概念我认为是：移情根源于发展的最早期阶段及无意识的深层，这个概念是更宽广的，而且需要具备一种技术，借由这个技术从所有呈现的数据中，将移情的无意识元素演绎出来，找到其脉络。例如病人关于日常生活、关系、活动的报告，不只提供了对其自我功能的洞察，也能从中看出他的防御。在面对分析师时，病人会用这些防御来应对他从分析师身上感到的冲突和焦虑，这是他一直以来所用的应对焦虑的方法。他试图分化和分析师的关系，让自己保持一个全好或全坏的形象：他将某些对分析师的感觉与态度，转到当时生活中的其他人身上，而这是行动化（acting out）的一部分。[①]

本文主要讨论了最早期的经验情境与情绪，它们都是移情的来源。

---

① 病人可能有时候会试图逃离当下、遁入过去，而不会认识到他的情绪、焦虑与幻想在当时正在全力运作中，并将焦点集中在分析师身上。而在其他时候，防御主要是应对再次体验到过去与原初客体的关系。

第五章

自我与本我在发展上的相互影响（1952）

第五章
自我与本我在发展上的相互影响（1952）

在《可结束的与不可结束的分析》(Analysis Terminable and Interminable,S.E.23）中，包含了弗洛伊德对自我的最后结论，他说："……自我具有最初与天生的区分性特质，这是重要的"。多年来我保持着这个观点，并在我的《儿童精神分析》（1932）一书中提道：自我在生命一开始就存在了，而其最早的活动包括应对焦虑的防御，以及使用投射与内射的过程。在这本书中，我提出自我最初忍受焦虑的能力，是根据它本来的强度所决定的，也就是说由先天因素所决定。我认为，自我从最早期与外在世界的接触中，建立了客体关系。最近，我又将朝向整合的冲动界定为自我的另一个原初功能。①

现在我开始研究本能——特别是生本能与死本能之间的挣扎——在自我的这些功能中所扮演的角色。弗洛伊德对生本能与死本能是这样看的：作为所有本能汇聚之处的本我，从一开始就运作着。我完全同意他的这个观点，但我和他也有不同之处，我假设：引发焦虑的首要原因是对灭绝（死亡）的恐惧，而它们源自死本能的内在运作。在生本能与死本能之间的挣扎，源自本我的同时也涉及自我。最初对于被灭绝的恐

① 参见《早期焦虑与俄狄浦斯情结》。

惧迫使自我采取行动，这样就产生了最初的防御。这些自我获得的终极来源是生本能的运作。自我朝向整合与组织化的冲动，说明了它是生本能的衍生物，就像弗洛伊德所说："生本能的主要目的是统合(uniting)与联结（binding）"。[①]与朝向整合的冲动对抗，而且与其交替运作的是分裂过程，它与内射和投射一起代表了某些最根本的早期机制。这些都在生本能的刺激推动下，从一开始就被迫成为防御的作用。

另外，需要关注另一个来自本能冲动对原初自我功能的贡献，即源于本能的幻想活动。苏珊·艾萨克斯说，这是本能在心理的必然结果。我和她的观点一致。我相信和本能一样，幻想从最初就开始运作了，而且它们是生本能和死本能活动的心理表现。幻想活动构成了内射与投射机制的基础，这些机制让自我能够建立客体关系。通过投射将力比多与攻击性转向外界，并将客体浸透于其中，于是婴儿的最初客体关系产生了。我认为，这个过程是促成客体贯注的基础。由于内射的过程，这个最初客体被纳入自体中。从一开始，外在客体和内在客体的关系就是互动的。在这些我称为"内化的客体"中，最早的是一个部分客体，即母亲的乳房。就算是用奶瓶喂养婴儿，这一点也依然成立。乳房很快被附加上其他的母性，成为一个内化的客体，强烈地影响着自我的发展。随着与完整客体的关系发展，父母和其他家人被内射为好人或坏人，这是婴儿根据不断变化的感觉、幻想以及经验来定的，于是充满好、坏客体的内在世界被建立起来。这个内在世界不仅是内在富足与稳定的资源，也是内在迫害的来源。在最早的3～4个月期间，被害焦虑盛行并对自我施压，严酷地考验自我承受焦虑的能力。这种被害焦虑有时候会弱化自我，有时候则具有推动自我朝向整合与智力成长

---

① 参见《自我与本我》（1923）,S.E.19, 第45页。

的作用。在 4～6 个月的时候，婴儿需要保存所爱的内在客体，而这个需要受到他自己的攻击冲动所威胁，再加上随之而来的抑郁、焦虑与罪疚感再次对自我造成影响：它们可能具有征服自我的威胁性，也可能激发自我朝向修复与升华。就是说，自我受到其与内在客体关系的攻击与滋养。[①]

以婴儿内在世界为中心的幻想所具有，拥有特殊系统，对自我的发展来说及其重要。婴儿感觉到活生生的内化客体，其彼此之间以及与自我的关系要么是和谐的，要么是冲突的。这些不同的结果是依据婴儿的情绪与经验而定：当婴儿感觉到他包含有好的客体时，他体验到信任、自信及安全；当他感觉到包含有坏的客体时，他体验到被害与怀疑。婴儿与内在客体的关系好坏，和他与外在客体之间的关系是同步发展的，并且对后者的走向有永久性的影响。另外一方面，婴儿和内在客体的关系从一开始就受到了挫折与满足的影响。于是，在内在客体世界（用一种幻想的方式来反映获取于外界的印象）与外在世界（必然受到投射的影响）之间有持续的互动。

我说过，内在的许多客体形成了超我的核心。[②]超我是在出生后的第一年持续发展起来的。经典精神分析理论表示，它在超我继承俄狄浦斯情结的阶段，达到了顶点。

由于自我、超我的发展和内射、投射的过程相关，它们从一开始就是相互关联的，而且由于它们的发展强烈地受到本能冲动的影响，自从生命开始起，心理的所有三个区域就是紧密互动的。

---

① 关于这些早期过程的最新报告，可见于我的多篇文章。

② 问题在于：在什么程度上、什么条件下，内化的客体形成了自我的一部分，又有多少形成了超我的部分？我想，这个问题引出了一些仍然模糊且需要进一步澄清的问题。宝拉·海曼（1952）在这个方向上提出过一些观点。

因为生本能与死本能之间持续不断的相互作用，两者间对立（融合与去融合）的冲突主导了心理生活，在无意识中存在不断改变的连续互动事件、情绪与焦虑的波动。我现在要提出几点结论：

我提出的假设，代表了对早期无意识过程的一个观点，它比弗洛伊德的心理结构概念所隐含的观点更为宽广。

如果我们假设超我是从这些早期无意识过程中发展出来的，而这些无意识过程同时也塑造了自我，决定了自我的功能，让自我与外在世界的关系成形，那么我们需要对自我发展以及形成超我的基础再深入研究。

所以，我的假设将造成重新评估超我与自我的本质与范围，以及组成自体心理各部分之间的关系。

我想再强调一个事实：我们认知到无意识是一切心理过程的根源，决定了心理生活的全部，所以，只有通过深入而广泛地探索无意识，我们才能够分析全部的人格。

第六章

关于婴儿情绪生活的一些理论性结论①（1952）

① 我的这本书（即《精神分析的发展》）中的部分文章，得益于我的朋友劳拉·布鲁克（Lola Brook）提供的有价值的协助。她仔细看过我的手稿，并在数据的论述与安排方面提供了许多建议，我非常感激她对我的作品抱有热情。

第六章
关于婴儿情绪生活的一些理论性结论（1952）

我对于婴儿心理所做的研究，让我发现运作于早期发展阶段的一些过程大多是在同时运作，且极其复杂。在写作本章之时，我企图针对婴儿生命第一年中情感生活的某些方面加以阐释，而且特别要说明焦虑、防御与客体关系。

生命最初的3～4个月（偏执——分裂位置）[①]

一

生命初期，婴儿就体验到来自内在与外在来源的焦虑。长期以来，我一直认为死本能的内在运作是被灭绝的恐惧产生的诱因，而且这是被害焦虑的最初原因。最早引发焦虑的外在来源是诞生的经验，弗洛伊德认为这一经验为所有日后的焦虑情境提供了一个模型，并且

① 在《早期焦虑与俄狄浦斯情结》中，对该主题有更详尽的论述。我提到我采用了费尔贝恩的术语“分裂”，加上我自己的术语“偏执位置”。

影响到婴儿与外在世界的最初关系。[①]他承受的痛苦与不适，以及失去子宫内状态的失落感，被他感觉为是受到外在“敌人”的攻击，也就是被迫害。[②]于是，随着遭受剥夺，被害焦虑从一开始就进入了婴儿与客体的关系中。

我曾在本书中有这样的假设：婴儿最早关于哺乳和母亲存在的经验，开创了与母亲的客体关系。[③]因为口腔力比多及口腔破坏两种冲动，在生命刚开始时就被特别导向了母亲的乳房，因此这一客体关系在最开始的时候其实是和部分客体的关系。我们假定力比多与攻击冲动之间总是不断地互动，且这种互动和生本能、死本能之间的融合相呼应。所以，在除饥饿与紧张以外的时候，力比多与攻击冲动之间存在最佳的平衡状态。只要因为被剥夺了内在或外在的资源而使攻击冲动增强的时候，这种平衡就会打破。我认为，这种力比多与攻击之间的不平衡，导致了一种贪婪的情绪。这种情绪是最早且最重要的口腔特质，只要贪婪增加，就会强化挫折感及随之而来的攻击冲动。因此，破坏冲动与力比多冲动的相互作用的强度决定了贪婪的强度。不过，虽然在某些案例中，被害焦虑可能增加贪婪，在其他案例中，被害焦虑也有可能导致最早的喂食抑制。

---

① 弗洛伊德在《抑制、症状与焦虑》中，说：“比起我们所相信的，生产过程是一种令人印象深刻的割断，在子宫内的生命与最初的婴儿期之间，其实具有更多的连续性。”（S.E.20, 第 138 页）

② 我认为：生本能与死本能的对抗，在出生时的痛苦经验中就已经产生了，而且加强了被此经验所激发的被害焦虑。参见《关于焦虑与罪疚的理论》。

③ 梅兰妮·克莱因在这里是说伊萨克斯（1952）、宝拉·海曼（1954）和她自己的文章《婴儿行为观察》（On Observing the Behaviour of Young Infants），这些文章都在《精神分析的发展》中发表。

反复发生的满足与挫折，强烈地刺激着力比多冲动和破坏冲动，以及爱与恨。结果当乳房满足婴儿时，它是被爱且被认为是“好的”，而当它给婴儿带来挫折时，则会被怨恨且被认为是“坏的”。在好乳房与坏乳房之间的强烈对比，主要是因为缺乏自我的整合，也是因为在自我中以及在和客体的关系中存在分裂过程。我们假设：即使在生命最早的3～4个月中，好的与坏的客体在婴儿的心里并没有进行完全的区分。对他而言，母亲的乳房有好与坏两个方面，也与她的身体合二为一，于是在最早的阶段开始，与母亲整个人的关系就逐渐地建立起来了。

除来自外在因素的满足与挫折之外，还有各种精神的内在过程（主要是内射与投射），导致了与最初客体的双重关系。婴儿将破坏冲动向外投射，并将它归因于挫折他的（坏）乳房，同理他将爱的冲动投射出去。在同一时间，通过内射，好乳房与坏乳房在内部被建立起来。[①]于是，客体的形象在婴儿的心里被幻想扭曲了，这些幻想和他投射在客体上的冲动相关。好乳房（内在的与外在的）成为一切令他满足的客体原型，坏乳房则成为所有外在与内在迫害客体的原型。各种让婴儿感觉到被满足的因素，比如饥饿的缓解、吸吮的愉悦、免于紧张与不舒服（即免于被剥夺），这些都被归为好乳房。相反，所有挫折与不舒服都被归因为（迫害性的）坏乳房。

我们发现当婴儿处在挫折与怨恨的状态时，被怨恨的乳房在他的破坏性幻想中，他啃咬、撕裂乳房，吞噬它、毁灭它，而且他感觉到乳房也会对他以牙还牙。在婴儿的心中，当尿道和肛门施虐冲动增强时，

---

① 这些最初被内射的客体形成了超我。我认为，超我开始于最早期的内射过程，并且是从好与坏的形象中建立起来。这些好与坏的形象在不同发展阶段中的爱与恨中被内化，而且受到自我的同化与整合。参见海曼（1952）。

他用有毒的尿液与爆炸性的粪便来攻击乳房，于是他也认为乳房对他来说是有毒的、会爆炸的。婴儿的施虐幻想的细节，决定了他对内在与外在迫害者的恐惧。这些迫害者主要是对（坏）乳房进行报复。[①]

因为幻想中对客体的攻击，基本上是受到贪婪的影响，并且因为，恐惧客体的贪婪成为被害焦虑的基本元素之一：就如同他渴望吞噬乳房，坏乳房也将以牙还牙吞噬他。

不过，甚至在最早的阶段，被害焦虑在某种程度上受到婴儿与好乳房的关系所反制。虽然婴儿的感觉集中在与喂食的母亲（由乳房所代表）的关系上，但是母亲的其他层面也早已进入了这个最早的母婴关系中。因为就算是很小的婴儿，也会对母亲的笑容、双手、声音、拥抱与照顾有所反应。婴儿在这些情景中所体验到的满足与爱，都能帮助他对抗被害焦虑，甚至对抗出生经验所引发的失落和被害感。在喂食中，婴儿的身体与母亲靠近（基本上是婴儿与好乳房的关系），这样就反复地帮助他克服了失落，缓解了被害焦虑，并且增加了他对好客体的信任。

二

婴儿的情绪特征具有一种极端强烈的特质，挫折的（坏）客体被感觉为一个恐怖的迫害者，好乳房则是“理想的”乳房，这个理想乳房会满足他贪婪的愿望——渴望无限制的、立即的、持续不断的满足。

① 我认为与内化客体的攻击有关的焦虑，是疑病症（hypochondria）的基础。我在《儿童精神分析》中有提及（第 144 页、第 264 页、第 273 页）。我也主张婴儿早期的焦虑本质上是精神病性质的，也是日后发生精神病的基础。

于是他有了一种完美、永不枯竭的乳房的感觉，这个乳房永远存在、永远会满足他。另一个促使将好乳房理想化的因素，是婴儿被害焦虑的强度，因为被害焦虑会产生被保护的需要，以避免受到迫害者的伤害，于是增加了全能满足客体的力量。理想化的乳房是迫害性乳房的必然结果，而且，因为理想化是来自一种被保护的需要，以避免受到迫害客体的伤害，所以它是一种对抗焦虑的防御方式。

幻觉性满足（hallucinatory gratification）的例子，能帮助我们了解理想化过程发生的方式。在这个状态下，各种挫折与焦虑被处理掉，曾失去的外在乳房被重新获得，再次唤醒了于内在拥有理想乳房（占有它）的感觉。我们假设：婴儿在幻觉中感觉到对产前状态的渴望，因为幻觉中的乳房是永不枯竭的，他的贪婪立刻被满足了（但是，饥饿感会再次将婴儿带到外在世界，于是，他会再次体验到挫折及其激发的所有情绪）。在满足愿望的幻觉中，许多基本的机制与防御在运作着，其中之一是对内在及外在客体的全能控制，因为自我以为它可以完全拥有外在及内在的乳房，而且，在幻觉中，迫害性乳房和理想的乳房被隔离开，受挫折的经验与被满足的经验也被分隔开。这样的分裂（可看成是将客体与对它的感觉分裂）应该与否认的过程有关。“否认”的最极端形式可看成是没有任何挫折的客体或情境，所以与来自生命早期阶段强烈的全能感密切相关。这样一来，被挫折的情境、令其挫折的客体、挫折所带来的坏感觉都被感觉不到了，已经被消灭了。婴儿通过这样的方式获得了满足，并从被害焦虑中解放出来。消灭迫害性客体和迫害情境，与全能地控制客体的极端形式相关。我认为在某种程度上，理想化的过程中也存在着这些过程。

早期的自我在愿望满足的幻觉之外的状态，也会运用灭绝（annihilation）机制来克服客体与情境分裂的某个方面。例如在被害幻觉中，客体与情境的恐怖面更强大一些，以至于好的方面在感觉上已被完全摧毁。自我将两个方面分开的程度，似乎是随着状态的不同而变化的，这样就决定了被否定的方面是否在感觉上已经完全不存在了。

大部分是被害焦虑在影响着这些过程，我们假设：当被害焦虑减弱时，分裂的运作不活跃时，自我整合自己，并且将它对客体的感觉合成起来。但整合步骤只有在对客体之爱超越了破坏性冲动（或者说是生本能超越死本能）的那一刻，才有可能发生。我认为，自我整合自己的倾向可以看成是生命本能的表现。

整合对于同一客体（乳房）之爱的感觉与破坏冲动，引发了婴儿抑郁焦虑、罪疚感以及想要修复遭受伤害的所爱客体（好乳房）的冲动。这就是说婴儿有时候会体验到与部分客体（母亲的乳房）[①]有关的矛盾感情。在生命的最初几个月中，这种整合状态是短暂的。在这个阶段，自我达到整合的能力还很有限，而和这一困难有关的原因，是被害焦虑及分裂过程的强度（它们正处于最活跃的高峰期）。随着发展的进行，合成的经验及随着合成而发生的抑郁焦虑经验，变得更成熟，这些都构成了整合成长的一部分。随着整合与合成朝着客体的对立情绪方向的发展，通过力比多来缓和破坏的冲动成为可能，使得焦虑真正减少，[②]这是正常发展的根本条件。

我曾指出，分裂的过程在其强度、频率和持续时间方面，有很大的变异性，不只是在个体之间有差异，在同一个婴儿身上的不同时间

---

① 在《论躁郁状态的心理成因》中，我指出第一次感受到爱恨交织的矛盾情感，是在抑郁位置时与完整客体的关系上。随着我对发生抑郁焦虑的观点有所修正（参见《关于焦虑与罪疚的理论》），现在我认为，爱恨交织的矛盾在与部分客体的关系中就已经被体验到了。

② 这种介于力比多与攻击性之间的互动形式，对应于生本能和死本能之间一种特殊的融合状态。

也存在差异。生命初期的情感生活有一部分是这样的：许多过程快速地交替着，甚至可能在同时进行。例如，当婴儿将乳房分裂为被爱的与被恨的（好的与坏的）两个方面时，同时存在着一种不同性质的分裂，引发了一种感觉：自我及其客体处于四分五裂的状态。这导致了崩解的状态，[①]这些状态与其他过程交替进行着，某种程度的自我整合与客体合成在这个过程中慢慢地发生了。

早期的分裂方法，根本上影响了日后发展阶段中压抑的执行方式，而这又反过来决定了意识与无意识之间相互作用的程度，也就是说，心理各部分之间互相保持“通透性”（porous）的程度，主要是由早期分裂机制的强弱来决定的。[②]一些外在因素在生命初期就有很重要的影响，因为我们已经知道，任何引起被害恐惧的刺激都会增强分裂机制。然而，每一个好的经验都会强化对好客体的信任感，并且促成自我的整合及客体的合成。

三

弗洛伊德的一些结论说明了自我是通过内射客体而发展的。关于最初期的阶段，好乳房在满足与快乐的情境中被内射了，我认为那已成为自我的重要部分，且强化了它的整合能力。因为这个内在的好乳房

---

① 参见《早期焦虑与俄狄浦斯情结》。

② 我发现对分裂的病人来说，他们婴儿期的分裂机制的强度说明了他们进入无意识的困难。这些病人朝向合成的进展受阻，因为在焦虑的压力之下，他们反复地无法保持自体各部分之间的联结，虽然这些联结在分析过程中曾被强化。抑郁型的病人在无意识与意识之间的分裂不太明显，所以这些病人较有能力获得洞察力。我认为，他们能更成功地克服其婴儿早期的分裂机制。

强化了婴儿爱与信任其客体的能力，也形成了早期超我有益、温和的方面，更加刺激自我内射好的客体与情境，所以这是对抗焦虑机制产生的基础，它是内在生本能的代表。不过，只有当好的客体被感觉为未受损害时，才能具备这些功能，因为它主要是和满足与爱的感觉一起被内化的，这些感觉的前提是吸吮带来的满足，大体上没有受到外在或内在因素的干扰。内在干扰的主要原因是过度的攻击冲动，它增加了贪婪并减弱了承受挫折的能力。也就是说，当两种本能融合的时候，生本能超越了死本能（并且对应的是力比多超越了攻击），好乳房能够在婴儿心中更好地被建立起来。

婴儿的口腔施虐欲从出生开始很活跃，而且容易被外在与内在的挫折所激发，并且不可避免地会一再地引发一种感觉——乳房因为他贪婪的攻击和吞噬而被摧毁，而且在他体内成为碎片。内射的这两种层面是同时存在的。

在婴儿与乳房的关系中，挫折或满足的感觉是由外在环境影响决定的，当然也要考虑从一开始就影响着自我强度的体质因素。之前我曾指出自我承受压力与焦虑的能力，即在某种程度上忍受挫折的能力，是一个体质上的因素。[①]对焦虑的较大忍受能力，根本上是建立在力比多冲动超越攻击冲动的状态上。也就是说，它取决于一开始当两种本能融合时，生本能所扮演的角色。

我假设，在吸吮功能中所表现的口腔力比多，使婴儿能够将乳房（及乳头）内射为一个大致没有被毁坏的客体。我还假设，破坏性冲动在最早期的阶段是最强大的。这两个假设并不冲突。影响两种本能融合与去融合的因素并不清楚，但能确定在和第一个客体（乳房）的关系中，

---

① 参见《儿童精神分析》第三章。

自我有时候能够通过分裂的方法将力比多与攻击分开。[①]

接下来，我要论述投射在被害焦虑的发展中所扮演的角色。我已在其他地方[②]描述了吞噬与掏空母亲乳房的口腔施虐冲动，是怎样被纳入吞噬与掏空母亲身体的幻想中。来自所有其他来源的施虐攻击，迅速与这些口腔攻击发生关联，于是发展出两条主线的幻想。一种（主要是口腔施虐的，且与贪婪密切相关）是掏空母亲身体中任何的好东西；另外一种（主要是肛门的）是要在母亲的身体里填满坏东西，以及从自体裂解下来并且投射到母亲体内的碎片。这些碎片主要以排泄物为代表，此时排泄物成为破坏、摧毁和控制被他所攻击的客体的工具。又或是，整个自体（被感觉是坏的自体）进入母亲的身体并掌控它。在这些不同的幻想中，自体通过对外在客体（首先是母亲）的投射而获取、占有它，并让它成为自体的延伸，客体在某种程度上成为另一个自我。我认为这些过程是通过投射而认同，或是“投射性认同”[③]的基础。借由内射而认同与借由投射而认同是互补的过程，这导致投射性认同的过程，在最早期与乳房的关系中就已经开始了。“如吸血鬼般的吸吮”、将乳房掏空，在婴儿的幻想中发展成企图进入乳房，并进入母亲的身体。于是，投射性认同会在贪婪的口腔——施虐内射乳房时同时开始，这个假设和我经常表达的观点是一致的：内射与投射从生命一开始的时候

---

① 在我的论证中，我未指明的是：我不赞同亚伯拉罕关于“前矛盾期”（pre-ambivalent stage）的概念，因为它意味着破坏的（口腔施虐的）冲动最初是随着长牙而发生的。但是，亚伯拉罕也曾指出施虐性原本就存在于“如吸血鬼般”（vampire-like）的吸吮行为中。可以肯定，开始长牙及影响牙龈的生理过程，是激发同类相食的冲动及幻想的强烈刺激，但是攻击性构成了婴儿与乳房之间最初关系的一部分，虽然它不常被表现在这个阶段的啃咬行为中。

② 参见《儿童精神分析》。

③ 参见《早期焦虑与俄狄浦斯情结》。

就在互动了。将一个迫害客体内射，在某种程度上是由破坏冲动在客体上的投射所决定的。想要将坏东西投射（排出）的冲动，因为对内在迫害者的恐惧而增加，当投射为被害焦虑所主导时，被投射坏东西（坏自体）的客体成为最好的迫害者，这时它已被赋予该主体所有的坏的品质，再内射这个客体就急剧地增强了对内在与外在迫害者的恐惧。于是，和内在世界与外在世界有关的被害焦虑，两者不断地互动着，在这个互动中，投射性认同所涉及的一些过程扮演了重要的角色。

我认为，找到好客体的前提是爱的感觉的投射，内射好客体刺激了好的感觉的投射，而借由再内射强化了拥有内在好客体的感觉。好的自体部分的投射或整个好自体的投射，与坏自体投射到客体及外在世界是互对应的。再内射好的客体和好的自体，减轻了被害焦虑，于是与内在和外在世界的关系都改善了，而且自我在强度与整合程度上都获得了提高。

在整合上的进展，取决于爱的冲动暂时超越了破坏冲动而占主导位置，这个进展导致了一个过渡的状态，在这时自我将对同一客体（最开始的是母亲的乳房）的爱与破坏冲动加以合成。这个合成的过程开启了另一个重要阶段（可能同时发生）：抑郁焦虑与罪疚感的痛苦情绪发生了，攻击性被力比多缓和，使被害焦虑减弱了。与危险的外在和内在客体的命运有关的焦虑，使得对此客体更强的认同，自我于是努力进行修复，并且抑制了感觉上会危及所爱客体的攻击冲动。[①]

---

① 亚伯拉罕第一次提到的本能抑制是："……自恋并带有同类相食的性目标的阶段"（《力比多发展简论》，第 496 页）。因为对攻击冲动与贪婪的压抑经常也波及力比多欲望，抑郁焦虑成为进食困难的原因，这些困难发生在婴儿几个月大的时候，并且集中出现在断奶时。我认为最早期的喂食困难，是被害焦虑造成的。（参见《儿童精神分析》）

随着自我整合能力增强，抑郁焦虑的体验在发生频率和持续时间上都增加了。另外，因为知觉范围扩展，在婴儿心里将母亲看成一个完整而独特的人的概念，从与母亲身体的局部及人格的各个层面（她的气味、触摸、声音、微笑、脚步声等）的关系中发展了出来。抑郁焦虑与罪疚感渐渐聚焦在被完整个体的母亲身上，并且强度也增加了，抑郁位置便凸显出来。

四

上文，我已经论述了在生命最初3～4个月的心理生活的某些方面。在这个阶段偏执——分裂位置居主导地位，内射与投射（以及再内射与再投射）过程之间的互动决定了自我的发展；与所爱及所恨的（好的与坏的）乳房的关系，是婴儿最早的客体关系；破坏冲动与被害焦虑正是最活跃的时候，渴望无限制的满足即被害焦虑，促使婴儿感觉到好乳房与坏乳房是同时存在的，而这两个形象在婴儿心里是被远远地分隔开的，母亲乳房的这两个方面被内射，构成了超我的核心。在这个阶段，主导的是分裂、全能自大、理想化、否认、控制内在及外在客体，这些初期的防御机制具有极端的特质，因为它们要配合早期强烈的情绪及自我承受急性焦虑的有限功能。在某些方面，这些防御虽然阻碍了整合的进程，但对于整体自我的发展而言，它们很重要，因为它们不止一次地缓解了婴儿的焦虑。这种相对短暂的安全感，主要是通过将迫害客体与好客体分开来所达到的。心中有好的客体，就能使自我经常保持强烈的爱与满足感，好客体也提供了保护来对抗迫害客体，因为它被感觉到取代了后者。这些过程导致了一个事实：婴儿如此快速地在完全满足的状态与极大的痛苦状态之间转变着。在这个早期阶段，自我容许对母亲的矛盾情绪同时存在，这样来处理焦虑，但这种能力还很有限。这意味着对好客体的信任缓和了对坏客体的恐惧及抑郁焦虑。在崩解与整合的交替过程中，渐渐发展出比较整合的自我，它能更好地处理被害焦虑。婴儿与母亲身体局部的关系（她的乳房），渐渐转变为和母亲整个人的关系。

这些存在于最早婴儿阶段的过程，可以放在下列几个课题之下进行思考：

一、自我具有一些凝聚与整合的雏形（rudiments），会逐渐朝向该方向发展。在诞生后它就开始运作，运用分裂的过程及压抑本能的欲望，作为应对从诞生时就被自我体验到的被害焦虑。

二、客体关系是由力比多与攻击性、爱与恨所塑造，并且受到两方面的渗透：一方面是被害焦虑；另一方面是被害焦虑的必然结果——来自将客体理想化的自大全能的安抚。

三、内射、投射与婴儿的幻想生活及情绪密切相关，它们运作的结果是形成内化的好客体与坏客体，这些客体开启了超我的发展。

随着自我承受焦虑的能力增强，防御的方法也有相应的改变。这使现实感提高了，满足、兴趣与客体关系的范围不断扩大，破坏冲动与被害焦虑也减弱了，抑郁焦虑增强并在这个阶段达到顶峰。下一章节我会对此进行描述。

婴儿期的抑郁位置

一

在婴儿的第 4 ～ 6 个月之间，智力与情绪发展中的某些变化变得很明显，他与外在世界、其他人及事物的关系越来越分化，他的满足与兴趣的范围也扩大了，表达情绪以及和他人沟通的能力提高了，这些外在的改变都是自我逐渐发展的证据。可以看见，这个阶段里，整合、意识、智力、与外在世界的关系，及自我的一些其他功能都在持续稳定地发展。与此同时婴儿的性组织也在发展，虽然口腔冲动与欲望仍居主导地位，但尿道、肛门与性器倾向的强度明显增强了。于是，力比多与攻击性的许多不同来源交织在一起，丰富了婴儿的情感生活，并使各种新的焦虑情境凸显出来。幻想的范围扩大了，变得更加精细且更为分化，在防御的本质上也发生了变化。

所有的这些发展都反映在婴儿与母亲的关系中（当然，也反映在与父亲及他人的关系中）。和母亲整个人的关系被更完整地建立起来；当婴儿能知觉并内射母亲整个人的时候，对她的认同也增强了。

即使某种程度的整合是自我有能力将母亲与父亲整个人内射的前提，但是直到抑郁位置的出现，整合与合成才开始进一步发展。这之后，客体的不同方面（所爱的与所恨的、好的与坏的）更加紧密地联系在一起，而且这些客体都是完整的人。合成的过程在内、外在客体关系上运作，它们构成了内在客体（早期的超我）和外在客体的对立面。但是，自我也会被驱使去减少外在形象与内在形象之间的差异。合成过程发生的同时，是自我的整合获得了进一步的发展，结果是自我的裂解部分之间达到更大的凝聚。这些整合与合成的过程使得爱与恨的冲突达到顶点，随之而来的抑郁焦虑和罪疚感不仅产生了量变，还发生了质变。现在所体验到的矛盾情感主要是朝向一个完整的客体，爱与恨更加紧密地联系在一起，“好”乳房与“坏”乳房、“好”母亲与“坏”母亲无法像早期阶段那样被远远地分开。虽然破坏冲动的力量被减弱了，但是他觉得这些冲动会对他所爱的客体（完整的一个人）造成很大的威胁。贪婪及应付它的防御在这个阶段有很大的作用，由于害怕无法挽回地失去他所爱的那个不可缺少的客体，这样的焦虑往往使贪婪增加。然而贪婪被感觉到是无法控制且具破坏性的，会危害他所爱的外在与内在客体，于是自我更加抑制本能的欲望，这样一来可能会使婴儿在享受与接受食物时产生严重困难，[①]以及以后在建立感情与性爱关系时产生严重压抑。

上面整合与合成的步骤创造了更好的自我功能，可以面对更严酷的精神现实。内化的母亲在感觉上是受伤的、受苦的，处于被灭绝或是已经被灭绝且永久丧失的危险之中，这个感觉产生的焦虑，使得对受伤客体更强烈的认同。此认同也增加了进行修复的冲动，和自我抑制攻击冲动的企图。自我也一再地使用躁狂防御。自我为了对抗被害焦虑，使用了否认、理想化、分裂及控制内在与外在客体等防御方式。当抑郁位置发生时，这些全能的方法在某种程度上被维持着，不过它们现在主要是被用来对抗抑郁焦虑。随着整合与合成的发展，这些防御方式慢慢改变，变得不那么极端，越来越能配合成长中的自我能力来面对精神现实。因为形式与目标上都发生了改变，这些早期的防御方法构成了躁狂防御。

自我在面对众多的焦虑情境时，会倾向于否认它们，而当焦虑达到最高时，自我甚至会完全否认它爱这个客体的事实，结果造成了对爱的持续压制及背离最初的客体，且被害焦虑增加，也就是退行到偏执——分裂位置。[②]

---

① 这些困难在婴儿身上经常可以看到，特别是在断奶期（当从乳房改变成奶瓶喂奶时，或是在奶瓶里加入新的食物喂养时，等等）。它们可以被看成是一种抑郁症状。这一点在我的《论婴幼儿行为观察》中有更详细的论述。

② 这种早期的退行可能导致早期发展的严重紊乱，也就是心理匮乏（mental deficiency）（《早期焦虑与俄狄浦斯情结》），它可能成为某些形式的精神分裂症的基础。婴儿期抑郁位置修通受阻的另外一个后果是躁郁症，或严重的神经症。所以我认为婴儿期抑郁位置是第一年发展中最重要的部分。

自我控制内在与外在客体的种种尝试也发生了变化，当抑郁焦虑升高时，自我想控制内在与外在客体，主要是为了防止挫折、避免攻击，和随之而来的所爱客体面临的危险——换句话说就是用来抵抗抑郁焦虑。

对客体与自我使用分裂机制的方式不同，虽然之前用的分裂方法仍在某种程度上持续着，现在的自我则将完整的客体分为未受伤的活客体和受伤危殆的客体（甚至是垂死或已经死亡的），所以，分裂主要成为应付抑郁焦虑的防御。

这时，自我发展的若干重要进展发生了，这不仅让自我能够演化出更合适的防御来应付焦虑，而且最终真正降低了焦虑。面对精神现实的持续经验（在抑郁位置的修通中）提高了婴儿对外在世界的了解，所以父母形象——最初被扭曲为理想化与恐怖化的形象——逐渐接近现实。

前文讨论过，当婴儿内射了令他安心的外在现实，他的内在世界也会得到改善，而这一点又通过投射而帮助改善他所感觉到的外在世界图像，于是当婴儿一再地重新内射更现实与更令他安心的外在世界，并在某种程度上也在内在建立了完整与未受伤的客体时，超我的组织方面也发生了根本的发展。当好客体与坏客体靠近时（坏的方面被好的方面所缓解），自我和超我之间的关系就发生了改变，即自我对超我循序渐进的同化发生了。

在这个阶段，修复受伤客体的冲动开始充分运作，这种倾向与罪疚感密不可分。当婴儿感觉到他的破坏冲动与幻想是指向所爱客体的整个人时，便引发了强烈的罪疚感，伴随着想将受伤的所爱客体修复、保存或复苏的迫切冲动。我认为，这些情绪等同于哀悼的状态，而运作的防御则等同于自我企图克服哀悼。

修复的倾向基本上是来自生本能，靠的是力比多的幻想与欲望，这一倾向参与了所有的升华，且从这一阶段开始，致力于远离与降低抑郁。

在婴儿早期阶段里，心理生活中的每一个方面都被自我用来防御焦虑，修复倾向（首先以全能的方式运作）也变成了一种重要的防御。婴儿的感觉或幻想内容如下："我的母亲不见了，可能再也回不来了，她在遭难，她死了。不，这不可能，我可以救活她。"

随着婴儿对客体与自己的修复力量信心的增强，全能感减少了。[1]他感觉到所有的发展进程与新的进步都为其他人带来了喜悦，而且通过这个方式表达了他的爱，反向平衡了或抵消了他的攻击冲动所造成的伤害，并且对受伤的所爱客体进行修复。

于是，正常发展有了基础：婴儿与他人的关系开始发展，与内在和外在客体有关的被害焦虑减轻了，好的内在客体更稳固地建立起来，随之而来的是更多的安全感，这些都强化并丰富了自我的内涵。这个更强壮且协调的自我，一再地将客体与自体的裂解部分聚集在一起，并合成它们。逐渐地，分裂与合成的过程被用在不同层面，对现实的感知增加了，客体越来越接近现实样貌，所有这些发展都导致了对外在现实及内在现实的不断适应。[2]

婴儿对挫折的态度也有相应的改变。在最早期阶段，母亲（她的乳房）坏的迫害性的方面在婴儿心中，代表了一切挫折他的邪恶东西。当婴儿对其客体关系的现实感及对客体的信任感增加时，他变得更有能力区分来自外在的挫折与幻想的内在危险。所以，恨与攻击就更加紧密地联系于源自外在因素的真实挫折或伤害。对于处理儿童攻击性问题时，这是朝向更合乎现实与客观方法的一步。这样的方法不

---

① 在成人与儿童的分析中，可以观察到：希望的感觉随着完全体验到抑郁会一起出现。在早期发展中，这是帮助婴儿克服抑郁位置的众多因素之一。

② 我们知道，在矛盾情感的压力之下，分裂在某种程度上会持续终生，并在正常的心理经济中扮演重要的角色。

会带来太多罪疚感，且让孩子以可接受的方法来升华并体验自己的攻击性。

另外，这种对待挫折更合乎现实的态度（表明和内在及外在客体有关的被害焦虑已经减弱了），让婴儿在挫折和经验不再运作时，有较强的能力来重建与母亲和他人的良好关系。也就是说，对现实的不断适应，带来了和内在与外在世界之间更安全的关系，导致矛盾与攻击性的减弱，从而修复得以完全运作。通过这些方式，发生在抑郁位置的哀悼过程渐渐被修通了。

当婴儿3～6个月大时，到达了关键阶段，这时他面临抑郁状态中固有的冲突、罪疚感与哀伤，而他处理焦虑的能力可以说是大致由较早期发展所决定的，即在生命最初的3～4个月期间，他能在多大程度上接受并建立其自我核心的好客体。如果这个过程是成功的，被害焦虑与分裂就会逐渐减弱，自我就能内射并建立完整的客体，顺利度过抑郁位置。但是，如果自我无法处理在这个阶段所引发的许多焦虑情境（这种失败是由外在经验与基本的内在因素共同决定），那么婴儿很可能会从抑郁位置强烈退行到较早期的偏执——分裂位置，这也会阻碍内射完整客体的过程，并且强烈影响第一年与整个童年的发展。

二

我的关于婴儿期抑郁位置的假设，是根据原初的内射及在婴儿期占优势的口腔力比多和食人冲动，也就是生命早期阶段的基本精神分析概念。这个概念是弗洛伊德和亚伯拉罕的发现，这对于了解心理疾病的原因有很大的作用。我发展了这些概念，并且将它们联结到对婴儿的了解上，我了解到早期过程与经验的复杂性，及它们对婴儿情感生活的影响，而这一点对进一步了解心理障碍的原因至关重要。我的结论之一是：在婴儿期的抑郁心理位置和哀悼与抑郁现象之间，有特别密切的联系。[①]

我认为，失去所爱的客体（因为死亡或其他原因）究竟是否会导致躁郁症，或是否能够安然度过，取决因素之一是在生命第一年中，抑郁位置是否被成功修通，及内射的所爱客体是否被安稳地建立于内部的程度。

抑郁心理位置与婴儿力比多组织中的一些根本改变关系密切，因为在这段时间里（大约是 6 个月），婴儿进入了直接与反向的俄狄浦斯情结的早期阶段。这里我仅限定在最广的概述上来说明俄狄浦斯情结的早期阶段，[②]这些早期阶段的特征是，部分客体在婴儿的心理中仍扮演着重要的角色，而他与完整客体的关系还在建立当中。而且，虽然性器欲望正要开始活跃，口腔力比多仍占主导。强烈的口腔欲望，因为受到与母亲关系的挫折经验而升高，所以从母亲的乳房转到父亲的阴茎[③]。男婴与女婴的性器欲望与口腔欲望结合，于是与父亲的阴茎发生了具有口腔与性器性质的关系，性器欲望同样指向母亲。婴儿对父亲阴茎的欲望和对母亲的嫉妒成正比，因为他觉得母亲拥有了自己所渴望的客体。这些两性都有的情绪与愿望，导致了反向与直接的

---

① 关于婴儿期抑郁位置与躁郁状态的关系，以及与正常哀伤反应的关联，参见我的文章《论躁郁状态的心理成因》和《哀悼及其与躁郁状态的关系》（两篇都收录于《克莱因文集 I》）。

② 参见海曼（1952），第二部分。在我的《儿童精神分析》（特别是第八章）有对俄狄浦斯的发展的详细说明。另外，可参考我的文章《俄狄浦斯情结的早期阶段》及《从早期焦虑看俄狄浦斯情结》（两者都收录于《克莱因文集 I》）。

③ 在《力比多发展简论》（1924，第 490 页）中，亚伯拉罕写道："关于被内射的身体部分，阴茎通常被对等于女性的乳房，而其他身体部分，例如手指、脚、头发、粪便与屁股，则可被看成是这两种器官的次级代表……"

俄狄浦斯情结。

早期俄狄浦斯阶段的另一个方面，和母亲的“内在”与婴儿的“内在”在婴儿心里所扮演的基本角色有关。在之前的阶段里，破坏性冲动占优势时（偏执——分裂位置），婴儿想要进入母亲身体并占有它的冲动，主要属于口腔与肛门的性质。这种冲动在接下来的阶段（抑郁位置）仍活跃，然而当性器欲望升高的时候，它更多地被导向了父亲的阴茎（等同于婴儿与粪便），他感觉这些东西是母亲的身体所含有的，同时对父亲阴茎的口腔欲望导致了它的内化，而这个内化的阴茎（既是好的也是坏的客体）在婴儿的内在客体世界中至关重要。

俄狄浦斯发展的早期阶段是最为复杂的，各个来源的种种欲望交织在一起，这些欲望不只是朝向完整的客体，也朝向部分客体。父亲的阴茎既被渴望也被怨恨，在婴儿的心里它不只是父亲身体的一部分，也是存在于自己和母亲身体内部的东西。

口腔的贪婪中发展出嫉羡，我的分析工作表明，嫉羡（与爱及满足的感觉交替发生）最初是指向哺育的乳房。当俄狄浦斯情境发生时，嫉妒就加在了这个原初的嫉羡上。婴儿感觉当他受到挫折时，父亲或母亲享受着他所渴望而被剥夺的客体（母亲的乳房、父亲的阴茎），且一直拥有、享受着它。婴儿强烈的情绪与贪婪的特征，使他认为父母处在持续互相满足的状态中，而且这种满足具有口腔、肛门及性器的特质。

这些性理论是“联合父母意象”观点的基础，母亲包含了父亲的阴茎或是整个父亲，父亲包含了母亲的乳房或是整个母亲；父母在性交时融合在一起。[1]这种性质的幻想也促成了“有阴茎的女人”这样的观念。另外，由于内化的过程，婴儿于内在建立了“联合父母意象”，

---

① 关于“联合父母意象”的概念，参见《儿童精神分析》一书（特别是第八章）。

这一点已被证明为许多具有精神疾病性质的焦虑情境的基础。

随着婴儿和双亲逐渐发展出比较合乎现实的关系，他会慢慢将他们看成是分开的个体，也就是说，原初的“联合父母意象”在强度上减弱了。[①]

这些发展和抑郁位置是互相关联的。在两性中都是如此，怕失去妈妈（原初的所爱客体）的恐惧（即抑郁焦虑）带来了婴儿对于妈妈替代者的需求，于是婴儿开始转向父亲（父亲在这个阶段同样是被当作完整的个人而内射）来满足这个需要。

这样，力比多及抑郁焦虑在某种程度上偏离了母亲，而过程减轻了抑郁，也刺激了客体关系。所以，直接与反向的俄狄浦斯情结的早期阶段缓解了孩子的焦虑，且帮助他克服了抑郁位置。但是，因为对父母的俄狄浦斯情节，隐含了嫉羡、竞争和嫉妒，这些的表象就是对一个人又爱又恨，可见，新的冲突与焦虑发生了。修通这些最初发生于俄狄浦斯情结早期阶段的冲突，是缓和焦虑过程的一部分，这个过程一直进行到超过婴儿期，进入到童年期的前几年。

总之，抑郁位置是儿童早期发展中的重要部分，且一般在5岁左右，当婴儿期神经症结束时，被害焦虑与抑郁焦虑已经修正过了。不过，修通抑郁位置的基本过程是在婴儿建立了完整的客体时发生的（即在第一年的下半年），而且如果这些过程成功的话，就达成了正常发展的一个前提。在这个阶段中，被害焦虑与抑郁焦虑被多次激活，例如长牙、

---

① 婴儿能够同时享受与双亲的关系的能力，是其心理生活中的一项重要特征，并且因为受到嫉妒与焦虑的刺激，而与他想要分离他们的愿望相冲突，这种能力是建立在他能够感觉到父母是分开的个体上。和双亲有比较整合的关系，代表婴儿更好地理解了他们彼此的关系。这也是婴儿希望自己可以以一种快乐的方式将他们联系并结合起来的一个前提。

断奶的时候。这种介于焦虑与身体因素之间的互动，是第一年复杂发展过程中的一个方面，包含了所有的婴儿情绪与幻想。在某种程度上，这也适用于生命的所有阶段。

前文我曾多次强调，婴儿的情绪发展与客体关系的改变是逐渐发生的，因为抑郁位置是逐渐发展的。[①]自我在体验到抑郁时，也同时发展了对抗它的方法，我认为，这一点是经历着精神病性焦虑的婴儿，与患有精神病的成年人之间的许多基本差异之一。因为当婴儿在经历这些焦虑的同时，已经在想办法缓解这些焦虑的过程了。

焦虑的进一步发展与缓解

一

婴儿期神经症可以被看成是某些过程的组合，通过这些过程，联结、修通与缓解了一些精神病性质的焦虑。缓解被害焦虑与抑郁焦虑的基本步骤是婴儿第一年中发展的一部分。我认为，婴儿期神经症开始于婴儿的第一年中，并在早期焦虑已被缓解时进入尾声。

焦虑缓解的过程依靠发展，因此，焦虑的各种变化形式，我们只能通过它与所发展因素之间的互动来加以了解。例如，身体技能、游戏活动、语言与智力、卫生习惯、升华的发生、客体关系范围的扩大、儿童力比多组织的进展等，这些发展成就都与婴儿期神经症的许多方

① 可以在正常婴儿的身上观察到再发抑郁感的现象。在特定的情境下，例如生病、与母亲或保姆突然分开、改变食物等，严重的抑郁症状会明显地发生在婴儿身上。

面（基本上都是和焦虑的变化形式一致，并为了回应它们所演化而来的防御）密不可分地互联在一起。下文中，我将选择这些交互作用因素中的几点，来说明它们是如何缓解焦虑的。

我们知道，最初外在的与内在的迫害客体是母亲的“坏”乳房与父亲的“坏”阴茎，而且，联系于内在和外在客体的被害焦虑是彼此互动的。这些焦虑一开始是体现在父母身上的，它们表现为早期的恐惧症，并且严重影响了孩子与父母的关系。被害焦虑与抑郁焦虑从根本上引发了发生于俄狄浦斯情境[1]的各种冲突，且影响了力比多的发展。

朝向父母的性器欲望，启动了俄狄浦斯的早期阶段，这些欲望最初和口腔、肛门、尿道的欲望及幻想交织在一起，具有力比多与攻击的双重性质。由此产生的破坏冲动引发了具有精神病性质的焦虑，而这些焦虑会再增强这些冲动，如果过度的话，会导致顽固地固着在前性器阶段。[2]

力比多发展的每一步都受到焦虑的影响，因为焦虑导致了在前性器阶段的固着，并一再地退行到这些阶段；另一方面，焦虑、罪疚感和修复意向，推动了力比多的欲望，并刺激了力比多的前倾性，因为给予力比多满足的经验缓解了焦虑，而且也满足了进行修复的冲动。因此，焦虑与罪疚感有时阻碍了力比多的发展，有时又助长了力比多的发展，这不只是在不同的个体间会有所不同，而且因为内外在因素在不同时刻的复杂的相互作用，在同一个体身上也会有所不同。

在直接与反向俄狄浦斯情结不断摆荡下，孩子能体验到所有的早

---

① 被害焦虑与抑郁焦虑之间的相互关系及阉割恐惧，在我的文章《从早期焦虑看俄狄浦斯情结》中有详细论述（《克莱因文集Ⅰ》）。

② 海曼与伊萨克斯（1952）。

期焦虑，因为在这些情况下的嫉妒、竞争与怨恨，会一再地激起被害与抑郁焦虑。当婴儿从他与父母的关系中获得更多安全感的时候，针对内在父母形象的焦虑会渐渐被修通，从而减弱。

在强烈受到焦虑影响的前行（progression）与退行的相互作用中，性器倾向逐渐升高，使得修复的能力增加、范围扩大，升华的强度与稳定性也得到增强，因为在性器水平上，它们与人类最具有创造性的冲动密切相关。在女性身上，性器升华和受孕功能相关，所以也和丧失或受伤客体的再创造有关；在男性身上，将受伤或被摧毁的母亲复原或复苏，强化了那些“给予生命”的元素。也就是说，性器不只是代表生殖器官，也代表了修复与再创造。

性器倾向的升高意味着自我的整合有了进步，因为它取代了前性器期力比多欲望及修复欲望，而且出现了前性器期与性器期之间修复倾向的合成。

性器力比多逐渐增强，与此同时由破坏倾向所唤起的焦虑与罪疚感逐渐减弱，尽管在俄狄浦斯的情境之下，性器欲望是引起冲突与罪疚感的原因。所以，性器首位表面口腔、尿道与肛门的倾向和焦虑都降低了。在修通俄狄浦斯冲突与达到性器首位的过程中，孩子能在内心世界里建立好客体，并且与父母发展稳定的关系，这些都代表了他正逐渐修通并缓和被害与抑郁焦虑。

我们假设：只要婴儿将兴趣转向母亲乳房以外的客体（例如母亲身体的某些部位、其他周围的客体、自己身体的某些部位等），便开始了升华与客体关系的发展所必经的一个基本过程。爱、欲望（攻击的、力比多的）与焦虑从最初的母亲，转移到其他客体，后来新的兴趣发展起来，成为原初客体关系的替代物。不过，这个原初客体既是外在的也是内在的好乳房，而这种情绪与创造的感觉的转向和投射紧密相关。在这些过程中，象征形成与幻想活动的功能作用很大。[1]当抑郁焦虑发生时，尤其是在抑郁位置发生时，自我感到被驱使，将欲望与情绪、罪疚感及进行修复的冲动，加以投射、转向并分配到新的客体与感兴趣的事物上。我认为，这些过程是贯穿生命始终的升华的主要因素。另外，在欲望与焦虑被转向与分配的时候，能维持对最初客体的爱，是升华成功发展的一个前提。因为，如果是充斥着对最初客体的怨恨，那就会危及升华与替代客体的关系。

如果因为无法克服抑郁位置，而导致修复的希望受阻，或者说，如果对加诸所爱客体的破坏感到绝望，就会引起修复能力与作为结果的升华能力受阻。

二

我们已经知道，发展的各个方面都与婴儿期神经症有关。婴儿期神经症的一个典型特征是早期的恐惧症，它开始于第一年，在以后的童年中，会以不同的形式与内容出现或再现。被害焦虑与抑郁焦虑两者构成了早期恐惧症的基础，这些恐惧症包括进食困难、梦魇（pavor nocturnus）、与母亲不在有关的焦虑、对陌生人的恐惧、与父母的关系及一般客体关系上的紊乱。将迫害客体外化的需要，是恐惧症机制的一个内在要素，[2]它既源于抑郁焦虑，也来自被害焦虑。对内在迫害的恐惧也以疑病焦虑来表现，它们促成了许多身体疾病，例如幼儿经常性

① 在这里，我没提到的是：象征形成从一开始是如何与孩子幻想生活及焦虑的更迭变化紧密联系在一起的。这点参考伊萨克斯（1952）与我的文章《关于婴儿的行为》（On the Behaviour of Young Infants），还有我的其他著作：《早期分析》（Early Analysis,1926）和《象征形成在自我发展中的重要性》（1930）。

② 参见《儿童精神分析》第 125 页、第 155–156 页。

的感冒。[1]口腔、尿道与肛门焦虑，是婴儿期神经症的基本特征，在第一年中，各种症状的频繁出现也是一个特质。如上文所述，如果被害焦虑与抑郁焦虑受到增强，将退行到较早的阶段和相对应的焦虑情境，其表现是，例如破坏已养成的卫生习惯，或显然已被克服的恐惧症再次出现。

在婴儿第二年中，强迫倾向变得明显，其表现结合了口腔、尿道与肛门焦虑。强迫特征常常见于睡前仪式、与清洁或食物等有关的规矩，及对于重复的需要（例如重复听同一个故事或是反复玩同样的游戏）。这些现象虽然是儿童正常发展的一部分，但也属于神经症症状。这些症状的缓解与克服，说明口腔、尿道与肛门焦虑获得了缓和，也表示被害焦虑和抑郁焦虑得到了缓解。

自我逐渐发展出使它能够修通焦虑的防御能力，这是缓解焦虑的基本。在最早的阶段中（偏执——分裂），焦虑被强烈的防御所抵制，例如分裂、全能与否认。[2]在第二个阶段中（抑郁位置），这些防御发生了明显的改变，其特征是自我具有更大的承受焦虑的能力。当第二年自我发展到一定程度的时候，婴儿适应外在现实及控制对身体功能的能力逐渐增强，他通过外在现实来测试内在的危险。

这些改变都是强迫性机制的特点，而这个机制也可以被看成是非

---

① 我的经验表明：那些促成疑病的焦虑，也是癔症性的转换症状的根源。两者共有的基本因素，是与存在于体内的迫害（被内化的迫害客体攻击，或是个体的施虐性对内在客体的伤害，例如受到其危险排泄物的攻击）有关的恐惧，这些都被感觉到是作用在自我上的身体伤害。揭露并阐明这些被害焦虑转化为身体症状的潜在过程，也许能够让我们更加了解癔症。

② 如果这些防御过程过度持续，超出了适合它们的早期阶段，那么发展将会遭遇各种困难。整合受阻，幻想生活与力比多欲望也会受到阻碍，结果是修复倾向、升华、客体关系及与现实的关系都可能受到损害。

常重要的防御，例如，通过养成卫生习惯，婴儿对于其粪便（它的破坏性）、内化的坏客体及内在混乱的焦虑逐渐减轻。因为掌握了如何控制括约肌，婴儿相信自己可以控制内在的危险和客体。另外，他发现实际的排泄物并没有他在幻想中恐惧粪便的破坏性那么大。这些排泄物现在受控制地被排出，并且母亲或保姆似乎也认可了粪便的质量，这让婴儿感觉到粪便成为“好”客体。[①]于是，婴儿意识到在其攻击性幻想中，他的排泄物对内、外在客体所造成的伤害可以被抵消。这样，养成卫生习惯减弱了罪疚感，而且满足了修复的冲动。[②]

这些强迫机制是自我发展的一个重要部分，它们使自我能够暂时不受焦虑的袭击，并帮助自我达到更大的整合与强度，再次逐渐修通、减弱并缓和焦虑。强迫机制只是这个阶段的众多防御之一，反过来，如果它们过度发展而成为主要防御的话，则说明自我无法有效处理具有精神病性质的焦虑，以及在孩子身上发展出一种严重的强迫性神经症。

防御的另一个根本性改变，以生殖器力比多增强的阶段为特征。我们知道，当这个改变发生时，自我是比较整合的，对外在现实的适应有了进步，意识的功能扩展，超我也更为整合。无意识过程（即在自我与超我的无意识部分中）已经发生了更完整的合成，意识与

---

① 儿童有获得卫生习惯的需要，而且这个需要与焦虑和罪疚感及对这两者的防御紧密相关。也就是说，如果进行卫生习惯的训练时没有施压，而且是在此需要的迫切性变得明显的阶段（通常是在第二年期间），那么这样的训练可能有助于发展。如果在更早期的阶段就将这样的训练强加于孩子，则可能具有伤害性。在训练卫生习惯问题上，不论孩子在哪个阶段，都应该只能被鼓励，而不是强迫他。

② 弗洛伊德对于强迫性神经症过程的“反应形成”（reaction-formation）与“抵消”（undoing）的见解，构成了我的“修复”概念的基础，而我的概念更包含了各种自我借以抵消在幻想中所造成的伤害，以及恢复、保存与复苏客体的过程。

无意识之间的区分更加明显。这些发展让压抑在众多防御之中脱颖而出。[①]压抑的一个基本因素是超我的谴责与禁止方面，这个方面在超我组织发展之后被强化了。超我要求将特定的冲动与幻想摒除在意识之外，而自我更容易达成此要求，因为它在超我的整合与同化方面已有进步。

我们知道：即使是在生命的最初几个月中，自我一直抑制着本能欲望，刚开始时是受到被害焦虑的压力，后来是受到抑郁焦虑的压力。当自我能够运用压抑时，本能抑制便有了进一步发展。

前文我已经论述了：自我在偏执——分裂阶段当中，如何运用分裂机制。[②]分裂机制是压抑的基础，但是就导致崩解状态的最初分裂形式来说，压抑通常不会造成自体崩解的状态。但是，要指出的是，在生命开始的最初几个月中，分裂过程的程度对在稍后阶段中压抑的运用有很大的影响。如果分裂机制与焦虑还没有被克服，结果可能是在意识与无意识之间缺少一个流动的界限，这样就会产生一道阻隔。这一点指出了压抑是过度的，而且使得发展受到了干扰。另一方面，在适度的压抑之下，无意识与意识更有可能保持互相通透，并且在某种程度上，冲动及其衍生物会从无意识中一再地浮现出来，受到自我选择与拒斥过程的控制。冲动、幻想与思考如何被选择出来加以抑制，取决于自我已提升的接受外在客体的标准的能力。这种能力与超我内部更大的合成及自我对超我的进一步同化有关。

超我结构上的改变是循序渐进发生的，且始终与俄狄浦斯期的发

---

① 参见弗洛伊德的文章："……我们应该为了将来考虑，谨记这样的可能性，即压抑的过程与性器期的力比多组织有特别的关系，以及当自我稳固自己，以对抗在组织中其他水平的力比多时，它会诉诸其他的防御方式。"（《抑制、症状与焦虑》S.E.20, 第 125 页）

② 参见《早期焦虑与俄狄浦斯情结》。

展有关。这些改变在潜伏期开始时促成了俄狄浦斯情结的衰退。也就是说，力比多组织的进展与自我在这个阶段能的发展，与被害焦虑和抑郁焦虑的缓解有很大关系，这表明在内在世界产生了更大的安全感。

从焦虑的各种变迁来看，潜伏期开始时的典型改变归纳如下：与父母的关系比较安全，内射的父母比较接近真实父母的形象；他接受并内化了父母的标准、告诫与禁止，因此俄狄浦斯欲望的压抑就更有效。这些都是超我发展的到高峰的证明，而这是在生命最初几年中所延伸的过程的结果。

结论

我们已知在最早的阶段中，当被害焦虑占主导时，婴儿的客体具有原始与迫害的性质，它们会吞噬、撕裂、毒害、淹没等，即口腔、尿道与肛门的欲望与幻想，会既被投射到内化的客体，也被投射到外在的客体。随着力比多的组织发展与焦虑的缓解，这些客体的形象在婴儿心中也逐渐改变。

他与内在及外在世界的关系一起改善了，这些关系之间相互依赖，表示内射与投射过程发生了改变。这些改变是减轻被害焦虑与抑郁焦虑的基本因素。这一切使得自我具有更大的能力去同化超我，并因而提高了自我的强度。

当达到稳定的时候，有些基本的因素就发生了改变。我认为：破坏冲动（死本能）是引起焦虑的首要因素；[1]贪婪因为抱怨与怨恨（破坏本能的外在表现）而升高，而这些外在表现又反过来被被害焦虑所

① 参见《关于焦虑与罪疚的理论》（本书第二章）。

增强。在发展过程中，当焦虑减弱且被抑制的时候，怨恨与贪婪都减弱了，这从根本上导致了矛盾情感的减少。当婴儿期神经症自然发展时，即当被害焦虑与抑郁焦虑都被减弱与缓解时，融合生本能与死本能（力比多与攻击）这两方面的平衡已经在某些方式上改变了。换句话说就是，在无意识的过程中，或是说在超我的结构中，及在自我的无意识与意识部分的结构与领域中，发生了重要的改变。

在不同的力比多位置之间，在前行与退行之间的摆荡是童年期最初几年的特征。它们的产生与被害及抑郁焦虑（发生在婴儿早期）的变迁是密不可分的，所以，这些焦虑不仅是固着与退行的基本因素，也影响着发展过程。

正常发展的前提之一是，在退行与前行之间的互动中，原来已经达到的进展的基本方面仍然可以维持住。也就是说，整合与合成的过程没有受到根本与永久性的干扰。如果焦虑被逐渐缓解，前行必须会超越退行，而且在婴儿期神经症的过程中，心理趋于稳定。

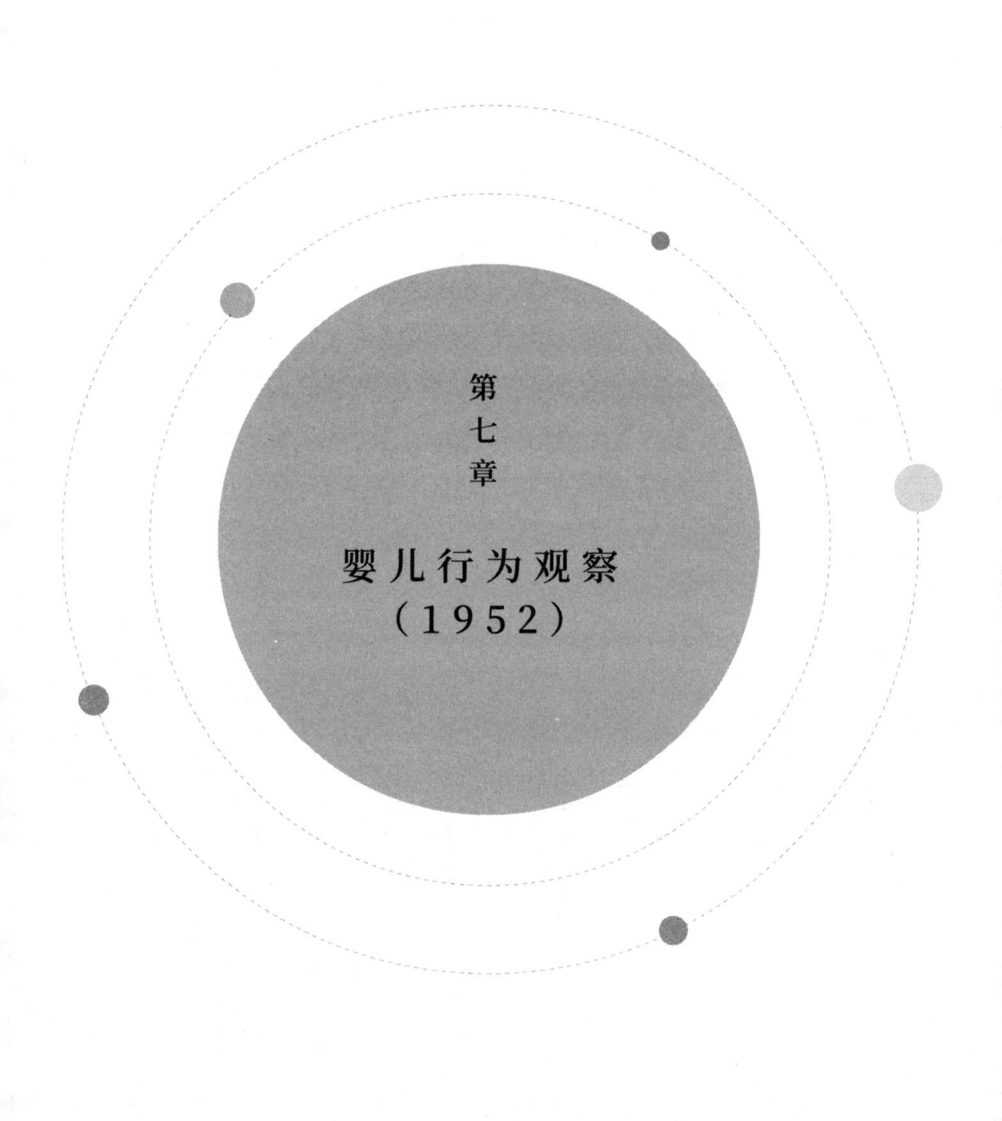

第七章

婴儿行为观察（1952）

第七章
婴儿行为观察（1952）

一

前几章提出的结论是得自于我的儿童精神分析工作，[①]这样的结论能够通过婴儿第一年的行为观察来佐证。但是，这种证据有其局限，因为无论是婴儿还是成人，无意识的过程只部分显露在行为上。

我们对婴儿的研究，受阻于他们不能言语，但是我们可以通过语言以外的其他方法，来获得早期情绪发展的更多细节。想要了解婴儿，不仅需要更多的知识，还需要我们对其有充分的同情，其基础在于我们的无意识与他的无意识有紧密的接触。

新生儿遭受着由分娩过程与丧失子宫内处境所带来的被害焦虑。延期分娩或是难产必然会强化这种焦虑，这种焦虑情境的另一方面是婴儿必须被迫去适应整个新的状态。

在某种程度上，这些焦虑通过各种带给他温暖、支持与舒适的方法，特别是通过接受食物与吸吮乳房时所感受到的满足感而得到缓解。这些经验在初次吸吮体验中达到高潮，它们开启了与“好”母亲的关系，这些满足感在某种程度上也促成了对丧失子宫内状态的修复。从初次

① 成人的精神分析如果进行到心理的深层，也能提供这样的信息，以及关于发展的早期及后期阶段的可信证据。

的喂食经验开始，失去与重获所爱客体（好乳房）成为婴儿期情绪生活的一个基本部分。

婴儿与其最初客体（母亲）及跟食物的关系，从一开始就紧密相连。所以研究婴儿对待食物的态度的模式，成了了解婴儿的最佳方式。[①]

二

观察可见，婴儿对吸吮的态度有很大的差异，甚至在生命的最初几天里就是这样，[②]并且这种差异随着时间的推进还会变得更加明显。当然，我们必须将母亲喂食与照顾婴儿的每个细节进行充分的考虑。我们观察到，在一开始的时候，婴儿对食物抱持希望的态度可能会因为一些不利的喂食条件而受到干扰，但是吸吮的困难有时候可以被母亲的爱与耐心所缓解。[③]有些孩子容易喂食，并且不特别贪婪，他们在很早的阶段就表现出对母亲的爱及对母亲发展出兴趣的明确迹象，这是一种态度，包含了客体关系的某些基本元素。我见过只有 3 周大的婴儿

---

① 关于口腔特质对性格形成的重要性，参见亚伯拉罕的著作《力比多生殖水平上的性格形成》（Character-formation on the Genital Level of the Libido,1925）。

② 迈克尔·巴林特（Michael Balint）在《婴儿早期的个体差异》（Individual Differences in Early Infancy，第 57–59 页，第 81–117 页）中指出，根据对一百个 5 天到 8 个月大的婴儿的观察，得出结论：每个婴儿的吸吮节奏都是不同的，每个婴儿都有自己的节奏变化。

③ 我们必须知道：无论这些最初的影响多么重要，在儿童发展的每一个阶段中，环境的影响更重要。即使是最早期良好的养育效果，也会在以后伤害性的经验中受到某种程度的减弱，如同生命早期的困难可能因为接下来的有利影响而被减弱一样。同时我们必须记住，有些儿童似乎可以承受差强人意的外在环境，而不会严重伤害其性格与心理稳定；而对于其他儿童来说，尽管有良好的外在环境，严重的困难还是会发生且持续存在。

暂时停止吸奶，玩着母亲的乳房或看着她的脸。我还看到过婴儿（甚至只有2个月大）会在喂食后，安静地躺在母亲的大腿上仰望着她、听她的声音，并且用面部表情对母亲做出回应，就像是在和母亲进行爱的对话。这种行为表明满足与供给食物的客体（母亲）的关系，就像它与食物的关系一样。我认为，早期阶段客体关系的明显迹象，能看出未来与他人的关系及整体情绪的发展。我们可以推断出：相对于自我的强度，这些孩子的焦虑并不是过度的，也就是说，自我在某种程度上已经能够容忍挫折与焦虑，并解决它们。同时，我们假定，早期客体关系中显现出来的、与生俱来的爱的能力，只有在焦虑没有过度的情况下才能自由发展。

婴儿在其生命最初几天的某些行为更有趣，米德尔摩尔（Middlemore）这样说明他们的行为：“因为他们的吸吮反射还没有被诱发，他们可以很自由地用各种方式来接触乳房。”这些婴儿在第四天之前稳定地进食，不亚于对吸吮的喜爱；愉悦感让婴儿养成游戏的习惯。一个嗜睡的孩子在开始进食的时候，先是玩弄乳头，而不是吸吮。在第三周，母亲将“游戏”调整到喂食结束的时候。这在哺乳的十个月中都是如此，母亲与孩子都很喜欢这样。“嗜睡而满足的乳儿”发展为容易喂养的孩子，并继续着玩弄乳房的游戏，因此我认为：伴随着这些，与最初客体（乳房）的关系，从一开始就和来自吸吮与食物的满足一样重要。再推进一步说，可能是因为身体的因素，某些婴儿的吸吮反射没有被立即引发，但是可以相信，这里面也包含了心理过程。我要提出来的是：在吸吮的愉悦之前对乳房温柔地“游戏”，在某种程度上可能也是焦虑引起的。

我曾经假设：在生命刚开始时发生的吸吮困难与被害焦虑是关联的。婴儿对乳房的攻击冲动，在其心里倾向于将乳房转变成会将他吞噬的客体，而且这种焦虑可以抑制贪婪并因此抑制吸吮的欲望。所以我要指出，嗜睡而满足的乳儿可能是用下面的方法来处理这种焦虑，即遏制吸吮的欲望，直到他通过舔食与含住乳房来与其建立一种安全的力比多关系。这一点表明：从出生后开始，某些婴儿试图通过与乳房建立“好”的关系来抵制与“坏”乳房有关的被害焦虑。那些在这么早的阶段就能够明显地转向客体的婴儿，具有强烈的爱的能力。

米德尔摩尔还曾描写过另一组婴儿，她观察到：在7个“活跃而满足的乳儿”里，有4个会咬乳头，而且这些婴儿并不是“为了要把它抓得更牢而咬乳头，最常咬乳头的两个婴儿是易接触到乳房的。甚至，最常咬乳头的活跃婴儿还很享受啃咬，他们悠闲地咬着乳房，和不满足的婴儿那种不安地啃咬是很不一样的……”[①]根据这种早期表现，可能得出结论：破坏冲动在这些孩子身上是不受约束的，所以贪婪与想要吸吮的力比多欲望并没有被削弱。不过，也并非全无约束，因为7个孩子中有3个用挣扎和尖叫拒绝了几次稍早之前的喂奶。当有了排泄物时，即使是最温柔的照顾与乳头的接触，也不能阻止他们尖叫；但在下一次喂奶时，他们有时会有吸吮的意愿。[②]我认为，贪婪可能会受焦虑的强化。

米德尔摩尔提到了她所观察的7个“嗜睡而满足的婴儿”中，有6个受到母亲非常温柔的照顾，然而有些“不满足的乳儿”会激发母亲的焦虑并使她失去耐心，母亲这样的态度会增加孩子的焦虑，从而进入一种恶性循环。

至于“嗜睡而满足的乳儿”，如果他们与最初客体的关系被用来抵制焦虑，那么他与母亲关系中的任何干扰都会激发焦虑，而且可能会发生进食方面的严重困难。母亲的态度对“活跃与满足的乳儿”来说似乎较不重要，我认为，对这些婴儿来说，危险不在于喂食的紊乱（即使对于那些

---

① 米德尔摩尔提出，咬的冲动早在长牙之前就参与了婴儿对乳头的攻击行为，即使他很少用牙龈来衔住乳房。

② 上述引文，第47–48页。

非常贪婪的孩子，喂食抑制仍会发生），而主要是在于客体关系的损伤。

我的结论是：对所有孩子来说，从最初几天开始，母亲耐心、体谅的照顾是最重要的。与母亲及外在世界保持好的关系，有助于婴儿克服早期的偏执焦虑。分析从一开始就强调儿童早期经验的重要性，但我认为，似乎只有知道更多关于婴儿早期焦虑的本质与内涵，及婴儿的经验与幻想生活之间持续不断的互动后，我们才能够充分了解为什么外在因素是如此重要。[①]

在每一个步骤，被害焦虑与抑郁焦虑都可能因为母亲态度的影响而减少或增加。有益的或是迫害的形象在婴儿无意识中占优势的程度，强烈地受到他与母亲（很快也受到父亲及其他家庭成员）的真实关系的影响。

三

婴儿与母亲之间的紧密联结，集中在母亲乳房上。虽然婴儿也对母亲的其他特质（她的声音、面孔和双手）有所反应，但快乐与挫折、爱与恨等基本经验是与母亲的乳房紧密相连的。与母亲的这一早期联结，根本上影响了所有其他的关系。首先是与父亲的关系，它是与另外一个人形成任何深度与强烈依恋的基础。

对于用奶瓶喝奶的婴儿来说，奶瓶取代了乳房，如果在近似于哺乳的情境中使用它，即如果婴儿身体是靠近母亲的，被照顾与喂食的方式是充满爱的，婴儿也许就能在心里建立一个感觉上具有好品质的原初来源的客体。他摄入了“好”乳房，这个过程是他与母亲有稳固

① 参见《论躁郁状态的心理成因》。

关系的基础。不过，对于“好”乳房（“好”母亲）的内射，在喂食母乳与奶瓶喂乳的婴儿之间是不同的。

我曾经提到过，有一些容易喂养的孩子并没有表现出过度的贪婪；有些非常贪婪的婴儿也表现出对人产生兴趣的早期迹象，这跟对食物的贪婪态度有相似之处，例如对他人存在的强烈需要，因为他想得到更多关注。后面这些孩子很难忍受孤单，似乎需要不断地通过食物或注意来获得满足。这可能表明贪婪受到了焦虑的加强，而且在其内在世界中未能稳固地建立好客体，也未能与作为外在好客体的母亲建立信任关系。这样的失败可能带来以后更多的困难，例如因为对孤单的恐惧，贪婪而焦虑地需要陪伴，又或是可能导致“滥交”（promiscuous），一种与他人的不稳定与短暂的客体关系。

四

现在来讨论难以喂养的孩子。进食缓慢经常意味着缺乏享受，即力比多的满足。如果在早期对母亲与他人的兴趣上也是如此，那么就暗示了客体关系被部分地用来逃离依附在食物上的被害焦虑。虽然这些孩子可能与他人发展出好的关系，但是在这种对食物的态度中表现出来的过度焦虑，依然会持续危及情绪稳定。以后可能会出的问题之一是：智力发展中的紊乱。

明显的拒食（和缓慢进食相比）是严重障碍的一项指标。虽然这在接触新的食物（例如奶瓶取代了乳房，或是固体食物取代了液体）时，有些儿童身上会减轻表现。

无法享受或是完全拒绝食物，如果结合了客体关系发展上的缺陷，就表明婴儿在生命最初 3～4 个月期间最为活跃的偏执与分裂机制是过度的，或是没有得到自我充分的处理。这又反过来说明破坏冲动与被害焦虑强烈、自我防御不当，以及焦虑的缓解能力不足。

另外，某些儿童的过度贪婪特征，也是一种缺损的客体关系。对于这些儿童来说，食物几乎成为唯一的满足来源，而且这些孩子对于他人没有什么兴趣。我断定，他们也没有成功地修通偏执——分裂位置。

五

有些婴儿（包括好喂养的婴儿）在食物延迟来到时，可能会拒绝食物，或是显现出在他和母亲的关系上的紊乱。表现出享受食物和爱母亲的婴儿，比较能够忍受食物方面的挫折，随后在他与母亲关系上的紊乱也并不严重，而且其影响不会持续太久。这表示对母亲的信任与爱已经相对稳固地建立起来了。这说明婴儿对挫折的不同态度带来的影响截然不同。

这些基本的态度也影响着婴儿是否能接受奶瓶喂奶（补充母乳不足或是取代母乳），即使是对很小的婴儿来说。有些婴儿在刚开始用奶瓶时，会经验到很强烈的愤恨，这不一定会以拒绝新食物来表现，但是被害焦虑和被这种经验所激发的不信任感，可能会干扰婴儿与母亲的关系，并因此增加了恐惧性的焦虑（phobic anxieties），例如恐惧陌生人（在早期阶段，新的食物在某种意义上算是一个陌生的物体），或是在以后可能表现出对食物方面的困难，或是接受知识时可能被阻碍。

其他婴儿可以较不愤恨地接受新的食物，这表明他对剥夺有更多真正的忍受，这和明显地屈服于它是不同的，因为他已经与母亲有相对稳固的关系，这使得婴儿在保持对母亲的爱时，能够接受新的食物（与客体）。

来看这个例子：女婴 A 是个好喂养的婴儿（不过分贪婪），而且很快就和母亲建立了稳固的关系。她与食物及母亲的好关系，是以她摄取食物的轻松方式、伴随着明显的享受体现出来的。当她几周大的时候，在喂食偶然中断时，她会仰望母亲的脸或乳房，稍后会在吃奶时友善地注意到其他家人。在第六周晚上喂奶时，因为母乳不够而必须开始用奶瓶，A 顺利地接受了。不过，在第十周有两个晚上用奶瓶喝奶时，她表现出不情愿，但她还是把奶喝完了。在第三个晚上，她完全拒绝了奶瓶，当时并没有表现出任何生理或心理上的紊乱，睡眠与食欲都正常。母亲不想强迫她，在喂奶后将她放在小床里，心想她可能会入睡。但是婴儿饥饿地哭着，母亲没有把她抱起来，而给了她奶瓶，她急切地将奶喝光了。同样的事情发生在之后的连续几个晚上，当婴儿在母亲怀里时，她拒绝奶瓶；但是在小床里时，她会立刻接受它。几天后，当这个婴儿仍在母亲怀里时就接受了奶瓶，并且立即吮吸了起来。以后用到其他的奶瓶时，没有再发生困难。

对此，我认为，抑郁焦虑已经在增强，并且在此时导致了婴儿对于喂食母乳之后就立即给予奶瓶的反感。这一点暗示了相对早期发生的抑郁焦虑，[①]与以下事实是相符的：这个婴儿与母亲的关系发展得很早很明显，而在拒绝奶瓶喂食之前的几周中，这个关系的改变是显而易见的。我的结论是：因为抑郁焦虑的增加，靠近母亲的乳房及其气味，增加了婴儿想要被喂母乳的愿望和因为乳房耗竭所导致的挫折。当她躺在小床里的时候，她接受了奶瓶喂食，因为在这个情境下，新食物与被渴望的乳房是分开的；这个时候，母亲的乳房已经变成了挫折性且受伤的乳房。这时，她可能已经发现如何比较容易地保持与母亲的关系，不被因挫折而激起的恨意所损害，即如何保持“好”母亲（“好”乳房）

---

① 我认为，抑郁焦虑在生命的最初 3 个月就已经在某种程度上开始运作了，而且在第一年的 4～6 个月达到高峰。

的完整。

那为什么几天之后这个婴儿在母亲的怀里就接受了奶瓶，并且从此以后不再抗拒奶瓶喂食呢？我认为：在之前的时间中，她已经成功地充分处理了她的焦虑，所以能够慢慢地接受替代客体与原初客体同时存在的情况，这表明一个早期的步骤，即发展出区分食物与母亲的能力。这个能力在发展中具有举足轻重的作用。

下面这个例子中，婴儿与母亲的关系发生了紊乱，但不是立即与来自食物的挫折有关。有一个母亲告诉我，当她的婴儿 B 5 个月大时，有一次独自哭了很长时间。当母亲回来抱她时，发现婴儿看起来像吓坏了，明显地害怕母亲，而且好像不认识她。直到过了一会儿后，她才能完全与母亲重新接触。这件事情发生在白天，当时婴儿是醒的，而且刚喝过奶。这个婴儿平时睡得很好，偶尔也会无明显原因地醒来。我们假设：焦虑让孩子白天哭泣，同时使她的睡眠紊乱。我认为，因为母亲在被渴望时没有出现，她在孩子心中就变成了“坏”（迫害性的）母亲，而且因为这，孩子好像不能认出她，并且害怕她。

再看另外一个例子：一个 12 周大的女婴 C 一个人在花园里睡觉，她醒来时哭着要妈妈，但是外面风太大，她的哭声妈妈没有听到。当妈妈终于过来抱她时，她已经哭了好久，脸上全是泪水，而且她平常的诉苦式哭声已经变成了失控的尖叫。回屋后她仍尖叫不止，母亲怎么安抚都没用。最后，母亲决定给她喂奶来安抚孩子的吵闹情绪，尽管还有一个小时才应该喂奶。这个婴儿接受了乳房并饥渴地吸吮起来，但是她只吸了几口就拒绝了乳房，又开始尖叫起来。这个情况持续着，直到她将手指放入嘴里并开始吸吮它们时才停止尖叫。她时常吸吮手指，而且偶尔是在哺乳时将手指放入嘴里。通常，母亲只需要温柔地将手指移开，重新将乳头给她，她就会开始吸奶。但是这次她拒绝了乳房，并且又大声地尖叫起来，这一状况持续了好几分钟，直到她再次吮吸自己的手指后才停下来。母亲让她吮吸手指几分钟，并摇动安抚她，直到婴儿完全镇静下来，重新接受乳房，并且吸奶到睡着为止。这时，对这个婴儿来说，母亲（与其乳房）已经变成坏的、迫害性的，所以不能接受乳房。在一次试图吸吮之后，她发现自己无法再建立与好乳房的关系，转而吸吮自己的手指，也就是寻找自体情欲（auto-erotic）的愉悦。这个例子中的自恋性退缩（narcissistic withdrawal）是因为她与母亲的关系发生了紊乱。婴儿不肯放弃吮吸自己的手指，是因为它们比乳房更值得信赖。她通过吮吸手指来重建与内在乳房的关系，从而重新获得安全感，重建她与外在乳房及母亲的好关系。[①]这两个例子让我们更加了解早期恐惧症的机制。[②]可以看出，发生在生命最初几个月的恐惧症，是由被害焦虑所导致的，这种焦虑干扰了婴儿与内化及外在母亲的关系。[③]

还有一个例子，是关于好母亲与坏母亲之间的分割（division），以及与坏母亲有关的强烈（恐惧性的）焦虑。一个 10 个月大的男婴 D 被祖母抱在窗边，他充满兴趣地看着外面的世界。当他四处张望时，突然在很近的地方看见一个陌生访客的面孔，这是一个老妇人，她已经进入了他们家，而且就站在祖母身旁。他紧张起来，直到祖母将他带离那个房间后才安静下来。在这一刻孩子感觉到“好”祖母已经消失了，而陌生人代表了“坏”祖母(这个分割的基础是将母亲分裂为一个好的与坏的客体)。

对早期焦虑的分析，让我们对陌生人恐惧症（弗洛伊德所称）有了新的认识。在我看来，陌生人恐惧症是婴儿将母亲（或是父亲）的迫害方面转移到了陌生人身上。

---

① 参见海曼的《自体情欲、自恋及最早期的客体关系》(Auto-Erotism, Narcissism and the Earliest Relations to Objects,1952,Part2,Section b)。

② 参见《抑制、症状与焦虑》（第 169-170 页）。

③ 参见《婴儿情感生活》与《关于焦虑与罪疚的理论》。

六

如果婴儿与母亲关系上的紊乱非常频繁且持久，则可被作为一个指标，这说明偏执——分裂位置还没有得到有效的处理。

如果在最初的几个月就持续对母亲失去了兴趣，稍后又加上对一般人和玩具也不关注，表明了这类紊乱更严重。这种态度在好喂养的婴儿身上也可以观察到。一般人看来，这些不大会哭的孩子是表现出“满足”与“好”。我认为，这类孩子长大以后表现出的严重困扰可以追溯到婴儿期。事实上，许多这类婴儿在心理方面是有病的。他们因为强烈的被害焦虑与过度使用分裂机制而从外在世界退缩，结果造成抑郁焦虑过度，幻想生活的能力和爱与客体关系的能力都受到抑制，象征形成的过程受到阻碍，兴趣与升华也遭到抑制。

这种感情淡漠的态度，与真正满足的婴儿是不一样的。后者偶尔也会要求关注，在感到挫折时会哭，会对人露出不同的表情，以此来传达他的兴趣和情感，但是在其他时候，真正满足的婴儿可以快乐自处，因为他对其内在与外在客体具有安全感，可以忍受母亲暂时不在而不会焦虑。

七

现在我们来讨论抑郁焦虑的影响。首先是与恐惧症的关系。我假设那个 5 个月大的女婴 B 惧怕母亲，是因为在她心里母亲已经从好的变成了坏的，而且这种被害焦虑也影响了她的睡眠。我要指出的是，抑郁焦虑也会引发与母亲关系上的紊乱。当母亲没有回来时，担心会失去母亲的焦虑变得很明显（因为贪婪与攻击冲动已经摧毁了她）。这种抑郁焦虑与害怕好母亲变成了坏母亲的被害焦虑是关联的。

抑郁焦虑也会因为婴儿想念母亲而产生。女婴C在6～7周大的时候，已经习惯在傍晚吃奶前在母亲的大腿上玩。当婴儿5个月零1周大时，有一天家里来客人了，母亲因为太忙而无法和她玩，不过，婴儿从家人和访客那里得到许多关注。母亲傍晚喂奶时，如往常一样将她放在床上，很快婴儿就睡着了。两个小时后，她醒过来并一直哭，拒绝喝奶，于是母亲放弃了喂她的努力。婴儿玩起了母亲的手指，在她的大腿上满足而安静了大约一个小时，然后在正常喂奶时间喝了晚上的奶以后，很快就睡着了。这种紊乱并没规律，有时候她可能会在傍晚喝完奶之后醒来，但是只有一次在她生病时（大约两个月前）醒过来并哭泣，当时她并不饿，身体也没有明显的不舒服。

我认为，这个婴儿哭泣，是因为她想念与母亲玩耍的时光。C和母亲有很牢固的人际关系，而且她很享受这个特别的时间。在其他清醒的时候，她有自处能力，但是这个时候她变得躁动不安，而且很期待母亲和自己玩，直到傍晚喂食的时候。我们假设：婴儿已经记住了一天中这个特别的时间、特别的享受。对婴儿来说，游戏时间不仅是强烈满足力比多欲望，而且证明了她与母亲有爱的关系——基本上安稳地拥有好母亲。这一点带给她入睡前的安全感。她的睡眠受到影响，不仅是因为她错失了这个力比多的满足，也是因为这个挫折激发了婴儿的两种焦虑：抑郁焦虑，害怕她会因为自己的攻击冲动而失去了好母亲，结果产生的罪疚感[①]；以及被害焦虑，害怕母亲变成坏的与破坏性的。我认为：从3～4个月开始，这两种焦虑构成了恐惧症的基础。

---

① 在稍微大一些的婴儿身上，可以观察到：如果在睡觉时间，他们没有被给予一些他们所期待的特殊情感，他们的睡眠有可能受到干扰。而且，他们在分离时对爱的需要会变得强烈，这与罪疚感、希望被原谅以及与母亲和解的愿望息息相关。

抑郁位置与某些重要的改变是密不可分的。这些改变能在婴儿半岁时被观察到。在这个阶段，被害焦虑与抑郁焦虑以各种方式表现出来，例如：烦躁起来，更需要被关注；或是暂时不理妈妈，突然发脾气，对陌生人的恐惧增加；还有平时睡得好的孩子有时在入睡时啜泣；或是突然哭着醒来，露出明显的恐惧与悲伤的表情等。在这个阶段，他们的面部表情通常能看出他对人与物的真实反应。另外，这个阶段也可以观察到悲伤与痛苦的迹象。

八

抑郁位置在断奶时达到高峰。我们已经知道，虽然在与客体的关系中，整合和相对的合成过程的进展激发了抑郁的感觉，但这些感觉会因为断奶的经验变得更加强烈。[①]在这个阶段，婴儿已经经历过了丧失体验，例如：婴儿强烈渴望的乳房（或奶瓶）没有立即再现的时候，他以为它再也回不来了。这与断奶时对于乳房（或奶瓶）的失落感相

---

① 贝恩菲尔德（S.Bernfeld）在其《婴儿心理学》（Psychology of the Infant,1929）中有一个重要的结论：断奶与抑郁的感觉是紧密联系的。他描述了断奶期婴儿的种种行为，有的孩子几乎没有任何渴望与悲伤，有的孩子则表现出真正冷漠与完全拒绝喂食。他也比较了焦虑与躁动不安、易怒与冷漠，这些情绪可能发生在具有与婴儿类似状态的成人身上。在克服断奶的挫折感的许多方法中，他提到了通过投射与压抑将力比多从令他失望的客体撤回，他将“压抑”这个术语界定为是从成人的发展状态中借来的。但是他又总结说：“……它的根本性质存在于这些过程中”（就婴儿来说）（第296页）。贝恩菲尔德指出，断奶是最早的明显诱因，病态心理由此萌发，而且婴儿的营养神经症（nutritional neuroses）是神经症易感体质的前置因子。他的结论之一是：由于婴儿克服其断奶时的悲伤与失落的某些过程很难观察，关于“断奶效应的结论，必须要取自详细的知识，也就是孩子如何对其世界与活动进行反应。这些反应是其幻想生活的表现，或至少是其核心”。

比是完全不一样的。失去最初所爱的客体，在婴儿的感觉中是确认了所有的被害焦虑与抑郁焦虑。

来看一个例子：婴儿 E 在 9 个月大时，最后一次吃母乳，他对食物的态度没有显示特别的紊乱，在此之前，他已经接受了其他食物慢慢作为主食。但是，他对母亲的在场与注意及陪伴的需要增加了。在断奶后的一个星期内，他在睡眠中啜泣，醒来时带着焦虑与不快的神情，并且难以安抚。母亲只好再次让他吸吮乳房，他用与平常差不多的时间吮吸了两个乳房，虽然奶水明显很少，他还是显得很满足，快乐地入睡了；而且这以后上述症状显著减少了。这表明与失去好客体（乳房）有关的抑郁焦虑会因为乳房再次出现而缓解。

在断奶时，有些婴儿表现出食欲降低，有些则变得更贪婪，而其他的则介于这两种之间。这样的改变发生在断奶的每一个阶段。有些婴儿比较喜欢奶瓶胜过乳房，有些婴儿面对新加入的固体食物，食欲会大增，然而也有些婴儿在这个时候会发生喂食上的困难，这些困难在儿童期的前几年中会以各种形式存在。[①]许多婴儿只能接受某些特定的味道或固体食物的口感，而排斥其他食物。经研究，我们知道这些“嗜好”的动机最深的根源：在于最早期与母亲有关的焦虑。曾有一个 5 个月大的女婴 F 一直是母乳喂养，但是从一开始也同时使用了奶瓶。她很不喜欢母亲给她的固体食物，比如蔬菜。但当父亲喂她时，她却能非常平静地接受它们。两星期后，她接受了母亲给予的新食物。这个孩子现在已经 6 岁了，和父母及兄弟的关系都很好，但胃口一直不好。

---

① 在《幼童的社会发展》（Social Development in Young Children）中，苏珊·艾萨克斯举出了几个喂食困难的例子，并讨论它们与源自口腔施虐而产生的焦虑的联系。在温尼考特所著的《童年期障碍》（Disorders of Children）中，特别是第 16–17 页中，也有一些有趣的例子。

这里，我们想到了女婴 A，以及她接受附加奶瓶的方式。女婴 F 也需要一些时间来充分适应新的从母亲那里给予的食物。

我想说是：对于食物的态度，是从根本上与母亲联系在一起的，而且涉及了婴儿情感生活的全部。断奶的经验激发了婴儿最深层的情绪与焦虑，而较为整合的自我则发展出坚强的防御来应对它们。也就是说，婴儿对食物的态度中既有焦虑也有防御。我总结得出：面对新食物出现的困难，其根源在于害怕被母亲的坏乳房吞噬、毒害的被害恐惧，这种恐惧来自婴儿想要吞噬并毒害乳房的幻想。[①]到了稍后的阶段，在原有的被害焦虑之外又新增了抑郁焦虑，后者是担心贪婪与攻击冲动会毁灭他所爱的客体。在断奶期间与之后，这种焦虑会增加或抑制对新食物的欲望。[②]因为焦虑可能对贪婪产生不同的影响，它可能增强贪婪，也可能会强烈抑制贪婪。

如果婴儿在断奶时食欲增加，那就表明在哺乳期间，乳房坏的（迫害性的）那一面曾经超越了好的那一面，而且担心会危及其所爱乳房的抑郁焦虑，是造成抑制食欲的原因之一。所以，奶瓶（在某种程度上，奶瓶在婴儿心里既是脱离原初客体——乳房，又是象征它的）和母亲的乳房相比，能不那么焦虑且较愉快地被接受。但是，有些婴儿不能成功地用奶瓶替代乳房，而且他们只有在面对固体食物时才会享受进食。

---

① 我认为，婴儿想用有毒的（爆炸与灼热的）排泄物攻击母亲身体的幻想，是他恐惧被母亲毒害的根本原因，而且也是妄想症的根源。同样，想要吞噬母亲（及其乳房）的冲动，在婴儿心里将她变成了一个会吃人的危险客体（《俄狄浦斯情结的早期阶段》《象征形成在自我发展过程中的重要性》两篇文章，以及《儿童精神分析》的第八章）。

② 比较躁郁症病人对食物的态度，会发现：有些病人拒绝食物，其他病人则暂时表现出贪婪的增加，还有些病人的症状在这两种反应之间摆荡。

当乳房（或奶瓶）喂奶开始减少的时候，婴儿会表现出食欲降低，这表明与失去原初所爱客体有关的抑郁焦虑，但是，我认为被害焦虑才是造成婴儿不喜欢新食物的原因之一。当婴儿接受哺乳时，乳房“坏”的一面就会受到他与“好”乳房的关系的抵制，而这个坏的一面会因为断奶而增强，并且被传递到新的食物上。

在断奶的过程中，被害焦虑与抑郁焦虑强烈地影响着婴儿与母亲及食物的关系。然而，在这个阶段中，各种因素错综复杂的相互作用才是真正具有决定性的。这个影响不仅体现在对客体与食物态度上的个体差异，更重要的在于是否能成功修通，并在某种程度上克服抑郁位置。母亲与孩子的关系决定了内在建构的乳房的稳固程度，以及在受到剥夺的状态下，可以保持多少对母亲的爱。所以，与母亲关系好的孩子，即使是很小的婴儿（例子 A）也可以很容易地接受新的食物（奶瓶），这种较好的对挫折的内在适应能力，是与区别母亲与食物的每一步发展密切相关的。这大致决定了婴儿接受原初客体的替代者的能力。所以，这里我要再次强调：母亲对婴儿的行为与感觉是多么重要。与母亲有好的关系，能在某种程度上帮助婴儿抵制他失去原初所爱客体（乳房）的感觉，这对抑郁位置的修通有正面的影响。

婴儿担心失去好客体的焦虑在断奶期间达到顶峰，它也受到其他经验的影响，例如身体不舒服，特别是长牙时。这些经验必定会增加婴儿心中的被害焦虑与抑郁焦虑。

九

在婴儿出生第一年中期的重要发展中，客体关系的范围在不断扩大，特别是父亲对婴儿的影响在不断增加。我曾在其他文章中指出：除了其他发展因素之外，抑郁的感觉和害怕失去母亲的恐惧，都会促使婴儿转向父亲。俄狄浦斯情结的早期阶段与抑郁位置是密切相关且同时发展的。可以来看之前的婴儿 B 的例子。

从大概 4 个月的时候开始，她和比她大几岁的哥哥的关系就在她生命中起到了重要作用。这个关系不同于她与母亲的关系。她仰慕哥哥说的与做的每一件事情，并且持续不断地对他示好，她想得到他的关注，并且对他表现出明显的女性态度。那个时候父亲经常是不在的，直到她 10 个月大时才常见到父亲，而且从这时开始与父亲发展出非常亲密与爱的关系。和父亲关系的发展基本上与她和哥哥的关系是并行的。在刚满 2 岁时，她常叫哥哥“爸爸”，这个时候父亲已经成为她的最爱了。母亲很清楚：在这个阶段，这个小女孩在某些方面，比起母亲她更喜欢父亲。这里我们看到了一个早期俄狄浦斯情境的例子，在这个案例中，她最初是从哥哥那里经验到俄狄浦斯情境，然后转移到父亲。

十

抑郁位置是正常情绪发展的重要部分。孩子处理这些情绪与焦虑的方法，以及他所使用的防御，都是发展是否顺利的指标。

害怕失去母亲的恐惧使得与母亲分离（即使是短暂的）是痛苦的。各种游戏形式既是表达也是克服这种焦虑的方式。弗洛伊德通过观察一个 18 个月大的男孩玩棉线轴而得出了这样的观点。[①]我认为，孩子通过这个游戏所克服的不仅是失落感，还有抑郁焦虑。[②]苏珊·艾萨克

① 《超越快乐原则》（1920）。参见第三章，其中有关于这个游戏的描述。

② 《在设置情境中观察儿童》（The Observation of Infants in Set Situation）中，温尼考特详细讨论了棉线轴游戏。

斯（1952）曾提到几个例子：婴儿（甚至在 6 个月大以前）会喜欢把东西从婴儿车里丢出来，乐此不疲，而且还要这些东西回到身边。我在 G 身上（一个 10 个月大的婴儿，刚开始会爬）观察到了这种游戏更进一步的发展，他一次次将东西丢开，然后爬过去把它抓回来。他的父母告诉我：他在大约 2 个月之前开始玩这个游戏，当时他正在学爬。婴儿 E 在 6～7 个月之间，有一次当他躺在婴儿车里抬脚时，他看到一个他刚丢开的玩具滚了回来，后来他把这发展为一种游戏。

在出生 5～6 个月时，有许多婴儿已经对“找人游戏”发展出兴趣，我见过只有 7 个月大的婴儿很喜欢玩这个游戏：把毯子拉起来盖住头，再放下来。婴儿 B 的母亲用这个游戏作为睡觉前的习惯活动，让孩子在快乐的心情下入睡。我认为这种经验的“重复”是帮助婴儿克服失落与哀伤的重要因素。另外一个典型游戏也对婴儿有很好的安抚作用，它就是：睡觉前母亲离开房间时挥手说“拜拜”，然后说“再回来”“很快就回来”这类的话，通常能帮助婴儿克服离开母亲时的糟糕情绪。对于女婴 B,“拜拜”是她最初学会的几个词之一。睡觉前当她母亲快要离开房间时，她会表现出哀伤，看起来要哭了，但是当母亲对她挥手说“拜拜”时，她好像得到了安慰。当她在 10～11 个月大的时候，她常常练习挥手的姿势。

婴儿逐渐增长的感知与了解周围事物的能力，不仅提高了他处理与掌控事物的自信，也增加了他对外在世界的信任。婴儿对外在现实的反复经验，成为他克服被害焦虑与抑郁焦虑的重要方法。我认为，这就是现实检验，也是一种见于成人心理过程的基础，这个心理过程是弗洛伊德描述的哀悼工作的一部分。①

① 参见《哀悼与抑郁》（Mourning and Melancholia,1917）。

当婴儿能坐起来或站立在婴儿车里的时候，他可以看到人们，而且跟他们比较靠近；当他可以爬行与行走时，靠近他人的能力就更大了。这意味着婴儿不仅拥有了靠近客体的能力，而且也更能独立于客体之外。例如，女婴 B（约 11 个月大时）经常开心地在过道不停地爬上爬下几个小时，而且她会爬进母亲的房间（房门是开着的）看看她，或是想要对她说话，然后再爬回过道。

站立、爬行与行走在心理方面的意义很大。我想强调的是：这些能力是被婴儿用来当作重新获得失去的客体，以及寻找新客体替代失去客体的方法。它们有助于婴儿克服其抑郁位置。语言的发展是另外一项让儿童更靠近他所爱之人的重要方法，而且也能帮他找到新的客体。当获得一种新的满足时，与早先情境有关的挫折感与怨怼感会减弱，这又带来更多的安全感。另外一个获得进展的要素，是来自婴儿想要控制其客体及其外在与内在世界的尝试。发展的每一个步骤都是自我用来应对焦虑的防御，在这个阶段主要是针对抑郁焦虑。我们能发现，行走与说话能让孩子变得更快乐且活泼。反过来说，是自我在克服抑郁位置方面的努力，促进了一些兴趣与活动。这不仅发生在生命的第一年中，会持续到童年期的最初几年。①

男婴 D 在 3 个月大时，对他的玩具（珠子、木环、摇铃）表现出非常强烈而个人的关系，他专注地看着它们，反复碰触它们，把它们放进嘴里，听着它们发出的声响。当这些玩具不在他想要的位置时，他生气地对它们尖叫；当它们被放回该放的位置时，他感到高兴。母

① 我在上一篇文章中曾指出，虽然抑郁感觉的关键经验与应对这些经验的防御是发生在生命的第一年中，但孩子需要好几年的时间才能克服其被害焦虑与抑郁焦虑。这些焦虑在婴儿期神经症的过程中反复地被激活与克服，但是从未被根除，因此，持续一生都有可能再次复苏。

亲在他 4 个月大时说：玩具能给他带来安抚。有时候，他看到这些玩具时会停止哭泣，而且玩具能安抚他入睡。在 5 个月大时，他可以清楚地分辨父亲、母亲与用人。他也对他的奶瓶发展出了一种非常特别的态度，当空奶瓶立在他旁边时，他对它发出声音、抚摸它，并不时吸吮着奶嘴，可以推测，他正对奶瓶表现出和对他所爱之人一样的行为。在 9 个月大时，他经常专注地看着奶瓶，对它说话，并等待回应。因为这个男婴本来就不是好喂养型的，而且没有表现过任何贪婪，事实上他是失去了摄取食物的特别愉悦感，所以他与奶瓶的关系就更为有趣了。他几乎从一开始喂母乳时就有困难，因为母亲没有奶水，在几周大时，就完全改为奶瓶喂奶。他的食欲一直到第二年才有所增加。10个月大时，他变得非常喜欢发声陀螺[①]，一开始他是被陀螺红色的圆头吸引，便立即吸吮了起来，后来他发现陀螺会旋转并且发出声响。他很快就放弃吸吮它，但是一直保持对红色圆头的兴趣。15 个月大时，当他在玩另一个也很喜欢的发声陀螺时，它掉在地板上裂成了两半。他大哭了起来，不接受安抚，并且不愿再回到发生该事件的房间。最后母亲终于成功地带他回来，给他看那个已被修好的陀螺，他拒绝看它，跑出房间。甚至到了第二天，他还是不想靠近放玩具的储物柜，而且之后的几个小时内，他拒绝喝水。不过，稍后母亲捡起他的玩具狗说：“多可爱的小狗狗啊！”他振奋起来，拿起那只狗，带着它四处展示，期待他们说“好狗狗”。他认同那只玩具狗，因此，对狗狗显示的情感，使他从对发声陀螺给他造成的伤害之中恢复。

但是，在更早的阶段，这个孩子已经对破碎的东西表现出了明显

① "humming top"，一种看起来像陀螺，会旋转并发出嗡嗡声响的玩具。——译者注

的焦虑。例如在 8 个月大时，当他摔碎一个玻璃杯时，他哭了起来。不久后，他会因为看到破碎的东西而非常困扰，不管是谁弄碎的。

他在这些事件上所感到的痛苦，显示了被害焦虑与抑郁焦虑的存在。如果将他 8 个月大时的行为与发声陀螺摔碎事件联系起来的话，这一点就很清楚了。我认为：奶瓶与发声陀螺都象征性地代表了母亲的乳房（他在 10 个月大时对待发声陀螺的行为就跟在 9 个月大时对待奶瓶的行为一样），当发声陀螺碎裂时，意味着母亲乳房与身体的破坏，所以他对弄坏发声陀螺感到焦虑、罪疚感及哀伤。

如果观察你会发现，有时孩子会对玩具发脾气。我想说是：他在稍后阶段显现出的焦虑与罪疚感，都可以追溯到他对玩具所表达的攻击上，特别是在无法拿到这些玩具的时候。玩具与母亲乳房的关系，还有一个更早的联系，那就是这个乳房在他还没满足时就被撤回了。因此，对于破碎的杯子的焦虑是罪疚感的表现，而这个罪疚感其实是他针对母亲乳房的愤怒与破坏冲动。案例里的婴儿借由象征形成将他的兴趣移置（displace）到了客体上，[①]从乳房到各种玩具：奶瓶——杯子——发声陀螺，并将人际关系与情绪，例如愤怒、怨恨、被害焦虑与抑郁焦虑及罪疚感转移到这些客体上。

前文中我提到孩子与陌生人有关的焦虑，并通过那个例子来说明母亲的形象分裂为“好”母亲与“坏”母亲；婴儿对“坏”母亲的恐惧及对“好”母亲的爱是鲜明的，这反映在他的人际关系中。我认为，关联的这两个层面参与了他对破碎事物的态度。

当弄坏发声陀螺时，他拒绝进入那个房间，甚至不愿意靠近储物

---

① 关于象征形成对于心理生活的重要性，参见伊萨克斯（1952）及我的文章《早期分析》与《象征形成在自我发展过程中的重要性》。

柜，这反映了他的被害焦虑和抑郁焦虑。当别人夸他的小狗狗（代表他的）是“可爱的”，他感到自己是好的，仍被父母所爱，他因而获得安慰，焦虑得到了缓解。

结论

自我本来就有的忍受焦虑的能力，是由出生时自我凝聚程度的多少来决定，这反过来也决定了分裂机制活动的多少，以及相应的整合能力的高低。其他从出生后就存在的因素是爱的能力、贪婪的强度，以及对抗贪婪的防御。

我认为这些相互关联的因素，是生本能与死本能之间某些融合状态的表现，这些状态基本上影响了一些动力过程，从而让破坏冲动受到力比多的抵制与缓和。这些过程是塑造婴儿无意识生活的重要时刻。从出生后一开始，体质因素就与外在因素密切相关，这些外在因素开始于出生经验及被照顾与喂奶的早期情境。①并且，从早期开始，母亲的无意识态度就强烈地影响着婴儿的无意识过程。

因此，我认为：体质因素必须与环境因素结合起来讨论。它们共同参与形成了早期的幻想、焦虑与防御，这些虽然会落入某些典型的模式，却有无穷的变化，这就是个人心理与人格萌芽的土壤。

通过对婴儿的仔细观察，我们能了解他们的情感生活，并预测其未来的心理发展。这样的观察，在某种程度上支持了我对发展最早阶段

---

① 近来对于产前行为模式的研究，提供了思考关于原初自我和体质因素在胚胎时运作程度的材料，特别是葛塞尔（A.Gesell）所描述与总结的行为[《胚胎学》（The Embryology of Behaviour）]。由此引出另一个开放问题：母亲的心理与身体状态在上述的体质因素方面是不是也影响了胚胎？

的发现。这些发现是在儿童与成人的精神分析过程中得到的，因为我能将他们的焦虑与防御追溯到婴儿期。弗洛伊德在成人病人的无意识中发现了俄狄浦斯情结，在过去数十年来，俄狄浦斯情结固有的冲突已经被熟知，这用在儿童观察中，其结果是增加了人们对儿童情绪困难的了解，但这主要适用于发展较为高阶的孩子，婴儿的心理活动对大部分的成人来说仍是个谜。我认为：更密切地观察婴儿，肯定能在将来为婴儿的情感生活这一议题带来更多的发现。

我的论点是：婴儿过度的被害焦虑与抑郁焦虑，在心理疾病的精神发生学中具有关键的重要性。我认为，一个善解人意的母亲可以通过她的态度来减少其婴儿的冲突，并在某种程度上帮助婴儿更有效地应对焦虑。所以，充分、广泛地了解婴儿的焦虑与情绪需求，将会减少婴儿期的痛苦，并为以后的生活奠定更多快乐与稳定性的基础。

第八章

精神分析的游戏技术：其历史与重要性（1955）

第八章
精神分析的游戏技术：其历史与重要性（1955）

一

我的一本书中的引言部分是一篇关于游戏技术的文章[①]，我相信我的儿童与成人分析工作，以及我对精神分析理论整体的贡献，基本上都得益于我与幼儿工作时所发展的游戏技术。

所以，我要简单概述我的工作从精神分析游戏技术发展出来的步骤。在 1919 年，当我开始研究第一个个案时，已经有人在做对儿童的精神分析工作——其中以胡格 - 赫尔姆斯（Hug-Hellmuth,1921）医生为代表，但她没有对 6 岁以下儿童的精神进行分析。她在分析中使用图画，偶尔用游戏作为媒介，但并没有把游戏发展成一种特殊的技术。

在刚开始工作时，我有一个原则：分析师应该非常节制地给予诠释。除了少数的例外，精神分析还没有探索到无意识的深层次：对儿童来说，这种探索具有潜在的危险，事实上，在当时及之后的几年中，精神分析被认为只适用于潜伏期（latent period）之后的儿童。[②]

---

① 参见《精神分析的新方向》（New Directions in Psycho-Analysis）。

① 在安娜·弗洛伊德的《儿童精神分析治疗》（The Psycho-Analytical Treatment of Children,1927）一书中，有对这个早期方法的描述。

我的第一个病人是一个5岁大的男孩弗里茨（Fritz），我最早出版的文章[①]中写过他的案例。刚开始的时候，我以为只要影响母亲的态度就够了，我曾建议她应该鼓励孩子自由地与她讨论许多深藏心底的问题，在我看来这些问题明显阻碍了他的智力发展。这么做下来，效果有一点儿，但是他的神经症并没有被充分缓解。后来，我决定对他进行精神分析。这么做时，我偏离了我的原则，在孩子呈现给我的材料中，我诠释了我认为最急迫的问题，并且发现我的兴趣都在他的焦虑及对抗这些焦虑的防御上。这种新的方法带来了一些严重的问题，我在分析这个病人时，所遭遇到的焦虑是非常急迫的，而且，虽然我看到焦虑因我的诠释在缓解，让我确信我工作的方向没有错，但是在面对表面化的新焦虑时我迷茫了。在这个时候，我向卡尔·亚伯拉罕医生请教。他说，既然我的诠释目前为止来看是有效果的，而且分析有明显的进展，他认为不需要改变处理的方式。我被他的支持所鼓舞，在后来的几天里，孩子的焦虑大幅地减弱，效果越来越好。从这个分析案例中所获得的信念，强烈地影响了我以后全部的精神分析工作。

当时的治疗是在孩子的家中进行，用的是他自己的玩具。这个分析案例是我精神分析游戏技术的开始，因为从一开始，这个孩子主要就是通过游戏来表达他的幻想与焦虑，而且我不断地向他解释游戏的意义，慢慢地在游戏中孩子给出了更多的材料。也就是说，我已经在这个病人身上使用了诠释的方法，而这个方法成为我的技术特色。我的这种处理方法符合精神分析的一项基本原则——自由联想。我不仅诠释孩子所说的话，也解释他所玩的游戏。我将这个基本的原则应用在孩子的

---

① 参见《儿童的发展》（The Development of a Child, 1923）、《儿童力比多发展中学校的角色》（The Rôle of the School in the Libidinal Development of the Child, 1924）与《早期分析》（Early Analysis,1926）。

心理上，来观察分析孩子的游戏与各种活动（他的整体行为），因为我相信游戏是他们用来表达成人用言语所表达内容的方法。在整个治疗过程中，我遵循了弗洛伊德的两个法则：探索无意识和分析移情关系。

在1920年和1923年之间，我从其他儿童分析案例中获得了更多的经验，但是游戏技术发展中重要的一步，发生在我1923年治疗一个2岁零9个月大的孩子时所做的精神分析中。我已经在我的《儿童精神分析》[①]一书中，详细讲过这个案例。案例中的莉塔有夜惊（night terrous）和动物恐惧症，她对母亲的态度非常矛盾，黏母亲的同时又不喜欢和母亲交流。她有明显的强迫性神经症，而且有时候非常抑郁。她的游戏都受到抑制，无法忍受挫折，这使她越来越难养育。我当时不知道该如何处理这个案例，因为我之前没分析过这么小的孩子，这完全是一项新的试验。第一次治疗就印证了我的担忧，当莉塔和我在育婴室时，她立即表现出了一些我认为是负向移情的迹象：当时她焦虑而沉默，随即要求去外面的花园，我同意了并跟她一起去（在她的母亲和保姆看来，这是失败的迹象）。在10～15分钟后，当我们回到育婴室时，莉塔对我相当和善。有这种转变是因为：当我们在外面的时候，我曾经解释她的负向移情，这再一次违反了一般的做法。从她说的一些事情，以及她在开放空间里比较不那么害怕的这个事实，我认为：当她单独与我在房间时，她会特别怕我会对她做某些事情。我解释了这一点，并提到她在夜里的惊吓，我将她怀疑我是一个有敌意的陌生人联系到她的恐惧：夜里有坏女人会在她一个人时攻击她。在这个诠释之后几分钟，当我提议回到育婴室时，她立即同意了。莉塔在游戏方面的抑制很明显，

---

① 参见《谈儿童抚育》（On the Bringing up of Children,Rickman 主编，1936）与《从早期焦虑看俄狄浦斯情结》（1945）。

她只强迫性地帮洋娃娃穿脱衣服，其他什么都不做。但是，我很快了解在她的强迫症底下隐藏的焦虑，并且诠释了它们。这个案例加强了我那渐渐成熟的信念：对儿童进行精神分析的前提，是要了解并且诠释那些幻想、感觉、焦虑，以及游戏所表达的经验，或者是造成抑制的原因。

在莉塔的案例中，仅维持了数月治疗，我得到的结论是：精神分析不应该在孩子的家中进行，因为我发现虽然她非常需要帮助，她的父母也认可了我的治疗方法，但她母亲对我的态度很矛盾，整个家庭气氛对治疗带有敌意。更重要的是，我发现移情的情境，也就是精神分析过程中最重要的部分，只有在病人能感觉到治疗室或游戏室是与其日常家庭生活分开时，才能被建立起来并加以维持。因为只有在这种条件下，病人才能克服他对于体验及表达那些不符合常规的思想、感觉和欲望的阻抗。对儿童来说，他们感觉这些不符常规的事情是与许多被教导的事情相矛盾的。

也是在1923年，在分析一个7岁的女孩时，我做了更有意义的观察。她的神经症困难并不严重，但她的父母非常担心她的智力发展。她虽然很聪明，但是跟不上其他同龄的孩子，她不喜欢学校，有时候还会逃学。以前她与母亲的关系很好，并依赖母亲，但自从她开始上学后就变了，她变得羞怯而沉默。我对她做了几次治疗都没有什么进展。我已经知道她不喜欢学校，从她胆怯地说出来的事情及其他意见，我已经能够做一些诠释，但我不能用这个方法获得更多进展。有一次我又发现这个孩子没有反应并且退缩，我离开她，告诉她我稍后会回来。我到我自己小孩的婴儿房拿了一些玩具、车子、小人物、几块积木和一辆玩具火车，把它们放进箱子里，再回到病人那里。这个小孩立即对这些小玩具产生了兴趣，开始玩起来。从这次游戏中，我推断两个玩具小人代表了她自己和一个小男孩（他是我之前曾听她说过的一个同学），看起来这两个小人的行为存在不为人知的秘密。其他玩具人偶像是干预与监视的角色，被厌恶地放在一旁。她玩这两个玩具的方式带来了一些灾难，例如摔倒或撞车，这伴随着焦虑升高的迹象。这时候我提到她游戏中的小人并解释道：有些性活动似乎曾发生在她与她的朋友之间，而之前她非常害怕这一点会被发现，所以不信任其他人。我的解释让她变得焦虑，而且似乎就要停止游戏。我提醒她，她不喜欢学校可能与她害怕老师会发现她与同学的关系而惩罚她有关，最重要的是她害怕且不信任她的母亲。这个诠释对孩子的影响很明显，她的焦虑与不信任一开始时升高了，但很快就转变为释然。她的面部表情变化了，虽然没有承认或否认我的诠释，但她通过在游戏中制造新的材料及变得更自由地玩耍与说话，表明她默认我的说法，她对我的态度也变得友好起来。与正向移情交替发生的负向移情一再出现，但是从这一次治疗以后，分析开始变得顺利。有一些好的改变发生在她与家人的关系上，特别是她和母亲的关系。她对学校的排斥减弱了，对学业变得更有兴趣，但是她在学习方面的抑制，源于更深的焦虑，只能在治疗过程中逐渐地消解。

二

在上一节的案例中，我使用了我特别为儿童病人保留在箱子里的玩具（我将玩具装入一个箱子，第一次带到治疗室），事实证实它们对于她的治疗是非常重要的。这个经验和其他的经验，帮助我决定哪些玩具最适合用于精神分析的游戏技术。[①]而且我发现一定要用小的玩具，因为它们的数量与多样性，能够让儿童广泛地表达各种幻想与经验。这些玩具还必须是非机械性的，人形必须只有颜色与大小的分别，不

① 它们主要是：小的木头男人与女人（通常有两种大小）、汽车、独轮手推车、秋千、火车、飞机、动物、树木、砖块、房屋、篱笆、纸、剪刀、刀子、铅笔、粉笔或水彩笔、胶水、球与弹珠、橡皮泥和线。

应该显示任何特定的形象，这有助于孩子根据在游戏中所浮现的材料，将它们用在许多不同的情境中，因此他能够同时呈现各种经验与幻想，或是真正的情境。这也让分析师有可能对于其心理运作得到一个比较连贯、有条理的了解。

与玩具的单纯简单一致，游戏室的设备也要简单，它不能包括任何与精神分析有关的东西。[①]每个孩子的玩具需要被锁放在一个特定的抽屉里，让他知道只有分析师和自己知道他的玩具和游戏（相当于成人的自由联想）。上文所提到的那个我第一次用来给那个小女孩取玩具的箱子，是抽屉的原型。而抽屉则是分析师与病人之间私密与亲密关系的一部分，代表了精神分析的移情情境。

并不是说游戏技术必须要完全和我挑选的这些玩具一样，病人可以带来自己的东西，只要这些玩具的游戏能自然地进入分析工作。但是，我认为由分析师提供的玩具，必须大致是简单而非机械性的小玩具。

玩具并不是游戏分析的唯一用品。很多儿童分析活动可以在洗手台旁进行，洗手台那里可以放一两条小毛巾、杯子与勺子。有时他会画画、写字、涂色、修理玩具等，有时则会玩游戏，在其中他分派角色给分析师和自己。在这种游戏中，儿童经常会扮演成人的角色，表明他想倒转角色扮成父母或其他权威者。有时候他扮演父母，对孩子（由分析师所代表）施虐，来发泄攻击性和愤怒。不论幻想是通过玩具还是角色来表现，诠释的原则都是一样的，因为不管使用什么材料，都是要在技术层面下应用分析的原则。[②]

---

① 它们是可清洗的地板、自来水、一张桌子、几把椅子、一张小沙发、几个靠垫及一个抽屉柜。

② 上述玩玩具与游戏的例子，参见《儿童精神分析》（特别是第二、三、四章），也见于《儿童游戏中的拟人化》（Personification in the Play for Children,1929）。

攻击性通过各种直接或间接的方式在儿童的游戏中显现出来，经常是玩具坏了，或是当孩子更具有攻击性时，会使用刀子或剪刀破坏桌子或木片，水和颜料飞溅四处，使治疗室一片狼藉。应该允许孩子释放其攻击性，这个时候应该去了解为什么在这个移情情境中，破坏冲动会浮现，并且要观察这些破坏冲动所引发的后果。例如当孩子不小心弄坏了一个玩具小人之后，他会有罪疚感，因为这个玩具在孩子无意识中代表了具体的人物，例如弟弟、妹妹或是父母。所以，诠释必须处理这些更深层次的问题。有时候根据孩子对分析师的行为，我们推断出不仅只是罪疚感，被害焦虑也是他破坏冲动的后果，以及他害怕被报复。

我经常在分析对孩子传达：我不能忍受对我身体的攻击。这种态度不仅保护了精神分析师，对分析本身来说也是很重要的，因为要对这种攻击加以约束，以避免激发孩子过多的罪疚感与被害焦虑而增加治疗的困难。那我是如何防止身体攻击发生的呢？我在分析中会非常小心地不去抑制孩子的攻击幻想。事实上，我引导他用其他方式将这些幻想付诸行动，例如对我口头上的攻击。我越是能及时诠释孩子攻击的动机，就越能够掌控情境。但是，在面对某些患有精神病的儿童时，有时候分析师很难保护自己。

三

我观察发现，孩子对于被他损坏的玩具的态度很特殊，一般他会将损坏的玩具（有具体的人物角色）放在一边，忽略它一段时间，这说明他不喜欢损坏的客体，因为他有被迫害的恐惧——害怕那个被他攻击的人（玩具小人扮演的角色）报复他，让他危险。这种迫害感非常强烈，以至于掩盖了他的罪恶感与抑郁感；这又会导致罪疚感与抑郁可能强烈到使迫害感再增强。回过头来说，有可能某一天这个孩子会在他的抽屉中重新寻找这个损坏的玩具。这表明在那个时候我们已经能够分析某些重要的防御，来减弱他被迫害的感觉，并使他体验到罪疚感与想修复的冲动。当重新寻找损坏的玩具时，表明孩子与特定兄弟姐妹（玩具所代表的人物）之间的关系或是他的一般关系已经发生了改变。这个改变说明被害焦虑减弱了，而且随着罪疚感与修复的愿望一起，过去曾被过度焦虑所阻碍的爱的感觉修复好了。对另一个孩子或同一个孩子在分析的后半阶段，罪疚感与修复的愿望可能会发生在攻击行为之后，而且对在幻想中已被他伤害的人物表现得很温柔。这种改变对于性格形成、客体关系及心理稳定至关重要。

诠释工作的一个基本步骤，是跟随被分析者爱与恨之间的情感波动：一方面是快乐与满足；另一方面是被害焦虑与抑郁。分析师不要对孩子弄坏玩具表现出不悦的情绪，也不鼓励孩子表达其攻击性，或暗示他能修复玩具。也就是说，分析师应该让孩子能够在自己的情绪与幻想浮现出来时去体验它们。我的技术中遵循的原则是：不使用教育或道德上的影响力来影响被分析者，而是完全恪守精神分析的程序，了解病人的心理，并向他传达游戏中所表达的事情。

游戏活动可以表达各种不同的情绪处境，例如：挫折与被拒绝的感觉、对父母或兄弟姐妹的嫉妒、带有嫉妒的攻击性、拥有玩伴和对抗父母的盟友的快乐、对新生儿或腹中胎儿的爱与恨及随后的焦虑、罪疚感、想要修复的冲动等。在儿童的游戏中，我们发现日常生活的实际经验与细节的重复，经常与其幻想交织在一起。有意思的是，经常生活中非常重要的真实事件没有进入他的游戏或自由联想中，游戏中所强调的重点反而落在了明显次要的事情上。可想而知，这些次要的事情对孩子来说很重要，它们激发了他的情绪与幻想。

四

很多孩子在游戏方面受到了抑制，这种抑制虽然不会完全阻碍他们玩游戏，但可能很快会中断他们的活动。例如，一个小男孩被带来做单次的面谈。我在桌上放了一些玩具，他坐下后开始玩。很快，游戏中发生了许多意外的事件：冲撞、玩具人摔倒、他想要再将它们站立起来，等等。在整个过程中，他表现得很焦虑，但因为当时并不是正式治疗，我没有给予诠释。几分钟后，他悄悄地溜下椅子，说："玩够了。"便走了出去。这在我看来，这是治疗的开端，如果正式进入分析治疗，我应该能够充分化解他的焦虑，让他继续游戏。

下一个例子可以帮我找到造成游戏抑制的某些原因。有一个3岁零9个月大的男孩彼得，他非常神经质。[①]他的困难是无法游戏、不能忍受任何挫折，羞怯而哀愁，不像个男孩子，但有时又攻击性强且傲慢自大，对家人的态度非常矛盾，特别是对父亲。他的母亲告诉我，彼得在一次暑假之后变得很糟糕。在假期中，18个月大的他和父母一起睡，而且有机会观察到他们的性行为。在假期中，他变得非常难管，睡眠很差，并且夜里经常遗便在床上——他已经好几个月没有这样了。这之前他能自己玩耍，但那个夏天以后，他停止了游戏，并且喜欢破坏玩具。他对玩具除了破坏之外，什么都不做。不久后他的弟弟出生了，这更增加了他的困难。

第一次治疗时，彼得开始游戏，很快他就让两匹马撞在一起，而且对不同的玩具一直做同样的动作。他还提到了他有一个小弟弟。我对他解释说：马匹与其他互撞在一起的东西代表了一些人。他开始时

① 这个孩子的分析开始于1924年，这个案例对我发展游戏技术有很大帮助。

排斥这个诠释，后来就接受了。他又将马匹撞在一起，说它们要睡觉了，然后用积木将它们盖起来，又说：“现在它们死了，我把它们埋起来。”他将汽车头尾相接连成一列（在后来的分析中，表明这种排列方式象征了他父亲的阴茎），让它们行驶，然后突然发起脾气，将它们摔得到处都是，说道：“我们总是把圣诞礼物弄得粉碎，我们什么也不要。”摔玩具在他的无意识中代表了摔他父亲的生殖器。在第一次治疗中，他果真弄坏了几个玩具。

在第二次治疗中，彼得重复了第一次治疗中的某些材料，特别是将汽车、马匹等撞在一起，并且再次提到他的弟弟。当我解释说他是在向我演示他的父母是如何将生殖器撞在一起的，他认为这样做导致了小弟弟的出生。这个解释说明了他跟弟弟及父亲的关系非常矛盾。他把一个玩具男人放在一块积木（代表床）上，然后他把玩具丢下，说它“死了”，“完蛋了”。然后，他用两个玩具男人（已经被他弄坏了的玩具）重演了同样的事情。我解释说第一个玩具男人代表他的父亲，他想把他从母亲的床上丢开，并杀了他；后来那两个玩具男人中其中一个是他父亲，另一个是他自己，父亲会对他做同样的事情。他用两个损坏的玩具是因为：他感觉如果他攻击父亲，父亲和他自己都会受伤。

这些材料说明了许多重点，其中一两点尤其重要。因为彼得有看过父母性交的经验，这在他的心里造成了很大的冲击，并且激发了强烈的情绪，例如嫉妒、攻击性与焦虑，这都在他的游戏中表达了出来。毋庸置疑，他对这个经验不再有任何意识层面的认知，也就是说这个经验被压抑了，他只能通过玩具传达这一经验。我相信，假如我没有诠释那些撞在一起的玩具是一些人的话，他可能不会产生在第二次治疗中所出现的材料，而且如果我在第二次治疗时，不告诉他抑制游戏的某些理由（通过诠释他对玩具的破坏），他将很有可能（就像往常一样）在破坏玩具后就停止游戏了。

有些孩子在刚开始治疗时，可能就像彼得一样无法游戏或中断游戏，却很少见到一个孩子会完全忽视玩具，而且即使他不理会这些玩具，分析师仍然能洞察他不想玩的动机。分析师可以用其他方法来收集资料并加以诠释，例如在纸上乱画、剪纸，以及任何行为的细节；例如姿势或面部表情的改变，这都能够让分析师从中找出孩子所面临困难的线索。

也许有人会问：幼儿在智力上能理解这样的诠释吗？我和同事们是这样认为的：如果诠释与材料中的明显部分有关的话，儿童就能理解这些诠释。当然，在给予解释时，分析师的说明必须尽可能地简明与清楚，也要选用孩子能懂的表达方式。只要将孩子呈现的材料的基本要点翻译成简单的话语，就能够触及孩子的情绪与焦虑。分析师经常会发现，即使是在非常小的幼儿，他们也有获得洞识的能力，而且这种能力通常远比成人要好。我相信婴儿的智力是被低估了，事实上他了解的比我们认定的更多。事实上：幼儿无意识与意识之间的联系比成人更为紧密，而且婴儿期的压抑并不强烈。我现在要通过一个案例来说明我刚说的事情。彼得曾强烈反对我这样的诠释：被他从“床”上摔下来的那个“死掉了”“完蛋了”的玩具男人代表了他的父亲（诠释对所爱的人的死亡愿望，通常会引起被分析者极大的抗拒）。在第三次治疗中，彼得又带来了和之前差不多的材料，他接受了我的诠释，思考之后说：“如果我是爸爸，有人想把我丢到床后面去，并且让我死掉，让我完蛋，我会怎么想呢？”这说明彼得不只修通、理解、接受了我的诠释，而且还认识到了更多的东西。他知道自己对父亲的攻击感觉是造成他害怕父亲的原因，以及他曾经将自己的冲动投射到父亲身上。

游戏技术的要点之一始终都是移情的分析。我们知道，病人在对分析师的移情中重复了早期的情绪与冲突。我认为：分析师在移情诠释中，将病人的幻想与焦虑追溯到其起源处，即婴儿期及他与最初客体的关系上，我们就能从根本上帮助病人。因为只有这样，病人才能够在根源上改变这些关系，从而有效地减弱焦虑。

五

我说过：对儿童的焦虑及对这些焦虑的防御的分析，让我更深层地进入到孩子的无意识和幻想生活当中。但其实这背离了精神分析的原则——诠释不应该进入无意识太深，而且不应该进行诠释。我这样做带来了技术上彻底的改变，但我仍坚持我的处理方式，这样的方式开启了我对婴儿早期幻想、焦虑与防御的了解，这些在当时完全是一个新的领域。在对莉塔的分析中，我发现她的超我非常严厉，这让我很惊讶。我曾观察到莉塔习惯于扮演严厉与惩罚的母亲的角色，这个母亲对待孩子（由洋娃娃或分析师所扮演）非常残酷。不仅如此，她对母亲的矛盾情感和她极度需要受到惩罚、她的罪疚感及夜惊，都让我认识到这个2岁零9个月大的孩子心中有一个严厉而冷酷的超我。在其他儿童身上，我也有同样的发现，因此我认为：超我发生在比弗洛伊德所假设的更早的阶段。也就是说，弗洛伊德所假设的超我，其实是好几年前就发展成熟的最终产物。而且，我认为超我是某种被孩子感觉为以具体的方式内在运作的东西，它包含了各种从他的经验与幻想中建立起来的形象，它源自他已经内化（内射）其父母的那些阶段。

在这个案例中我还有另外一个重要发现，即首要女性焦虑情境（female anxiety situation）：母亲被感觉成原初的受害者，她作为外在与内化的客体，攻击孩子的身体并从孩子身上拿走她想象的孩子。这些焦虑都是女孩幻想中对母亲身体的攻击，为的是抢夺母亲所拥有的东西，也就是粪便、父亲的阴茎及孩子们，这同时让女孩害怕受到报复。

这种被害焦虑与较深的抑郁及罪疚感结合，或交替发生。这些观察让我发现“进行修复”的倾向在心理生活中的重要性。我说的这个修复，比弗洛伊德对于“强迫性神经症的抵消”与“反向形成”的概念要更宽广，因为它包括了各种过程。通过这些过程，自我感觉自己修复了在幻想中所造成的伤害，而且恢复、保存、复活了客体。这种倾向的重要性，与罪疚感紧密相关，而且它对升华和心理健康也有很大贡献。

在婴儿对母亲身体的幻想性攻击中，我发现了肛门与尿道的施虐冲动。上文中的莉塔的案例，让我认识到超我的严厉，同时我了解到：对母亲的破坏冲动是怎样激发罪疚感与被害感的。我在 1924 年分析一个 3 岁零 3 个月大的女童楚德（Trude）时，我发现了破坏冲动的肛门与尿道施虐性质。[①]当她来找我治疗时，她有各种症状，例如夜惊、大小便失禁等。在分析早期时，她要求我在床上假装睡觉，然后她说要攻击我，要看我的屁股里有没有大便（我发现大便也代表了孩子们），她要将它们拿出来。在这种攻击之后，她蜷缩在角落里，假装她在床上，自己盖上抱枕（为的是保护她的身体和“孩子们”）。就在这个时候，她尿湿了，而且她显得非常害怕我攻击她。母亲在她的心中已内化成危险的母亲，因此给她带来焦虑，这证实了我最初在莉塔的案例中所获得的结论。这两个分析都是短期的，结束的原因有很大成分是父母们认为已经达到足够好的效果了。[②]

后来的研究，让我确信这种破坏冲动与幻想可以追溯到口腔——肛门冲动与幻想。实际上，莉塔已经非常清楚地表明了这一点。有一次她在一张纸上涂满黑色，然后把它撕碎，把碎纸放到一杯水中，并

① 参见《儿童精神分析》。

② 莉塔分析了 83 次，楚德分析了 82 次。

将嘴凑上前去像要喝下它，同时轻声小心地说道："死女人。"[①]这个撕纸与弄脏水的动作，我认为是她表达了幻想中对母亲的攻击与谋杀，而这样的幻想又让她害怕遭受报复。在楚德的案例中，我意识到这种攻击中特别的肛门与尿道施虐性质。后来在1924年到1925年间的其他分析案例中［露丝（Ruth）与彼得，两者都在《儿童精神分析》一书中讲到过］，我观察到了口腔施虐冲动在破坏性幻想和相应的焦虑中所扮演的基本角色，这充分证实了亚伯拉罕的发现。[②]因为这些分析进行的时间都比莉塔和楚德的分析要久，[③]可以让我更进一步地观察：在正常与不正常的心理发展中，口腔期的欲望与焦虑所扮演的基本角色。[④]在莉塔与楚德的分析中我已经看到了对一个受到攻击而恐怖吓人的母亲的内化——也就是严厉的超我。在1924年与1926年之间，我分析了一个更严重的案例。[⑤]在对这个孩子的分析中，我知道了一些关于这些内化的细节，及构成偏执焦虑与躁郁焦虑的基础的幻想与冲动。因为我了解她内射过程的口腔与肛门性质，及它们所造成的内在迫害情境，我也更加注意到内在迫害是怎么通过投射的方式来影响与外在客体的关系。我发现嫉羡与恨的强度是来自她与母亲乳房的口腔施虐关系，而且与俄狄浦斯情结交织在一起。在1927年第十届国际精神分析大会上，我提到的厄娜的案例，对我有很大的帮助，[⑥]特别是帮助我得出了以下观

---

① 参见《从早期焦虑看俄狄浦斯情结》（1935），《克莱因文集Ⅰ》。

② 参见《力比多发展简论》（1924）。

③ 露丝分析了190次，彼得分析了278次。

④ 我在亚伯拉罕那里接受分析，这使我不断确信他的发现的重要性。我的分析开始于1924年，在14个月后因为他病亡而被迫中断。

⑤ 在《儿童精神分析》第三章中，是以"厄娜"（Erna）这个名字来描述的。

⑥ 参见《俄狄浦斯情结的早期阶段》（1928）。

点：在口腔施虐冲动与幻想达到高峰时所建立的早期超我，是精神病的基础。两年之后，我扩展了这个观点，强调了口腔施虐性对于精神分裂症的影响。[①]另外，我还在一些男童身上观察到阉割焦虑是男性首要的焦虑。因为早期阶段对母亲的认同（在这个女性位置上进入了俄狄浦斯情结的早期阶段），男人与女人一样，对身体内部遭受攻击的焦虑以各种方式影响并造成了他们的阉割恐惧。

在幻想中对母亲身体与她所包含的父亲的攻击所产生的焦虑，在两性身上都被证实是"幽闭恐惧症"（包括害怕被拘禁或埋藏在母亲体内的恐惧）的基础。这些焦虑体现在阉割恐惧中，就是失去阴茎或将其摧毁在母亲体内的幻想，这些幻想可能是阳痿的主要心理原因。

我认为有关攻击母亲身体及被外在与内在客体攻击的恐惧，都有特殊的性质与强度，这显示了它们的精神病性质。我还发现对被报复的恐惧，是因为个体自身的攻击性，所以自我的最初防御是要应对破坏冲动及幻想所激发的焦虑。我发现，这些精神病性质的焦虑都是口腔施虐性。我也了解到与母亲的口腔施虐关系，以及内化那被吞噬（devoured）而具有"吞噬性"（devouring）的乳房，是所有内在迫害者的原型。一方面是内化受伤而可怕的乳房，另一方面是内化满足的、有帮助的乳房，这两方面形成了超我的核心。我还认为：虽然口腔焦虑先出现，但来自所有来源的施虐幻想与欲望在非常早期的发展阶段就已经开始运作了，并与口腔焦虑重叠着。[②]

上文中我提到的婴儿期焦虑的重要性，在病情严重的成人分析中

---

① 参见《象征形成在自我发展中的重要性》（1930）。

② 这些与其他结论，参见我的两篇文章，即《俄狄浦斯情结的早期阶段》和《象征形成在自我发展中的重要性》，也见于《儿童游戏中的拟人化》（1929）。

也有所体现，包括一些边缘型精神病（border-line psychotic）。[①]

从众多分析经验中，我发现精神病性质的（妄想与抑郁）焦虑构成了婴儿期神经症的基础。因此，我假设：在某种程度上，精神病性质的焦虑是正常婴儿期发展的一部分，并在婴儿期神经症过程中获得表达与修通。[②]但是为了要触及这些婴儿期的焦虑，分析必须进入无意识的深层，这一点对成人与儿童都适用。[③]

在前文我已指出，儿童的焦虑可以通过诠释来缓解，这时就必须充分使用游戏的象征性语言。我认为游戏是儿童最基本的表达方式。在

---

① 在分析一个妄想型精神分裂症的男病人（分析只持续了一个月）时，我在他身上看到了精神病性质的焦虑，诠释这些焦虑变得很重要。那是在1922年，我帮我的一个准备去度假的同事照顾他的一名精神分裂病人一个月。从一开始，我就发现我不应该让病人有任何时间保持沉默，我觉得他的沉默代表着危险。每当他沉默时，我就会诠释他对我的怀疑，例如：我和他的叔叔商量要再次把他关起来（他最近才获得自由），他在其他场合曾说过类似的话。当我这样诠释他的沉默（也就是联合之前的材料）时，他便会坐起来，以威胁的语气问我："你想把我送回疗养院是吗？"不过他很快安静下来，开始更自由地说话。这说明了我的做法是对的，应该继续对他的怀疑及被害的感觉做诠释。在某种程度上，他对我的正向与负向移情发生了。但是有一段时间，他对女人表现出强烈的恐惧感，他让我给他安排一位可以帮助他的男性分析师，我告诉他一个男性分析师的名字，但他从未联系过这个分析师。在那一个月的时间里，我每天见这个病人，当我的同事度假回来时他发现有些进展，希望我继续分析，我拒绝了，因为我知道在没有任何保护或其他适当的安排下治疗一个妄想症病人是非常危险的。在我分析这个病人期间，他经常在我房子外面站几个小时，看向我的窗户，只有少数几次他按了门铃要求见我。我要说的是，不久后他再次被关了起来。虽然我没有从这次分析中得出任何理论性的结论，但它加深了我以后对婴儿期焦虑的精神病本质的了解，促进了我的技术发展。

② 弗洛伊德发现正常与神经症之间并没有结构上的不同。这一发现在理解一般的心理过程中极为重要。我的假设是：在婴儿期，精神病性质的焦虑就存在了，而且它是婴儿期神经症的基础。我的这个假设是对弗洛伊德发现的延伸。

③ 我在上一段中提出的结论，在《儿童精神分析》中有完整的叙述。

儿童世界里，积木、小人、车子不只是感兴趣的东西，他在玩这些玩具时，会给它们赋予各种象征和意义，这些意义和他的幻想、愿望及经验息息相关。通过游戏，我们能够触及儿童的无意识。但是，要注意到，游戏中的象征方式与被分析者特定的情绪与焦虑，及与分析中所呈现的整个情境有关，仅概括性地转译象征是没有用的。

对游戏的分析说明，象征不仅使儿童能够转移兴趣，也能将幻想、焦虑与罪疚感转移到物体而不是人身上。[①]所以在游戏中儿童可以体验到很大的释放。例如彼得的案例，当我解释他破坏一个玩具人偶是代表对弟弟的攻击时，他说：他不会对他真正的弟弟做这样的事情，他只会在游戏中对玩具弟弟做这种事。这个例子说明只有通过游戏中象征的方式，他才能在分析情境中表达他的破坏倾向。

我认为：在儿童身上，严重地抑制象征的形成与使用，及抑制幻想生活的发展，都是严重紊乱的迹象。[②]这种抑制及其所导致的与外在世界和现实关系上的紊乱，是精神分裂症的特征。[③]

另外，我发现我同时分析成人与儿童是很有价值的，因为这样我不仅能观察到婴儿的幻想与焦虑在成人身上的运作情况，还能评估幼儿的未来发展方向。通过比较病情严重的儿童、神经症儿童与正常的儿童，并认识到精神病本质的婴儿期焦虑是成人神经症的病因，我得出了上述的结论。[④]

---

① 比较恩斯特·琼斯博士的重要文章《象征的理论》（The Theory of Symbolism,1916）。

② 《象征形成在自我发展中的重要性》（1930）。

③ 这个结论影响了我对精神分裂症患者沟通方式的选择，也在精神分裂症的治疗中有重要作用。

④ 正常、神经症与精神病三者之间的本质上的差异我无法在这里论述。

六

在分析成人与儿童的过程中，我发现客体关系似乎从出生就存在了，第一次的哺乳经验让客体关系更加明显，心理生活与客体关系密不可分。另外，儿童对外在世界的经验，始终受到他自己建构的内在世界的影响，而且前者又反过来影响了后者。还有，因为内射与投射从生命一开始就共同运作，所以外在与内在情境始终互相依存。

在婴儿心中，母亲由“好”乳房与“坏”乳房两个形象组成，后来随着自我整合的逐渐增长，对比冲突的方面开始被合成在一起。可见，分裂过程与区分好坏形象是多么重要，[①]这些过程又影响了自我发展。自我合成了客体好与坏两方面，产生了抑郁焦虑，在第一年的中期会迎来抑郁位置。在这之前是发生在 3～4 个月时的偏执位置，它的特点是被害焦虑与分裂过程。[②]在 1946 年，[③]我重新定义这个阶段为（费尔贝恩所提出的）[④]“偏执——分裂位置”，而且我试图将我对分裂、投射、迫害与理想化的发现整合在一起。

我对儿童的分析工作，越来越影响着我对成人分析使用的技术。“源于婴儿期心理的无意识，必须要在成人阶段进一步探索”，这一直是精神分析的原则。我对儿童的经验，已将我带向更深的层次，在此过程中形成的游戏技术，能更好地帮我向病人诠释。我在成人的分析中也应

---

① 参见《儿童游戏中的拟人化》（1929）。

② 参见《论躁郁状态的心理成因》（1935）。

③ 参见《早期焦虑与俄狄浦斯情结》（1946）。

④ 费尔贝恩，《再修订之精神病与神经症的精神病理学》（A Revised Psychopathology of Psychoses and Neuroses,1941）。

用到了这种方式。[①]但这并不是说用于儿童的技术与用于成人的方法一样。在分析成人时，虽然要追溯到最早的阶段，但也要考虑成人的自我，儿童分析也一样，要注意到婴儿自我当时所处的发展阶段。

更充分地了解最早的阶段，以及幻想、焦虑与防御在婴儿情感生活中的重要性，同样适用于成人精神病的固着点，这开启了通过精神分析来治疗病人的新方向。对病人（特别是精神分裂症病人）的精神分析，需要我们更进一步的探讨。

---

① 其他领域的儿童工作也受到游戏技术的影响，例如儿童指导（child guidance）与教育方面。英国苏珊·艾萨克斯在马丁家庭学校（Malting House School）所进行的研究，给教育方法的发展提供了新的动力。她对儿童精神分析方面（特别是游戏技术）的深入了解对她的方法发展有重要影响。在英国，苏珊·艾萨克斯在精神分析方面的成就，对了解儿童和教育发展做出了贡献。

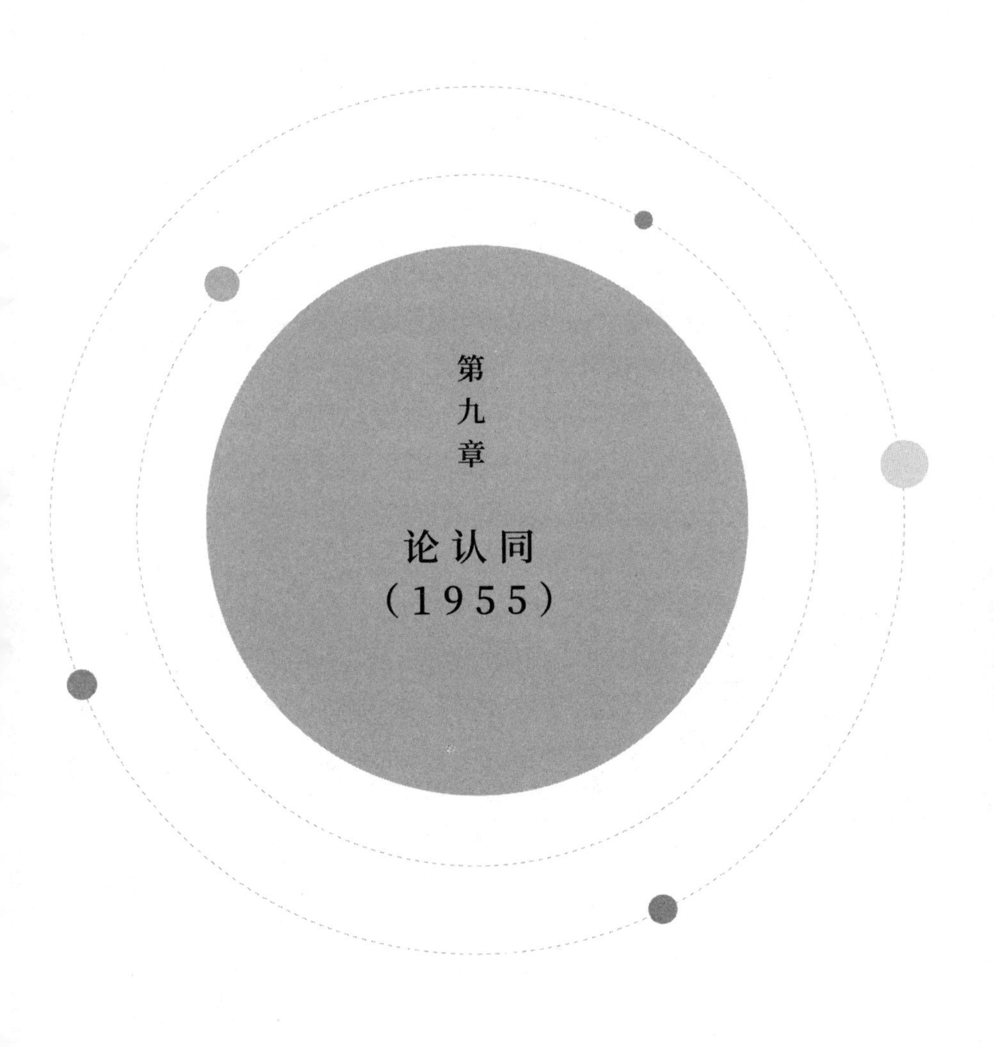

第九章

论认同（1955）

第九章
论认同（1955）

引言

在文章《哀悼与忧郁症》[①]中，弗洛伊德（1917）说明了认同与内射之间的内在联系。他后来发现的超我[②]（他认为超我形成的原因是内射并认同父亲）说明了：认同作为内射的结果，是正常发展的一部分。在这之后，内射与认同就在精神分析的思考与研究中发挥着核心作用。

首先，我要概述一下我在这个主题上的主要观点。超我的发展应追溯到婴儿期最早阶段的内射；原初内化客体形成了复杂的认同过程的基础；由出生经验引起的被害焦虑是焦虑的起源，然后就有了抑郁焦虑；内射与投射从出生起就开始运作和互动。这种互动既建立了内在世界，又塑造了外在现实的样子。内在世界里面有很多客体（母亲为代表），它们在情绪情境中被内化。这些被内化的形象之间的关系，及它们与

① 亚伯拉罕关于忧郁症的著作在这方面也有很重要的影响：最早的是《关于躁郁精神病与相关病情的精神分析研究与治疗的评论》（Notes on the Psycho-Analytical Investigation and Treatment of Manic-Depressive Insanity and Allied Conditions,1911）和《力比多发展简论》（1924）。

② 参见《自我与本我》（1923）。

自我的关系，是带有敌意的和危险的；而当婴儿得到满足和快乐时，它们则被感觉是关爱的和好的。这个内在世界是婴儿自身的冲动、情绪与潜意识幻想的产物。它也受到外在因素的影响。[①]但内在世界也反过来影响着他对外在世界的感觉，这对他的发展起到决定性的影响。母亲（乳房）是婴儿的内射与外射过程的原初客体。爱和恨从一开始就被投射到母亲身上，同时她与这两种相反的原始情绪一起被内化，所以婴儿感到存在两个母亲（乳房）：一个好的和一个坏的。母亲及其乳房被贯注得越多，内化的好乳房就越能在婴儿的心中稳固地建立起来。这一点反过来又影响了投射的性质与强度，特别是它决定了在投射中占主导的是爱的感觉还是破坏的冲动。[②]

婴儿最早对母亲的施虐幻想从将乳房吸干、掏空，很快就发展到：进入母亲体内，并获得她体内的东西。同时，通过将排泄物放到母亲体内，婴儿经验到攻击母亲的冲动与幻想。在这些幻想中，身体的产物和自体的局部被感觉到已分裂出来，且被投射进母亲体内，且在她体内存在着。这些幻想很快发生在父亲和其他人身上。我认为：源于口腔——尿道——肛门施虐冲动的被害焦虑和对报复的恐惧，是发展成妄想症和精神分裂症的基础。被分裂出来且投射到另一个人身上的，有好和坏两部分。

后来我认识到，某些投射机制产生的认同很重要，这些投射机制是内射的补充。人们往往把形成认同他人感觉的过程看成是理所当然，

---

① 母亲的态度，从婴儿生命一开始就开始产生影响，而且在儿童的发展过程中一直是主要的因素。例如，参见《精神分析的发展》（克莱因等人，1952）。

② 从两种本能的角度来看，这个问题是：在生死本能之间的斗争中，生本能是否能占优势。

例如：一个病人认为自己是基督、神、国王、名人等，这实际上是和投射有关系。当我在我的论文《早期焦虑与俄狄浦斯情结》中，用“投射性认同”[①]来表示那些形成一部分偏执——分裂心理位置的过程时，还没有对形成这些现象的机制进行研究。这篇论文中详细论述了我早期的一些发现，[②]特别是婴儿的口腔——尿道——肛门施虐幻想和冲动攻击母亲的身体，包括将排泄物和自体的某些部分投射到她的身上。

投射性认同与偏执——分裂心理位置密切相关。在婴儿3～4个月时，分裂达到峰值，且被害焦虑也占主导地位。自我的大部分还没有整合，所以容易分裂它自己、分裂情绪和分裂它的内部和外部客体，但分裂也在一定程度上对抗了被害焦虑。这个阶段出现的其他防御还有：理想化、否认及对内部和外部客体的全能控制。投射带来的认同结合了两个过程：一是部分自体的分裂，二是将他们投射到（或进入）另外一个人。这些过程产生的后果，从根本上影响着客体关系。

正常发展过程中，出生后的4～6个月间，因为自我整合自身和合成客体的能力显著提高，被害焦虑减少，抑郁焦虑占主导地位。这就产生哀伤与罪疚感——因为（在全能幻想中）给客体造成了伤害，而这个客体现在被感觉到既是被爱的又是被恨的。这些焦虑与对抗它们的防御代表了抑郁心理位置。在这个时候，为了逃离抑郁心理位置，

---

① 在这方面，见赫尔伯特·罗森菲尔德（Herbert Rosenfeld）的文章：《对一例带有人格解体的精神分裂状态的分析》（1947）、《对于男同性恋与妄想症、妄想性焦虑及自恋的关系的评论》（Remarks on the Relation of Male Homosexuality to Paranoia,Paranoid Anxiety,and Narcissism,1949）及《关于慢性精神分裂症中意识混乱状态的病理学评论》（1950）。

② 参见《儿童精神分析》。

可能会发生向偏执——分裂心理位置的退行。

我认为：内化对于投射过程很重要，特别是内化的好乳房，有着核心的作用，好感觉可以从好乳房被投射到外部客体身上。它强化了自我，抵消了分裂与分散的过程，提高了整合与合成的能力。所以，内化的好客体是整合而稳定的自我和良好的客体关系的前提条件之一。我还认为，在最早的婴儿期，整合的倾向在心理生活中占主要地位。需要整合的一个主要原因是：个体感到整合代表着活着、爱着，并被内在和外在的好客体所爱。也就是说，整合与客体关系之间关系密切。另外，我认为混乱、崩解和分裂导致的缺乏情绪，都和对死亡的恐惧有关。

我认为一个安全且稳固建立的好客体给予自我富足的感觉，这会让力比多迸发，并将自体好的部分投射到外在世界，而不会产生耗损的感觉。于是自我也能够感到它不仅能够从其他地方汲取好的东西，也能够再内射它之前付出的爱，这样自我因为这整个过程而得到丰富。也就是说，这种状态里，在给出与摄入、投射与内射之间达到一种平衡。

而且，只要在满足与爱的情况下汲取了未受伤的乳房，这就会影响到自我分裂与投射的方式。我说过分裂的过程有很多种，它们对于自我的发展很重要。包含一个未受伤的乳头和乳房的感觉会有这样的效果：分裂与投射并不是主要与人格的碎裂的部分相联系，而是与自体更凝聚的部分相联系。这说明自我没有暴露在因为碎裂而发生的致命弱化之下，并且反而能更反复地取消分裂，并在其与客体的关系上达到整合与合成。

相反，汲取掺杂着恨的乳房——感觉到它具有破坏性——成为所有内部坏客体的原形，驱使自我进一步分裂，并成为内在死本能的代表。

我认为，将好乳房内化的同时，外在的母亲也受到力比多的贯注。

弗洛伊德曾经描述过这个过程，他说，[1]“我们用对待自我的方式来对待客体，所以在恋爱中，相当多的自恋力比多流溢到客体……我们爱它，是因为我们一直想要自我达到完美……”[2]

我认为，弗洛伊德所描述的过程表明，被爱的客体被感到是包含着自体的裂解的、被爱的和被珍视的部分，这些部分存在于客体内部，于是客体成为自体的延伸。[3]

以上是《早期焦虑与俄狄浦斯情结》一文的简要概述。[4]我在后来的研究中，更进一步提出一些观点，并详述了一些在《早期焦虑与俄狄浦斯情结》没有明确讨论的观点。我现在要通过分析法国小说家朱利安·格林（Julian Green）所写的一个故事[5]，来说明我的观点。

一部描写投射性认同的小说

小说的主人公法比安·埃斯培索（Fabian Especel）是一个年轻人。他整天闷闷不乐，而且对自己不满意，特别是不满意自己的外表、得

① 《群体心理学与自我的分析》（Group Psychology and the Analysis of Ego,1921,S.E.18, 第 112 页）。

② 安娜·弗洛伊德曾经在其“利他的臣服”（altruistic surrender）概念中描述了投射的另一个方面，这种投射是朝向所爱的客体，并对它发生认同。《自我预防与机制》（The Ego and the Mechanisms of Defence,1937）第十章。

③ 最近我阅读弗洛伊德的《群体心理学与自我的分析》，我觉得他好像意识到通过投射而产生的认同过程，虽然他并没有借用某个特殊的术语将它与他主要关注的通过内射而产生的认同过程区分开来。艾略特·贾克（Elliott Jaques,1955）引述了《群体心理学与自我的分析》中的一些段落，认为他们暗指经由投射而产生的认同。

④ 参见《关于婴儿情绪生活的一些理论性结论》（1952）。

⑤ 《如果我是你》（If I?Were You,London,1950），由 J.H.F.McEwen 译自法语。

不到女人的欢心、贫穷及普通的工作。他觉得母亲要求的宗教信仰对他来说是沉重的负担，却无法摆脱。他的父亲在生前因为喜欢赌博花光了所有的钱，而且与别的女人们过着放荡的生活。当他还在上学时，父亲心脏衰竭去世了，人们猜测他是生活放荡致死。法比安对现实的不满，和他对父亲的怨恨有关，因为父亲的不负责任让他失去了更好的教育与前程。这让法比安对财富与成功无比渴望，并且对比他富有的人有强烈的羡慕与恨意。

小说里法比安和魔鬼约定，让他拥有变成他人的魔力。魔鬼承诺最后他会获得快乐。魔鬼教了法比安一个可以变成另外一个人的咒语，但他要法比安时刻记住法比安这个名字和地址。

法比安所选的第一个人是一名端咖啡给他的侍者。咖啡是法比安唯一能买得起的早餐。这次选择没有任何结果，因为法比安侍者被骗后的感觉，而且这个侍者在被问到是否愿意交换身份时，拒绝了他。法比安挑选的下一个对象是他的雇主普加（Poujars），他强烈地羡慕这个人。法比安认为普加有钱，能享受生活，而且拥有凌驾他人的权利——特别是凌驾于法比安。他还很恨普加，因为他觉得自己常被普加羞辱，并做着低下的工作。

在法比安对着普加的耳朵轻声念出咒语之前，他用普加经常对他说话的语气——鄙视和侮辱，对普加说话。魔法让普加进入了法比安的身体并昏倒。转换后的法比安（现在是普加）开出一张以法比安为抬头的巨额支票，然后从法比安（原来的普加）的口袋中找出他之前写着法比安地址的小纸片（这张小纸片上写着法比安的名字和地址，在后来的两次转换中，他一直将它带在身边）。他将支票放进法比安的口袋，并派人把他送回家，让他的母亲来照顾他。普加（原来的法比安）的心里非常惦念自己的身体，因为他觉得自己也许会想要做回自我。但他又怕法比安（原来的普加）恢复意识，因为他害怕在法比安的脸上见到惊恐的眼神。看着昏迷的法比安，他一边想着是否有人曾爱过自己，一边庆幸能摆脱平庸和贫穷。

很快，普加（原来的法比安）就发现了问题，现在这个肥胖的新身体整天压迫着自己，也没有食欲，肾脏还有问题。他还沮丧地发现自己的个性也越来越像原来的普加，甚至已经忘记了法比安的生活与处境。他决定再次转换身份，离开普加的身体。

带着小纸片离开办公室的他渐渐明白，现在的自己处境并不好。他不仅讨厌普加的个性、外表和不愉快的回忆，还担心会失去意志力与自主性。想到自己可能无法凝聚能量再次转换，他内心充满了恐惧。他决定下一个对象是一个年轻健康的人。他在一家咖啡厅看见一个强壮的年轻人。这个人虽然长得丑，又高傲且爱争论，但大体来说，这个年轻人积极向上、充满活力、身体健康。普加越来越担心自己无法摆脱现在的身体，于是决定和这个年轻人接触。年轻人起初非常怕他，普加给了这个年轻人一沓钞票，这样好让自己在转换后还能有钱。普加分散年轻人的注意力，趁机轻声对他念出咒语。他把写有法比安名字和地址的纸片放入年轻人的口袋。不一会儿，法比安就离开了普加的身体，进入了这个叫保罗·艾斯梅纳德的年轻人的身体。转换后的他因为年轻、健康和强壮而感到很开心。比起第一次转换，他更不记得原来的法比安是谁了，脑子里只有保罗·艾斯梅纳德的记忆。他惊讶地发现手上有一沓钞票，口袋里有一张纸，上面写着法比安的名字和地址。这时他想起了贝莎，就是他一直求而不得的女孩。贝莎说他长了一张杀人凶手的脸，使她害怕。他紧握手里的钱，信心满满，直接来到她家，决心要她顺从自己。

保罗·艾斯梅纳德看到纸条上法比安的名字很困惑，同时他感到自己被囚禁在一个陌生的身体里，愚笨的大脑让他想不出一个所以然来。在前往贝莎住处的时候，这些想法在他的脑海中闪过。贝莎根本不想让他进屋，但他强行进入了她的房间。贝莎尖叫起来，他用手捂住她的嘴，想让她安静下来。在接下来的挣扎中，他把贝莎勒死了。过了一会儿，他才渐渐明白发生了什么事情。他害怕了，不敢离开贝莎家，因为他听到有人在外面走。忽然，他听到有人敲门，他打开门，看见了魔鬼，此时他已经认不出魔鬼了。魔鬼带他离开，又教了他一次转换的咒语，并帮他回忆起法比安的一些事情。魔鬼警告他，以后不可以进入一个笨到不会使用咒语的人身上，否则无法继续转换。

魔鬼带他来到一间阅览室，寻找下一个可以转换的对象。他们挑中了艾曼纽·弗格森。弗格森和魔鬼立刻认出了彼此，因为弗格森之前一直在对抗魔鬼——魔鬼总是盘旋在他不安的灵魂周围。魔鬼让艾斯梅纳德对着弗格森的耳朵念出咒语，转换成功了。法比安一进入弗格森的身体和人格，就恢复了思考能力。他想知道艾斯梅纳德的命运，并关心着弗格森（现在在艾斯梅纳德身体里），弗格森会去承担艾斯梅纳德犯下的罪。他感到罪行和自己也有一部分关系，因为犯下凶案的手在几分钟之前还是属于他的。在魔鬼离开前，他也询问了法比安和普加的情况。他恢复了一些原来自我的记忆，感到自己越来越像弗格森，并接受了他的人格。同时他好像能更理解其他的人了，例如普加、保罗·艾斯梅纳德和弗格森的心理状态。他也感觉到了同情，这是一种他之前不懂的感情。同情促使他回去了解弗格森（现在在艾斯梅纳德的身体内）的状况。但是一想到自己好不容易逃脱罪行了，现在顶罪的是（原来的）弗格森，又不是他自己，他的心中一阵窃喜。

现在的弗格森不知道的是，法比安原来本性的某些东西进入了这次转换，使法比安 - 弗格森发现了更多弗格森的人格。他发现自己被一些内容不好的明信片吸引，那是他从一个开小杂货店的老妇人那里买的。在她的店里，那些卡片藏在其他物品后面。法比安对这种爱好感到恶心。他讨厌放置这些卡片的旋转架转动的声音。他决定摆脱弗格森。

一个六岁左右的天真可爱的小男孩乔治来到这家小店。法比安－弗格森立刻被他吸引了。乔治让他想起那个年纪的自己，他对这孩子产生了疼爱之情。法比安－弗格森尾随男孩离开小店，观察着他。忽然，他想要跟这个男孩进行转换。但他反抗着这个想法，因为他知道不应该窃取这个男孩的人格和生命，这种反抗是他以前从未体验过的。但他还是决定将自己变成乔治。他对着男孩的耳朵轻声念咒语，尽管他的内心很后悔这样做。然而什么事情都没有发生，法比安－弗格森这才知道魔法对孩子是没有作用的，因为魔鬼控制不了他们。

法比安－弗格森很害怕无法离开他越来越不喜欢的弗格森。他感到自己成了弗格森的囚犯，努力保留自己身上法比安的部分。他试了几次，接触了一些人，但都失败了。他很快陷入了绝望，害怕弗格森的身体将他困住。最后，他还是转换成功了，进入了一名英俊健康的年轻人。他叫卡密尔，二十多岁。卡密尔有一个大家庭，有他的妻子斯蒂芬妮、她的堂妹爱丽丝、他的弟弟，还有小时候就收养他们的老叔父。

法比安－卡密尔进入房子，在各个房间巡视着，好像在寻找什么，直到他来到爱丽丝的房间。当他见到镜子里的自己时，他非常高兴，他发现自己是如此英俊强壮。但很快他就发现这只是一个不快乐、软弱、无用的灵魂。他决定要离开卡密尔，但在这时他注意到了爱丽丝对卡密尔热情而不求回报的爱。他走过去试着告诉爱丽丝他爱她，说自己娶的应该是她，而不是她的堂姐斯蒂芬妮。爱丽丝对此既惊讶又害怕，因为卡密尔之前根本就没表现出一点儿爱她的意思，她跑掉了。法比安－卡密尔同情地想着这个女孩儿的痛苦，并认为他可以爱她，使她快乐。然后他突然想到，他可以通过将自己变成爱丽丝而感到快乐。不过后来他又否定了这个想法，因为他不确定到时候卡密尔是否会爱她，他甚至不知道他自己（法比安）是否爱爱丽丝。他在想这些事情的时候，他发现他喜欢的是爱丽丝的眼睛，那似乎是他熟悉的。

在离开之前，法比安－卡密尔报复了叔父——因为他觉得叔父是一个伪善又暴虐的人，他曾对这个家造成很多伤害。他也替爱丽丝报复了她的情敌斯蒂芬妮，惩罚并羞辱她。离开之后的他知道自己再也不可能用卡密尔的外表回到这所房子了。在离开前，他坚持要爱丽丝听他说几句话，他告诉她卡密尔并不是真的爱她，让她不要再对卡密尔抱希望，否则她永远也不会开心。

和之前一样，法比安对转换后的人感到憎恶。他高兴地想象着离开卡密尔之后，他的叔父和妻子将会如何对待他。然后，他突然想到爱丽丝的眼睛像什么了，她的眼中含着“渴望永远无法被满足而产生的哀伤”，那不正是法比安的眼睛吗？他再次想起法比安的名字，并将它大声念出来，他感觉法比安对现在的他来说，模糊得像一个梦，因为他对法比安的真实记忆已经没有了，而且在逃离弗格森，匆忙转换到卡密尔时，忘了带法比安的名字和地址还有钱。从这个时候起，对法比安的渴望控制了他，他努力想恢复原来的记忆。后来一个小孩问他叫什么，他直接回答说自己是法比安。现在法比安－卡密尔越来越接近真的法比安了，他说：“我想要再次成为自己。”他在街上一边走一边呼喊这个名字，他期待有人能认识法比安。他想起了已经遗忘的咒语，希望自己能够记起法比安的姓。在一股冲动的驱使下，他继续往回走着，来到那个老妇人的小店——那其实是弗格森熟悉的。当他推动放置明信片的旋转架，发出的噪声奇妙地影响着他。他匆忙离开小店，去到那间阅览室。他想起在那里，法比安－艾斯梅纳德在魔鬼的帮助下，转换进入了弗格森。他大声喊着“法比安”，但是没有人回应。接着他经过贝莎的房子，他不由自主地走进去想看看人们围着的那扇窗子里面发生了什么事。他怀疑这是法比安住的房间，但当他听到人们谈论着三天前发生的凶杀案，而凶手还没有找到时，他害怕了，偷偷离开了。他继续走着，感到周围的房子和商店更熟悉了。来到当初魔鬼收买他的地方，他感慨万分。最后他来到法比安住的房子，门房让法比安－卡密尔进去，当他开始爬楼梯时，他感到了心痛。

在这三天里，法比安一直躺在床上，昏迷不醒。当法比安－卡密尔来到这个房子上楼时，他苏醒过来，并且变得心神不宁。法比安听到法比安－卡密尔在门后叫着他的名字，起身来到门边，但无法打开门。法比安－卡密尔通过钥匙孔念了咒语，随即离开。法比安先是躺在门边，然后回过神来，并恢复了一些力气。他醒后非常想知道在这几天里到底发生了什么事，特别是关于法比安－卡密尔的事。但是母亲告诉他没有任何人来过，他昏倒后已经躺了三天。母亲坐在床边，他心中充满被她爱的渴望，也渴望能够表达对她的爱。他想摸摸母亲的手，投入她的怀抱，但感到她不会回应。他现在感觉到，如果自己过去对她的爱更强烈一些，母亲会更爱他的。他体验到的对母亲的强烈感情，忽然扩展到全人类，他感到了无尽的快乐。母亲建议他应该祷告，但他只记得“我们的天父”这几个字，之后他感到一种神秘的快乐，便失去了呼吸。

解析

一

这个故事的作者对无意识的心灵有深刻的了解，两方面可以证明这点：一是他描述事情和人物的方法，二是故事中法比安的投射对象——这很有趣。法比安的人格与际遇说明了投射性认同的问题。下面我将把他当成一个病人来做分析。

首先我想说说内射与投射过程之间的相互作用。小说一开始就描述了闷闷不乐的法比安有看星星的爱好：“只要他像这样看着空旷的夜空时，他会觉得自己轻飘飘地升起来了，在世界之上……与夜空对应，他内在的深渊（对应着他的想象所窥视到的令人眩晕的深度）正在被打开。”我认为，这说明了法比安将他所爱的内在客体与自己好的部分投射到天空和星星，也摄入了天空与星星。他专心地看星星，也可以看作是重新获得曾丢失的好客体的一种尝试。

法比安内射认同的其他方面，可以说明他的投射过程。一个深夜里法比安将父亲的金表放在桌上，他很喜欢这只表，这只表一直带给他自信的力量。当表放在桌上时，他感到一种有秩序的严肃气氛，这让他感到舒缓和安慰。看着这只表，听着它的声音，他想到父亲，想到父亲欢乐又悲伤一生。父亲已随时间而去，可这只表还像以前那样准时地往前走着。从童年时代起，法比安就“一直被内心深处的某种东西深深地困扰着，这种东西难以形容，并非他的意识所能及……”在这里我认为：那只表被赋予了某些父亲的特质，例如秩序和严肃，它将这些特质给法比安。也就是说，这只表代表了好的内化父亲，是他希望一直陪伴他的。超我的这个层面和他母亲的品行端正、讲究秩序结合在一起，而和父亲的放纵不羁形成对比——手表的滴答声也提醒了他这一点。他也认同这轻浮的一面，这从他征服了许多女人就能看出来，虽然这种成功还是无法让他感到满足。

内化父亲的另一面是用魔鬼的形象表现的。故事中这样描述：当魔鬼走向法比安，他听到楼梯上回响的脚步声，“他开始感到那沉重的脚步声和两侧怦怦直跳的太阳穴重叠在一起”。在面对魔鬼时，他感到“面前的形象好像会一直长，一直长，直到它像一片黑暗笼罩整个房间”。这是表达了魔鬼（坏父亲）的内化，黑暗表示他对于摄入这样一个邪恶客体感到的恐惧。后来法比安和魔鬼一起坐马车旅行时，他睡着了，梦见“他旁边的人沿着椅子向他慢慢靠近”，而且他的声音“似乎将他捆住了，并油腻腻地涌动着，让他感到窒息”。这里我看到法比安对坏客体侵入自身的恐惧。我在《早期焦虑与俄狄浦斯情结》中，将这种恐惧描述为侵入他人冲动（即投射式认同）的后果。进入自体的外在客体和被内射的坏客体有很多一样的地方。这两种焦虑紧密相连，而且互为增长。我认为，这种与魔鬼的关系象征着法比安早期对父亲的一种感觉，即感觉到父亲坏的肉欲的一面。另外，他的内化客体的道德成分表现在魔鬼对“肉欲”有一种禁欲主义的蔑视。[①]这一点是受到法比安对道德的禁欲的母亲的认同的影响。所以，魔鬼同时代表了他的父亲和母亲。

法比安内化的父亲呈现出各个不同面，它们的不协调是他心中冲突的来源。双亲之间的实际冲突使得这种不协调更严重。并且，他内化了父母之间恶劣的关系，而使这种不协调持续存在。另外，他认同母亲的方面也很复杂。这些内在关系的迫害与抑郁造成了法比安孤独不安的情绪和想要逃离他所恨客体的冲动。[②]书中作者称这种情绪为：“你成为自己的牢房”（Thou art become the Dungeon of thyself）。

一天晚上，法比安漫无目的地在街上走着。一想到要回到住处，他就充满恐惧，他害怕孤独。他也不敢开始一段新的恋爱，因为他知道，他很快就会再次厌倦。他问自己：为什么你得不到快乐？他记起有人曾对他说过他想要的是“象牙与黄金的雕像”。他认为这种过分挑剔的性格可能是继承了他的父亲。他渴望逃离自己，哪怕只有一小时离开他矛盾的内心。看来他内化的客体对他提出难以协调的要求，这些

---

① 父亲与母亲的各种不同且互相矛盾的特质（理想的与坏的），在儿童的客体关系发展中都是一个熟悉的特征。同样，这些冲突的态度也促成了某些形成超我的内在形象。

② 在《早期焦虑与俄狄浦斯情结》中我曾指出：投射性认同出现在以分裂过程为特征的偏执——分裂心理位置期间。在上文中，我指出法比安的抑郁及其无价值感，促使他想要逃离自体。被加强的贪婪与否认是抵制抑郁躁狂的防御特征，它们和嫉羡一起，都是投射性认同的一个重要因素。

就是让他备感沮丧的矛盾的内心。[①]他既恨这个内在的迫害者，也因此感到自己毫无价值。这是罪疚感的必然结果，因为他感到自己的攻击冲动与幻想已将双亲变成了报复的迫害者，或已将他们摧毁了。于是，自我憎恨虽然是朝向坏的内在客体，但最终聚焦在个体自身的冲动，这些冲动被感到即将甚至已经危及或破坏自我及其好客体。

法比安的性格特点，造成了贪婪、嫉羡和憎恨等这些攻击性幻想。这些情绪驱使法比安去攫取他人拥有的东西，包括物质上的和精神上的，使他走向投射认同。在法比安已和魔鬼达成协议，即将测试他刚获得的能力时，他大喊道："人类啊！我马上就要喝着这满满一大杯了！"这暗示了他对永不耗竭的乳房的贪婪愿望。这些情绪及通过内射和投射而来的贪婪认同，最初应该都是在法比安与其原初客体（父亲和母亲）的关系上体验到的。我认为，生命后期的内射与投射过程，在某种程度上重复了生命最早期的内射与投射模式。外在世界一再地被摄入又被释放出来——再内射与再投射。法比安的贪婪是因为他的自我憎恨及逃离自己人格的冲动不断加强。

我认为小说主要呈现了情绪生活的两个根本方面：婴儿的经验及其对成人生活的影响。前文中，我已经提到了某些婴儿期的情绪、焦虑、内射与投射。这些都是法比安成人人格与经验的基础。

小说中有一处描写对于理解法比安的早期发展很有帮助。法比安 -

---

① 在《自我与本我》中，弗洛伊德写道（S.E.19，第 30–31 页）："如果它们（客体认同）占主导地位，并且过多的，过于强大而彼此不相容的话，那么离发生病理的结果就不远了。不同的认同之间，由于阻抗而彼此切断，其结果是可能发生自我的分裂，也许所谓'多重人格'案例的秘密就在于不同的认同依次掌控了意识。即使没有发展到这种程度，也存在着自我与其分裂出的不同认同之间的冲突，而这样的冲突不能完全被描述为病态的。"

弗格森睡着时，为他的贫穷和无能感到非常沮丧，且非常害怕自己不能再次转换。醒来时，外面阳光明媚，他比平时更精心地着装外出。阳光下，他变得轻松起来，所有在他身旁出现的脸孔都显得美丽。他也以为自己这个时候没有“任何欲火焚心的贪念”，这种贪念在过去一直毒害着他。他很快就饿了，他觉得这是没吃早餐的缘故，他感到有点儿头昏眼花，同时他还体验到希望与喜悦。他发现这种快乐状态也是危险的，因此他必须打起精神，采取行动，再次转换。饥饿驱使他得先找点吃的。[①]他走进一家面包店，想买一个面包。面粉和热面包的气息让他想起童年时光。我认为整个面包店这时在他心里变成了哺育的母亲。他看着一大篮子新鲜面包，伸手去拿时，突然听见一个女人的声音，问他想要什么。他吓了一跳。面前的女人带着香甜的气息，他想要抚摸她，并且惊讶自己不敢这么做。他为她的美丽神魂颠倒。当她递给他面包时，他观察她的每一个动作，视线慢慢集中在她的乳房上。那白皙的皮肤让他感到难以抵挡的渴望，他想用双手环绕她的腰肢。一离开面包店，他就郁闷起来，突然他有一种强烈的冲动，想把面包摔在地上，并用黑皮鞋践踏它。随后他想到那个女人曾碰过它，“在欲望受阻的狂怒之下，他狠狠地咬进面包最厚的部分”。甚至连口袋中的面包渣也不放过，在口袋中将它们捻得粉碎。这个时候他感到一小块面包屑像石头般卡在喉咙。他陷入了痛苦。“什么东西像第二个心脏，在他的胃上方跳动拍打，这东西又大又重”。他又想起那个女人，得出结论：他从未被爱过。他之前遇到的所有女孩子都不如这个女人，他从未遇到过一个女人拥有“如此丰满的乳房，现在一想到那丰满的样子，

① 我认为：这种陶醉的状态不同于达成愿望的幻觉（wish-fulfilling hallucination）（弗洛伊德）。婴儿在现实的压力下，特别是饥饿时，这样的幻觉无法长久保持。

他就觉得备受折磨”。他决定返回店里，至少再看她一眼，因为他似乎要“被这欲火焚身”。他觉得她更加可人了，甚至单单是看着她，就像已经在抚摸她。之后他看到一个男子和她说话，那男子把手深情地放在她那“乳白”的手臂上。那女子对着男子微笑，他们讨论着当晚的计划。法比安－弗格森永远也不会忘记这一幕，“每一个细节倾注了无限的悲剧感”。男子对女子所说的话，让他无法“抑制内心深处的声音”。绝望中，他用双手蒙住自己的双眼。

从这个片段中，我们看到法比安对母亲乳房的欲望被强烈地唤醒，以及随之而来的挫折与憎恨。他想用黑皮鞋践踏面包，代表着他的肛门施虐攻击，而他狠狠地咬入面包，则是他的食人欲望和口腔施虐冲动。整个情境被内化了，他所有的情绪及随之而来的失望与攻击，都适用于内化的母亲。这可以从法比安－弗格森在口袋中将剩下的面包捻得粉碎及面包屑卡在喉咙里看出。后来他再次回到店里看女人，最终绝望，这象征了对乳房及在和母亲的早期关系中经验到的挫折，似乎和与父亲的竞争有关。这表示：婴儿被剥夺了母亲的乳房，首先是感到父亲从他那里拿走了乳房，并享用它——一个嫉羡与嫉妒的情境，我认为这是俄狄浦斯情结最早期的情境。法比安－弗格森强烈地忌妒那个和面包店女子说话的男子，这也是一种内在的情境，因为他感到自己可以在内心听到那男子对女子所说的话。我认为，这个事件代表了他在过去已经内化的原初场景。最后他绝望地用双手遮住双眼。我认为，他这是唤醒了小婴儿的愿望，希望自己不曾见到并且摄入这个原初场景。

小说里接下来描写了法比安－弗格森对自己欲望的罪疚感。他觉得他必须消灭这些欲望。他进入一座教堂，却发现圣水盆里没有圣水，那盆已“完全干涸”。他觉得这是神职人员忽视圣职感的表现，因此异常愤怒。他跪下来，陷入抑郁。他觉得要缓解他的罪疚感和哀伤，及新产生的对宗教的冲突，得出现奇迹才行。很快，他开始向上帝抱怨和控诉，为什么上帝要将他造得“和中毒的老鼠一样，病恹恹的，如此不堪”？然后他想起一句话“许多本该出生的灵魂，却没能来到人世。那是上帝的选择。”这个念头让他觉得安慰，他甚至觉得能活下来是一件得意的事，“他用双手抱紧自己，像是要确定心脏的跳动”。然后他觉得这些想法非常孩子气，但又告诉自己：“真相本身”就是“孩子的构思”（the conception of a child）。然后，他在烛台的所有空位上都放上了祭献的蜡烛。一个内在的声音再次响起：要是能在这些小蜡烛的照耀下，看到那个面包店的女子，那情景该有多美！

我认为，他的罪疚感和绝望与幻想中的外在与内在的母亲及其乳房的破坏有关，还和与父亲的竞争有关，也就是说，与他感到自己的好的内在与外在客体已经被摧毁有关。这种抑郁焦虑与一种被害焦虑是有关的。上帝（代表父亲）被指控将他造成一个卑劣的受毒害的老鼠。然而，他在这种控诉和一种满足感之间摇摆不定，满足的是，比起那些没有出生的灵魂，他感到自己是幸运的，是被挑选的。我认为，那些从未降生的灵魂代表了法比安未出生的兄弟姐妹。他是独子这件事，既是罪疚感的原因（因为他被选中得以出生，而他们则没有），也是满足和感恩父亲的原因。“真相本身”就是“孩子的构思”，这表示他觉得最伟大的创造行为就是创造一个孩子，因为它让生命得以延续。法比安－弗格森将烛台上的所有空位放满蜡烛，并点燃它们，这代表使母亲受孕，并让未出生的婴儿获得生命。而后，想要见到烛光下那个面包店女人的愿望，代表了他想看到她怀上他的孩子。这里可以发现对母亲的“罪恶”的乱伦欲望，及通过给予她所有他曾摧毁的婴儿来修复的意向。至于他对“完全干涸”的圣水盆的愤怒，不仅仅是表面愤怒，也代表孩子为母亲遭到父亲的挫败和忽视（而不是被爱和受孕）而产生的焦虑。这种焦虑在最小的孩子和独子身上很明显，因为没有其他孩子出生，使他们有一种罪疚感：他们通过憎恨、嫉妒，和对母亲身体的攻击，阻碍了父母的性交、母亲受孕及其他婴儿的降临。[①]所以我断定，那个“完全干涸”的圣水盆也代表了在婴儿期被他贪婪地吸干并摧毁的乳房。

二

法比安与魔鬼的第一次见面发生在他极度受挫的时候，这一点很重要。他的母亲坚持要他第二天去参加圣餐仪式，因此阻止了他在当晚开始一段新的恋爱关系。但当法比安违背母亲，去找那个女孩时，女孩没有出现。就在这个时候，魔鬼进来了。我认为，在这个情境中，魔鬼代表了母亲使婴儿受挫时，婴儿被激起的危险冲动。也就是说，魔鬼就是婴儿破坏冲动的拟人化。

但这只触及他与母亲复杂关系的一个层面。这个层面可以通过法比安想要将自己投射进入端给他寒酸早餐的侍者来说明。故事里侍者是他第一次想要窃取的人格。我说过，受贪婪主导的投射过程是婴儿与母亲的一种关系，在挫折经常发生的对方，这种投射过程最强烈。[②]挫折再度增强了他想要无限满足的贪婪欲望，也增强了想要吸干乳房，进入母亲身体，以便强力夺取她不给提供的满足的欲望。在法比安 – 弗格森与面包店女人的关系上，我们看到他对乳房的强烈欲望和挫折使他产生的恨意。我推断：在最早期的哺育关系中，法比安曾受过极大的挫折，这种感觉在他与侍者的关系上被唤醒了。如果这代

---

① 这里讲了婴儿心中产生罪疚感与不快乐的根本原因之一。小婴儿觉得他的施虐冲动与潜意识幻想是全能的，所以已经、正在而且将要发生结果。对于他的修复愿望与幻想，他的感觉也是类似的，但是，对于其破坏力的信念往往要强过他对自身建设力的信心。

② 投射性认同的冲突不仅是因为贪婪，还有其他原因。

表了母亲的坏的方面，也就是那个不曾给他提供真正满足的母亲，法比安想要变成侍者，也就代表了想要进入母亲体内，以便从她身上夺取更多食物与满足的渴望。另外，这个侍者——法比安想要转换进入的第一个客体——是唯一一个他征求意见的人，结果是那个侍者拒绝了他。这暗示了在与面包店女人的关系中表达出来的罪疚感，在他和侍者的关系中也存在。[①]

在和面包店女人的关系中，体现了法比安－弗格森与母亲关系中的欲望，即口腔期的欲望：挫折感、焦虑、罪疚感及想要修复的冲动。强烈的身体渴望、爱恋和崇拜相结合，让他发展出俄狄浦斯情结。法比安的母亲在他心中有两种形象：一个是让他经验到口腔与性器欲望的母亲，另一个是理想的母亲，即应该在祭献的烛光下被欣赏、崇拜的母亲。但是在教堂里的这种崇拜没有成功，因为他不能克制自己的欲望。这里她代表了不该有性生活的理想母亲。

她还有另一个层面。我认为，法比安转换成艾斯梅纳德后的杀人行为，其实是婴儿弑母冲动的一种表达。婴儿感觉到母亲与父亲的性关系是对自己付出的（对母亲）爱的背叛，而且父母这种关系是恶劣的、毫无价值的。这种感觉是无意识里将母亲等同于妓女的基础，这在青春期尤为明显。在法比安－艾斯梅纳德心中，贝莎是水性杨花的女人。还有一个例子，就是那个店铺里的老妇人。她贩卖低俗的明信片，并把明信片藏在其他物品的后面。法比安－弗格森在看这些图片时，既恶心又喜悦，并受困于旋转架发出的噪声。我认为这是婴儿想要观看和倾听原初场景的欲望，及他对这些欲望的强烈反感。这些实际的或

① 这并不是唯一的解释，其实侍者也可以被视为未能满足他口腔期待的父亲，而面包店女人的情节因此更进一步回到与母亲的关系中，及其所有连带的欲望与失望。

幻想的观察带来的罪疚感，是由对父母的施虐冲动引发，也和伴随这种施虐幻想的自慰有关。

卡密尔家的女佣也代表了坏母亲的形象。这个虚伪的老太太，和坏叔叔一起算计年轻人。法比安自己的母亲在坚持要他去做忏悔时的形象，也和这个老太太一样。法比安对神父怀有敌意，且痛恨对他忏悔。他母亲的要求对他来说，代表了父母联合起来压制其攻击欲和性欲。这个老太太表达了法比安对母亲的贬低与憎恨。

三

法比安在早期与父亲的关系作者只在几处有描写，但这几处意义重大。我们知道他对父亲的手表有强烈的依恋之情，并且会因手表想到父亲的生平并对他的生命进行评价。从这两点我们可以看出他对父亲的爱与怜悯，及对父亲过早死去的哀伤。而法比安自从孩提时代起内心就被什么东西困扰，其实这个东西正是被内化的父亲。

为父亲的早逝感到怜悯，他想让父亲继续活着的欲望，我认为是法比安追求完满人生的冲动和贪婪欲望的主要原因。某种意义上他是替父亲贪婪。还有，法比安不断换女人，其实是在重演父亲的命运。父亲早亡被认为是生活淫乱的原因，这体现在法比安身上则是糟糕的健康状况。他和父亲一样有心脏病，且也常被告诫不要太过劳累。[①]法比安身上既有一种走向死亡的驱力，又有对抗死亡的贪婪需求，这种贪婪让他靠进入他人，窃取他们的生命来延长自己的生命（其实是延长内化的父亲的生命）。这种寻求死亡和对抗死亡之间的内在挣扎，

① 这是身体与情绪因素相互影响的一个例子。

体现了他多变焦躁的心理状态。

上一段表明法比安与内在父亲的关系，在于延长和复活父亲的生命上。这里我想提另一个层面。与父亲死亡有关的罪疚感，会将死去的内在父亲看成是迫害者。小说中有一个地方指出了法比安与死亡及死者的关系。在法比安与魔鬼达成协议前，魔鬼晚上带他去了一幢凶险的房子，那里有一群奇怪的人。法比安发现自己成了强烈关注和嫉羡的中心。这些人低声讨论着他们对法比安的嫉羡，说法比安“就是因为天分……”。其实这个“天分”正是魔鬼的咒语，它让法比安能转换进入他人，也就是能无限延长他的生命。法比安受到魔鬼“跟班”的欢迎，认为自己确实有这个“天分”。这些不满与嫉羡的人们也代表了法比安死去的父亲，因为法比安觉得他的父亲有这种嫉羡与贪婪的感觉。因为害怕内化的父亲，会贪婪地吸干他的生命，法比安产生的焦虑让他更想逃离他自己，也加强了他想要抢夺他人生命的贪婪欲望（认同其父亲）。

早年丧父导致了他的抑郁，但是这些焦虑的根源可以追溯到婴儿期。假如说法比安对面包店女人的情人的强烈情绪，是他早期俄狄浦斯情结的体现，那就可以认为他经验到希望父亲死亡的强烈愿望。父亲是个竞争者，希望他死亡的愿望和恨意，导致了被害焦虑，也导致了婴儿严重的罪疚感与抑郁。法比安能够将自己转换成任何他想成为的人，却从来没想过要将自己变成面包店女人的情人。因为如果他这样做了，他会感觉是篡夺了父亲的位置，且表露了他想弑父的恨意。对父亲的恐惧及爱与恨之间的冲突，即被害焦虑和抑郁焦虑，让他从俄狄浦斯愿望中退却。我们知道他对母亲的态度冲突——爱与恨之间的冲突——让他离开了作为爱的客体的母亲，并压抑了他的俄狄浦斯情结。

法比安与父亲关系的困难，要和他的贪婪、嫉羡和嫉妒结合起来看。他将自己转换成普加，就是因为极度的贪婪、嫉羡和憎恨。就像婴儿对父亲的感觉，因为父亲是强有力的成年人，在儿童的幻想中，父亲因拥有母亲而拥有一切。小说里作者这样来描述法比安对普加的嫉羡：“啊！太阳，他似乎常常觉得普加先生将它藏于自己囊中。”[①]

挫折加深了嫉羡与嫉妒，这引起婴儿对父母的怨愤，并激发了他转换角色并剥夺他们的愿望。法比安变成普加后，曾用一种混合了鄙夷与怜悯的目光来看待从前那个不讨喜的自己。法比安惩罚坏父亲形象的另一个情境是：离开那个房子之前，法比安－卡密尔羞辱了老叔父。

在法比安与父亲的关系中，我们可以发现理想化的过程及其结果（害怕迫害的客体）。当法比安转换变成弗格森时，他对上帝的爱和他对魔鬼着迷之间的内心剧烈挣扎。上帝和魔鬼分别代表了理想的父亲和坏的父亲。对父亲的矛盾感觉也表现在法比安－弗格森对上帝（父亲）的控诉上：将他创造成恶心的低等生物，但又对上帝给予他生命表示感恩。可以看出，法比安一直在寻找他理想的父亲，并且这导致了他投射性认同。但他失败了，他注定会失败，因为他受到贪婪与嫉羡的驱使。所有被他转换进入的人原来都是卑劣和软弱的人。法比安对他们失望继而痛恨他们，但又为这些受害者的命运感到高兴。

四

从法比安转换时的情绪体验，可以看出他最早期的发展。当他还是原来的法比安时，我们看到他的性关系都是短暂的，并常常以失望

---

① “他囊中的太阳”，可能是指被父亲占有的好母亲。因为小婴儿感觉到：父亲从他那里夺走了母亲的乳房。父亲纳入了好母亲，并因而从婴儿那里抢走了她。这种感觉激起了嫉羡与贪婪，也是发展为同性恋的一个重要刺激因素。

收场。对面包店女子的欲望是他早期俄狄浦斯情结的苏醒。他没有很好处理这些感觉与焦虑，构成了以后性发展的基础。他没有变得性无能，而是发展出弗洛伊德所说的（1912）“神圣的与世俗的（或是动物性的）爱”。

就算这样也没有达到其目的，他根本找不到理想化的女人。但他心中存在这样一个人。当在法比安－弗格森的角色上，他遇到了完全符合他梦想的面包店女人（相当于理想化）。我认为，在无意识里，他一直在寻找他已经失去的理想母亲。

法比安将自己转换进入富有的普加、强壮的艾斯梅纳德，最后进入一个已婚的卡密尔（有一个美丽妻子），这些都表现出他对父亲的认同，是他想要得到一个男人位置的愿望。小说中没有说法比安是同性恋，不过从魔鬼“跟班”对他有强烈的身体吸引力，可以看出一项同性恋的指标。另外，法比安害怕魔鬼会对他有性方面的企图，这也显示了他想要成为父亲情人的同性愿望。这一点更直接地表现在他与爱丽丝的关系上。他之所以被爱丽丝所吸引，是因为对她有所认同（那双像他自己的眼睛）。甚至他曾想过将自己转变成爱丽丝。

爱丽丝对卡密尔不求回报的爱，表达了法比安的反向俄狄浦斯情境：将自己放在被父亲所爱的女人的角色上，是想替换或摧毁母亲，并激起强烈的罪疚感。事实上，爱丽丝的情敌，是卡密尔的太太，我认为她也是另一个母亲的形象。最后法比安才经验到想变成女人的愿望，这与被压抑的欲望和冲动的再次出现有关，也与针对其早期女性冲动和被动同性恋冲动的强大防御的减弱有关。

在故事中，我认为法比安严重的身心障碍是与他和母亲的不良关系有关。故事中她是个尽职的母亲，对儿子身体与精神健康及其关心，但她缺乏柔情。有可能在他还是婴儿时，她就这样对待他。法比安的贪婪、嫉羡与怨恨的性格，显示他的口腔期怨恨是很强烈的，并且从没有克服。我们可以断定，这些挫折感延伸到他的父亲，因为在婴儿的幻想中，父亲是第二个被期待得到口腔满足的客体。也就是说，法比安同性恋的积极的一面，在根本上是受到干扰的。

无法缓解口腔期欲望与焦虑，造成了许多后果，这表明偏执——分裂位置没有成功修通，因此他也没有适当地处理抑郁心理位置。所以他的修复能力受到损伤，不能在以后应对被害和抑郁的感觉，导致他与父母和其他人的关系不能让他满意。我认为，这些都表明他不能在内在世界[①]稳固地建立好乳房，也就是好母亲。这是一个在起始点的失败，让他无法发展出对一个好父亲的强烈认同。法比安的贪婪，也是因为他对内在客体的不安全感，影响了他的内射与外射过程，以及再内射与再投射的过程。这些困难都导致了他不能与女人建立爱的关系，也导致了他在强烈压抑的同性恋与不稳定的异性恋之间摇摆。

我们知道在法比安的发展过程中，使他受挫的外在因素很多，例如父亲早逝、母亲不温柔、贫穷、工作不满意、他与母亲在宗教信仰方面的冲突、他的健康问题（很重要的一点）。我们可以看出：法比安父母之间的关系肯定是不和谐的，否则他父亲也不会出去找乐子了。他的母亲应该也不是一个快乐的女人，所以才从宗教中寻求慰藉。法比安在这样的家庭中注定是寂寞的。法比安的父亲在他上学时期去世，使他失去了继续上学和成功的机会，这一点激起了他的被害和抑郁感觉。

从他第一次转换到回家见法比安，这些都发生在三天的时间里。在这三天里，当法比安 - 卡密尔与他原来的自我再次相见，其间法比安一直昏迷，被他母亲照顾着。这三天里发生的事更像是法比安卧病

① 对好母亲的稳固内化程度上会有所不同。

濒死期间的幻想。这么看的话，故事中所有的人物，都是法比安内心世界中的形象，也就是说，内射与投射一直在他心里互动运作。

五

故事中具体描写了形成投射性认同的潜在过程。法比安的一部分离开自己，进入他的受害者。当法比安裂解的部分潜入客体中，失去了原来的法比安的记忆与特征，因为他的记忆和人格的其他层面被留在了原来的法比安身上。当分裂发生时，其他部分被投射到外面的世界而丢失，但法比安无意识里已经保存了相当多的自我，这部分停留在休眠状态，直到他人格裂解的部分归来。

病人感觉到自我的某些部分不见了，这其实是构成分裂过程基础的一个幻想，它有着深远的影响，并强烈影响自我的结构。其影响在于：那些病人感觉被隔离的自我的部分，在当下是无法被分析师或病人触及的。[①]他不知道自己某些投射出去的部分在哪里，这造成了极度焦虑和不安全感。[②]

---

① 这些经验还有另外一面，例如宝拉·海曼（Paula Heimann,1955）描述过的：病人意识到的感觉也能够表达他的分裂过程。

② 我在《早期焦虑与俄狄浦斯情结》中提出，害怕因为投射性认同而被拘禁在母亲体内的恐惧，是各种焦虑情境（幽闭恐惧症为其一）的基础。另外，我要说的是，投射性认同可能会使害怕自体丧失的部分被埋在客体中，永远无法复原。故事中，法比安在转换进入普加与弗格森之后，感到他被埋葬了，而且再也无法逃脱，这表示他会死在他的客体中。我想在此提出另外一点：除了害怕被囚禁在母亲体内之外，另一个促成幽闭恐惧症的因素是，与个人身体内部有关的恐惧，及对身体内部有威胁的危险。我再一次引用弥尔顿（Milton）的诗句：“你成为自己的牢房。”（Thou art become（O worst imprisonment）the Dungeon of thyself.）

下面，我会从三个角度来解释法比安的投射认同：（一）他人格中裂解并被投射出去的部分与留在原处的部分之间的关系；（二）他选择将自己投射进去的客体的潜在动机；（三）被投射的部分潜入或掌控客体的程度。

（一）法比安很担心将自我裂解的某些部分投射进入他人后，自我会空虚。他的这种焦虑表现在当法比安将自己转换进入普加时，即分裂与投射的过程刚发生的时候，他很关心原来的法比安。他认为自己可能希望再次回到原来的法比安身体里，所以他把法比安送回家，并且开了一张支票给法比安。

纸片上写着的法比安的名字，意义重大，这表明他的身份和他那些被留下的部分是紧密相关的，且它们代表了法比安人格的核心。名字是咒语的基本要素。当他在爱丽丝的影响下，想要恢复到原来的法比安时，他首先想到的就是“法比安”这个名字。这一点非常重要。我认为，名字作为他人格中珍贵的部分，他忽略并丢弃了，这带给他罪疚感，促使法比安渴望再度成为自己，在故事的最后，这个无法抗拒的渴望驱使着他回家。

（二）如果说那个侍者代表法比安的母亲，那就很容易理解他第一次为什么想选那个侍者作为第一个转换的对象，因为母亲是婴儿通过内射与外射来认同的第一个客体。

我认为，法比安将自己投射进入普加的部分动机是，他想将自己转变为富有而强大的父亲，来夺取所有属于自己的东西并惩罚父亲。他这样做的另一个动机是，他的施虐冲动与幻想（表现在想要控制和惩罚父亲的愿望上）和普加有相同之处。在法比安看来，普加的残酷之处，也代表了法比安自己的残酷和对权力的欲望。

后来他发现普加的身体有问题，痛苦不堪。普加与年富力强的艾斯梅纳德的对比，法比安选择后者作为认同客体也是理所当然。我认为，法比安-艾斯梅纳德尽管其貌不扬，又令人厌恶，但还是选择转换成他，是因为他代表了法比安自体的一部分。促使法比安-艾斯梅纳德杀死贝莎的憎恨，是法比安在婴儿期经验到的对母亲的一种情绪的再现——也就是在婴儿期，母亲在口腔和性器上使他遭受挫折时他感到的那种情绪。艾斯梅纳德对贝莎所心仪的男人的忌妒，引发了法比安的俄狄浦斯情结以及和父亲的强烈竞争。法比安变成艾斯梅纳德，将他自己的某些破坏性倾向投射给这个人，通过艾斯梅纳德实践出来。魔鬼在法比安转换成弗格森之后，提醒他：勒死贝莎的手在片刻前还是他的。这是说法比安在谋杀事件中的参与共谋（complicity）。

法比安与弗格森有很多相似之处。法比安讨厌信仰（这就是上帝——父亲）对他的支配，并且认为，他对信仰的冲突是因为母亲的影响。弗格森关于信仰的冲突则非常激烈，他很清楚上帝与魔鬼之间的斗争决定了他的生命。弗格森一直在对抗自己对奢侈生活和财富的渴望，他的良知却使他极度节制。法比安也一样，他渴望财富，但他没有试图去约束它。这两个人在智力上的追求也相似，并且都有明显的求知欲。

这些共同点使得法比安选择弗格森作为投射认同的对象。然而，魔鬼所扮演的超我角色，也是一个因素。它曾帮助法比安离开艾斯梅纳德，并告诉他别再进入这种让他潜入太深而使他无法再次转换的人。法比安因为曾变成杀人凶手而深感恐惧。我认为，他将自己变成杀人凶手，表示顺从了自己最危险的部分——即破坏冲动。所以，他再次转换时，选择了与艾斯梅纳德完全不同的人来逃脱罪责。我认为，与难以抵挡的认同对抗，不管是内射的还是投射的，常常会使人们认同具有相反特征的客体。

法比安的下一个转换对象，卡密尔，几乎和法比安没有任何相似之处。通过卡密尔，法比安使自己认同了爱丽丝，这个女孩无望地爱着卡密尔。我们知道爱丽丝代表了法比安女性的一面，她对卡密尔的情感代表了法比安对父亲未能实现的同性之爱。另外，爱丽丝也代表了他的好的部分：有能力憧憬和爱。我认为，法比安在婴儿期对父亲的爱，与他的同性恋渴望和女性位置紧密相关，但爱在其根源上受到了干扰。我也指出，他无法将自己变成女人，因为如果能这样，就表示他实现了在与父亲的反向俄狄浦斯关系中被深深压抑的女性渴望。（这里我没有处理其他阻碍女性认同的因素，例如：阉割恐惧）随着爱的能力恢复，法比安认同了爱丽丝对卡密尔无望的爱。

还有，爱丽丝也代表了他想象中的姐妹。我们知道，孩子们会有想象的伙伴。在独生子女的幻想中，这些伙伴代表着从未出生的兄弟姐妹。如果有一个姐妹的陪伴，法比安会得到更多的爱。这种关系也能帮助他更好地处理俄狄浦斯情结，并且从母亲那里得到更多的独立空间。在卡密尔家，这样的关系存在于爱丽丝和卡密尔弟弟之间。

当法比安 - 弗格森在教堂中想到自己被上帝选中出生，而他的兄弟姐妹却未能获得生命，这让他产生罪疚感。他点上祭献的蜡烛，希望能在烛光中看见面包店的女子。我认为，这既是对面包店女子（圣洁的母亲）的理想化，也表达了他希望赋予未出世的兄弟姐妹们生命来进行自我修复。往往是家里最小的孩子或独生子女，有强烈的罪疚感，因为他们觉得是自己的嫉妒与攻击冲动让其他孩子无法出生。这种情绪也和害怕报复和被害的恐惧相关。我发现，对同学或其他孩子的恐惧与疑心与其幻想有关：兄弟姐妹最后获得了生命，并对自己有很大的敌意。

现在我想说一下，为什么法比安在一开始的时候会选择认同魔鬼。之前我说魔鬼代表了危险的诱惑的父亲，也代表了法比安的本我与超我。小说里，魔鬼对受害者冷漠残酷，特别贪婪无情。他以邪恶的投射认同的原型出现，这种投射认同就是对他人生活的粗暴侵入。魔鬼的投射认同显示了婴儿情绪生活的成分，这里面占主导地位的是全能感、贪婪和施虐倾向，这些也是法比安的性格特征。所以说，是法比安认同了魔鬼，并执行了魔鬼的所有指令。

法比安转换进入新的人时，他保留了部分先前的投射认同，这很重要，而且我认为这表达了认同的一个重要层面。这点可以从以下方面看出来：一，法比安－弗格森一开始对受害者的命运有强烈的兴趣——这种兴趣里掺杂着蔑视；二，他觉得自己该为他作为艾斯梅纳德时所犯下的罪行担责。在故事结尾时，所有他所进入过的人物，他在这些人身上所经历的事情，在他死前都一一出现在脑海中，他关心着他们的命运。这表明他不仅将自己投射进入他们，而且内射了他的客体，也就是说投射与内射在生命一开始就存在互动。

为给选择认同的客体确定一个主要动机，我曾分两个阶段来描述选择认同的客体动机：一是有共同基础；二是有认同发生。但事实上这个过程并不是这样划分阶段。因为“某个个体感到他与另一个人有许多共同之处”与“他将自己投射到这个人”是一起发生的（这同样适用于内射）。这些过程在强度和持续时间并不一样，而这些不同决定了这些认同及其发展变迁的强度和重要性。我要提醒大家：虽然我所描述的过程通常是同时发生的，但我们在每个状态和情境中，一定要思考，例如，投射认同是不是比内射过程更具优势，还是相反？[1]

我曾在《早期焦虑与俄狄浦斯情结》一文中指出：将自体投射的部分再内射的过程，及将已经被投射的客体的一部分内化的过程——病人能感觉这部分客体是有敌意的和危险的，是他最不希望再内射的。此外，自体的一部分的投射，包括了内在客体的投射，这些也被再内射进来。所有这些都能影响到，在个体心中自体被投射的部分能在它

---

① 这一点在技术上极为重要。另外，我要说的是：在有些分析中，有些病人似乎完全被投射或内射所支配。另外，记住这一点很重要：相反的过程总是在某种程度上也保持运作，因而早晚会再次进入情景，成为主导性因素。

们所进入的客体中维持多少的强度。下面一点，我将提出我对这个方面的看法。

（三）我们知道，法比安顺从了魔鬼，并认同于他。虽然法比安在这之前就没什么爱和关怀的能力，但当他和魔鬼做了约定后，他立刻变得残忍无情。这表明，在认同魔鬼之后，法比安完全顺从了自体的贪婪、无所不能和破坏性的部分。当法比安变成普加之后，它还有一些原法比安的态度，例如对他进入的那个人的批评。他害怕在普加身上丢失原来的法比安，这是因为他保留了法比安的进取心，好让他进行下一次转换。在他将自己转换为艾斯梅纳德时，几乎丢失了原来的自体。但因为魔鬼（它也是法比安的一部分，是他的超我）警告并帮他离开了艾斯梅纳德，能看出：法比安并没有完全陷入并消失在艾斯梅纳德中。①

弗格森却不一样。在弗格森中，法比安对弗格森有很多的批评。正是这种在受害者内部保持其自体的能力，使他能够重回法比安再次成为他自己。我认为对于客体关系的发展来说，个体所感觉到的其自我潜入（通过内射或投射）客体的程度，非常重要，而且这决定了自我的强韧程度。

在进入弗格森之后，法比安获得了自己人格的一些部分，另外有一件很重要的事情：法比安－弗格森注意到他对普加、艾斯梅纳德，甚至弗格森都有了更多的了解，而且他现在产生了对其受害者的同情。小乔治的出现，让法比安的爱苏醒了。乔治是一个天真无邪的孩子，

① 无论分裂与投射怎样强烈地运作，只要活着，自我就永远不会完全崩解，因为朝向整合的冲动，在某种程度上，是自我天生所固有的。这和我的观点一致：如果不能在某种程度上拥有一个好客体，就没有任何婴儿能够生存下来。这些事实让分析有可能带来某种程度的整合，有时候甚至是在非常严重的病例中。

喜欢自己的妈妈，而且渴望回到母亲身旁。乔治唤醒了弗格森的童年记忆，使他想将自己转换进入乔治。我认为他是渴望重新获得爱的能力，也就是说，他想要回到那个理想的童年自体。

爱的感觉另一个复苏情境是：他经验到对面包店女子的激情。我认为，这表明他早期爱的生命的复活。后面他再次转换进入的是一个已婚男人，从而进入了一个家庭关系之中，但法比安喜欢的人是爱丽丝。爱丽丝对法比安来说意义特别，因为他在她身上发现了自己的一部分，那是爱的能力，且他深深地被他自己人格的这一面吸引着，即他发现了一些对自己的爱。后来他一次次重新回到他在转换中路过的地方，他的身体上和心灵，越来越渴望回家，也越来越接近昏迷在家里的法比安。这个法比安曾被抛弃，现在却代表着其人格中好的部分。可以看到：对其受害者的同情，对乔治的温柔喜爱，对爱丽丝的关心，以及想要一个姐妹的渴望，这些都是他爱的能力的扩展。这种扩展是法比安想重新找回原本自体的前提条件，也就是整合的前提条件。甚至在每次转换之前，他都渴望能拥有人格中最好的部分。我认为，这样的渴望造成了他的孤独与不安，为他的投射认同[①]提供了动力，且成为除了自我憎恨之外，又一个迫使他强行进入他人的因素。找寻失去的理想自体[②]，是心理生活的一个重要特征，这包括了找寻失去的理想客体，因为好的自体是人格中被感觉与其好客体处于爱的关系中的那一部分，这种关系的原

---

① 将好的东西与自体好的部分投射到外在世界，这加重了对他人的怨恨与嫉羡的感觉，因为这些人被认为是得到了他失去的好东西。

② 弗洛伊德的“理想自我”（ego ideal）概念，是其“超我”概念的前身，但是有一些理想自我的特质，没有被纳入其超我概念中。我认为，我对法比安试图重新取得的理想自我的描述，比起弗洛伊德对“超我”的观点，更接近他原本对“理想自我”的观点。

型来自婴儿与母亲之间。当法比安重回自体时，他也重新拥有了对母亲爱的能力。

对法比安来说，他不太能够认同好的或被他仰慕的客体。我曾指出，为了要强烈地认同他人，必须要感受到在自体内部与该客体的共同部分。法比安丢失了他的好自体，他感到自己的内在配不上一个好的客体。他或许还担心被他仰慕的客体被摄入一个被过度剥夺其好品质的内在世界，这是这种心理状态的典型特征。所以，好的客体被留在外面（对法比安来说，也许是那些星星）。但当他再次发现了自己的好自体时，他也找到了自己的好客体，并能认同它们。

故事中法比安枯竭的部分也渴望与其自体被投射出去的部分重新结合，所以法比安－卡密尔越是靠近法比安的家，病床上的法比安就越焦躁不安。当法比安恢复意识，走向门口透过这扇门看见他的另一半时，法比安－卡密尔念出了魔法咒语。法比安的这两半渴望结合，这表明法比安渴望整合他的自体。这种渴望与重获爱的能力相关。这和弗洛伊德的观点一致：合成是力比多的一个功能——也就是生之本能。

前文中我指出，虽然法比安一直在寻找好的父亲，却始终找不到，是因为他心中因怨恨而增加的嫉羡和贪婪使他选择了父亲坏的形象。当他的怨恨消散，变得宽容时，其他客体对他来说显得更清晰了。他的要求降低了，他不再要求父母必须是理想的，而且可以原谅他们的缺点。重获爱的能力的同时他的憎恨减弱了，而这又减轻了被害感——这些全都与贪婪和嫉羡的减弱有关。自我憎恨是一项突出的人格特征。当他更能够爱与容忍他人的时候，他对他的自体也产生了更多的爱和容忍。

故事的最后，法比安恢复了对母亲的爱，并与母亲和解。他听从母亲的劝告向上帝祷告，说明他对上帝产生了信仰和信任。法比安最后说的话是“我们的天父”。那一刻，他的心中充满了对人类的爱，包括他对父亲的爱。那些因死亡而必然被激起的被害焦虑与抑郁焦虑，可以通过理想化和欢愉而得到克制。

小说中一种难以抵制的冲动迫使法比安 - 卡密尔回家。这可能是死亡来临的感觉促使他产生了与被他遗弃的自体部分重新结合的冲动。我认为，这正是对死亡的恐惧的力量。尽管他知道自己快不行了，却仍然否定对死亡的恐惧，也许是因为这种恐惧在本质上具有强烈的迫害性。法比安对命运和父母感到怨愤，他对自己不令人满意的人格感到很大的迫害感。我认为，如果死亡被感到是受到带有敌意的内在与外在客体的攻击，抑或是当死亡唤起了抑郁焦虑——害怕好客体会被那些带有敌意的形象破坏，对死亡的恐惧就会非常强烈。具有精神病性质的焦虑造成了死亡过度恐惧，很多人一辈子都在承受这种恐惧。有些人在临终时感受到的强烈的精神痛苦，我认为是婴儿期精神病性质的焦虑复苏导致的。

故事中法比安是一个焦躁不安、没有快乐、充满怨愤的人，人们往往会认为他的死亡应该是痛苦的，而且会产生被害焦虑。但是结局并不是这样，故事中的法比安死得快乐平和。以我对法比安的经验的解读来看，我这样来解释这个出人意料的结局：它向我们展示了法比安的两个方面：法比安在转换之前，经验到的是成年的法比安的情感；在转换过程中，他表现出早期发展所特有的情绪、被害焦虑和抑郁焦虑。法比安在小时候没有克服这些焦虑并达成整合，在转换发生的三天内，他成功地穿越了情绪经验的世界。我认为，这是因为他修通了偏执——分裂心理位置及抑郁心理位置。因为克服了婴儿期最根本的精神病性质的焦虑，对整合的内在需要就完全表现出来了。他在整合成功的同时，也收获了好的客体关系，从而修复了他生命中丢失的部分。

第十章

嫉羡与感恩[①]（1957）

① 感谢我的朋友劳拉·布鲁克（Lola Brook），她和我一起进行了这本书——《嫉羡与感恩》的整个准备工作。她对我的作品有一种独到的理解，并在每个阶段都帮我做内容的阐释和评鉴。我还要感谢艾略特·贾克医生（Dr.Elliott Jaques），当这本书还在手稿阶段时，他就提出了很多有价值的建议，并帮助我搜集论据。我还要感谢朱迪丝·费伊小姐（Miss Judith Fay），她在做索引时承担了许多烦琐的工作。

第十章
嫉羡与感恩（1957）

多年来，我一直对嫉羡（envy）和感恩感兴趣。我认为：从根源上说，嫉羡是逐渐侵蚀爱和感恩的感觉的主要原因，它影响着和母亲的关系。这种关系对个人整体情绪生活至关重要。我认为，通过进一步探索在这个早期阶段可能产生很大干扰的一个特定因素，对于研究婴儿发展和人格形成来说，具有重要意义。

我认为，嫉羡是破坏冲动的一种口腔施虐（oral-sadistic）和肛门施虐（anal-sadistic）的表达，从生命开始就存在了，而且它以体质为基础。这些结论与卡尔·亚伯拉罕（Karl Abraham）提到的一些观点一致，不过存在些许差异。亚伯拉罕发现嫉羡是一种口腔特性，但他认定嫉羡和敌意是在稍后的时期，也就是在第二口腔施虐阶段才开始运作，这与我的观点不同。亚伯拉罕没有提到感恩，但他认为“慷慨”（generosity）是一种口腔特征。他也认为在嫉羡中，肛门要素是一种重要成分，并认为它们是一种口腔施虐冲动的衍生物。

亚伯拉罕认为，体质要素影响口腔冲动的强度，我赞同这点。他也将躁郁症（manic-depressive illness）的病因与口腔冲动的强度结合起来。

亚伯拉罕和我都全面而深入地揭示了破坏冲动的重要意义。在他写于1924年的《力比多发展简论》（Short History of the Development of the Libido, Viewed in the Light of Mental Disorders）一文中说到，虽然《超

越享乐原则》（Beyond Pleasure Principle）是在四年前出版的，亚伯拉罕没有提及弗洛伊德的生、死本能的假说。但在他的这本书中，亚伯拉罕尝试着探索了破坏冲动的根源，并且将这些理解运用在心理障碍的病因上。我认为，虽然他并没有使用弗洛伊德生本能与死本能的假说，他的临床工作却是基于对这个方面的洞察。亚伯拉罕的早逝，让他不能认识到自己发现的全部内涵，及它们与生、死本能之间的根本联系。

亚伯拉罕逝世 30 年之后，我写作了《嫉羡与感恩》，我认为我这本书中的观点是对亚伯拉罕的发现的全面重要意义的更大的认可。

一

在这里，我要对婴儿最早的情绪生活提一些看法，并得出关于成年期和心理健康的一些结论。弗洛伊德是这样认为的：了解病人的过去、童年期及他的无意识，是探索其成人人格的基础。弗洛伊德在成年人身上发现了俄狄浦斯情结，并重构了俄狄浦斯情结的细节和时间点。这种方法已经成为精神分析方法的典型，亚伯拉罕的发现给它做了补充。弗洛伊德认为，心智的意识部分是由无意识发展而来的。所以，我在精神分析中开始追溯婴儿早期的素材。我先是在儿童的分析中发现这些素材，然后又在成人的分析中发现。我对儿童的观察很快就印证了弗洛伊德的发现。我相信我对更早阶段（生命最初几年）的一些假设，也可以通过这样的观察在一定程度上获得确认。根据病人所呈现的素材，我们去重构较早阶段的细节。关于这种做法的合理性和必要性，弗洛伊德在以下段落中，给出了描述：

“我们要寻找的是病人遗忘岁月的一些资料，这些资料是可信的，在所有基本方面也应该是完整的……他（精神分析师）的建构工作，又称为重构（reconstruction）工作，类似于一位考古学家在挖掘某些已被破坏、掩埋的住处，或某些古代的建筑。实际上，这两种工作的过程是一样的，只是分析师的工作素材更多，可以用来协助自己，因为他接触到的不是已经破坏的东西，而是仍然存活的东西。就像考古学家从依旧存在的基座中建造起建筑物的墙，从地层的凹陷中追溯圆柱的数量和位置，并从废墟的遗迹中重构壁饰和壁画，分析师也是这样进行重构工作。分析师们从记忆的碎片、关联分析及分析主体的行为中，得出推论。这两者都是通过补充和组合仅存的遗迹来重构。另外，他们都有相同的困难和错误来源。和考古学家比起来，分析师是在更好的情况下工作，因为他有足够多的素材，只要他想挖掘的话。而在考古学家的挖掘中却没有这样的材料可供对应参考，例如分析师可追溯到婴儿期的重复反应，及所有与这些反应有关、通过移情显示的现象……。所有的本质都被保存下来。即使是那些看起来是完全被遗忘的事情，也总是会用某种方式，在某个地方呈现出来。这些事情只是被暂时埋藏起来，并未丢失。实际上，我们可以质疑，是否真有精神结构会遭到全面破坏。能不能成功揭示完全被隐匿的部分，是取决于分析的技术。”①

充分成长的人格极其复杂，我认为我们只能通过对婴儿心智的观察，和追踪其后期生命的发展来了解。即分析的进行是从成人期追溯至婴儿期，再经由一些中间阶段返回成人期，这种循环往复的来回运动，是依据普遍的移情情境。

在我的观点中，我确定了婴儿最初的客体关系（对母亲的乳房和对母亲的关系）根本的重要性，并得出推断：如果这个被内射的原初

---

① 参见《分析中的建构》（Constructions in Analysis,1937）。

客体（primal object）有相当程度的安全感能稳固存在于自我，就奠定了一种令人满意的发展基础。这种联结涉及一些先天的因素。在口腔冲动的主导下，乳房被感觉是滋养的来源，或者说是生命本身的来源。如果一切顺利的话，在心理和身体上从这种令人满足的乳房获得安全感，在某种程度上就恢复了那种曾丢失的出生前与母亲的一体感（unity）和安全感。这在很大程度上取决于婴儿充分地专注于乳房或其象征（奶瓶）的能力。然后，母亲成了一个被爱的客体。也许，婴儿在出生前已拥有的母亲成形的部分让婴儿有种天生的感觉：在他之外有某个东西，将会提供给他一切他所需要的。好乳房被纳入，变成自我的一部分，而一开始在母亲里面的婴儿，现在他自己的内在有了母亲。

毋庸置疑，出生前的一体感和安全感，其不受干扰的程度，取决于母亲的心理和身体状况，也可能取决于某些在未出生的婴儿身上未知的因素。所以，我们也可以将对出生前状态的普遍渴求（longing）看成是理想化内驱力的一种表达。这样的渴求，其来源之一是由出生引起的强烈的被害焦虑。我认为，这种最初的焦虑形式也许可以扩展到未出生婴儿的不愉快经验，和在母亲子宫中的安全感，预示着对母亲的双重关系：好乳房和坏乳房。

外部环境在婴儿与乳房的初始关系中起着重要作用。如果出生时不顺利，特别是产生了并发症，例如缺氧，婴儿就会在适应外部世界时出现紊乱，而和乳房的关系的开端就不理想。在这种情况下，婴儿体验新的满足来源的能力就被削弱，让他无法充分地内化一个真正好的原初客体。另外，孩子能不能得到适当的喂食和抚养，母亲能不能充分照顾孩子，或是母亲焦虑、在喂养上有心理障碍——这些都影响了婴儿享受乳汁和内化好乳房的能力。

乳房所造成的挫折，必定会进入婴儿和它最早的关系之中，因为就算是一种快乐的喂养情境，也不能完全取代出生前和母亲的一体感。

同样来说，婴儿渴求一种取之不尽、永不枯竭的乳房，不单单只是因为对食物的渴望和力比多欲望（libidonal desires）。因为，在最早阶段，要得到母爱持续证明的强烈欲望，是建立在焦虑的基础上。生、死本能之间的挣扎，和随之而来的自体与客体被破坏冲动消灭的威胁，是婴儿与母亲原初关系的根本因素。因为他的欲望代表着乳房（很快变成母亲）应该除掉这些攻击冲动及被害焦虑的痛苦。

委屈并快乐的经验，增强了爱恨之间的冲突，即生死本能之间的冲突，这就产生了好乳房、坏乳房的感觉。这样一来，早期的情绪生活在某种意义上，就以失去和重新获得好客体为特征。爱恨之间的冲突，在某种程度上，对爱和破坏冲动的能力是体质性的，在强度上有个体差异，且从一开始就与外部条件相互作用。

我认为：原初的好客体，即母亲的乳房，形成了自我的核心，对婴儿的成长影响深远。在这个阶段，婴儿内化了的乳房和乳汁。同时，在他的心中，乳房和母亲的其他部位和层面已经存在一些不确定的联系。

我不认为，乳房对婴儿来说只是一个身体性的客体。婴儿全部的本能欲望和潜意识幻想都赋予乳房一些品质，这些品质不仅仅是它所能提供的实际营养。①

在分析中我发现，乳房好的一面是母性的善良、无限的耐心和慷慨的原型，也是创造性的原型。这些幻想和本能需要，丰富了原初客体，让它仍旧是希望、信任和相信善良的基础。

---

① 所有的这些都被婴儿感觉到，他们通过比语言表达更原始的方式来感觉。当这些前语言的情绪和幻想在移情情境中被唤醒时，它们表现为我所说的“感觉中的记忆”（memories in feelings），并在分析师的帮助下，它们被重构并被付诸言辞（words）中。当我们在重构和描述其他属于早期发展阶段的现象时，需要用相同的方式使用言辞。实际上，如果没有这些意识领域的言辞，我们就不能将无意识的语言翻译成意识的语言。

这本书中讨论的是根植于口腔特质（orality）的最早的客体关系和内化过程的一个特殊层面。我会具体描述嫉羡对感恩能力和快乐能力的发展的影响。嫉羡使得婴儿很难建立其好客体，因为他觉得他的满足被剥夺了，被乳房独占了，这乳房使他感到挫折。[①]

我们应该区分嫉羡、嫉妒（jealousy）和贪婪（greed）。嫉羡是一种愤怒：另一个人拥有、享受某些东西——嫉羡的冲动想去夺走、毁坏它。另外，嫉羡只包含主体与一人之间的关系，且可追溯到最早与母亲的排他关系。嫉妒是基于嫉羡发展而来的，包含一种至少与两个人的关系。它主要涉及的是主体感觉应该是自己应得的爱，却被对手夺走，或有被抢走的危险。日常生活中，嫉妒往往是一个男人或女人觉得自己的爱人被其他人夺走了。

贪婪是一种不知满足的强烈渴求，远远超过主体的需要和客体所能给、愿意给的。贪婪的目的主要是完全地掏空、吸干和毁灭乳房，也就是说，其目的是破坏性的内射（destructive introjection）。但是，嫉羡不仅试图用这种方式来抢夺，它还把坏东西（坏的排泄物和自体

---

① 在我以往的作品中:《儿童精神分析》(The Psycho-Analysis of Children)、《俄狄浦斯情结的早期阶段》（EarlyStages of the Oedipus Complex）和《婴儿的情绪生活》（The Emotional Life of the Infant），我都提到了口腔——尿道——肛门施虐来源的嫉羡，发生在俄狄浦斯情结最早的阶段，并将它和毁坏母亲拥有物的欲望联系起来。尤其是在婴儿的幻想中，母亲拥有父亲的阴茎。早在我的论文《一例六岁女孩的强迫性神经症》（An Obsessional Neurosis in a?Six-Year-Old Girl）中曾提到过，嫉羡与对母亲身体的口腔、尿道和肛门施虐性攻击紧密相关，有重要的作用。但在那篇文章中，我并没有特别把这种嫉羡与抢走、毁坏母亲乳房的欲望相关联，虽然我已经十分接近这些结论。在我的文章《论认同》（On Identification,1955）中，我论述了嫉羡是投射式认同（projective identification）中的一个重要因素。在《儿童精神分析》一书，我提出不只是口腔施虐，还有尿道施虐和肛门施虐的倾向，也在小婴儿身上运作着。

坏的部分）放入母亲体内，而且先是把这些东西放入乳房，来毁坏、摧毁她。这意味着摧毁母亲的创造力。这一过程是因为尿道施虐和肛门施虐的冲动，我已经将它定义[①]为一种开始于生命之初[②]的投射式认同的破坏层面。虽然不能在贪婪和嫉羡之间明确分界线，因为它们紧密联系，但它们的区别在于：贪婪主要和内射联结在一起，而嫉羡则是和投射在一起。

《简明牛津词典》（Shorter Oxford Dictionary）里这样解释：嫉妒表示别人已经拿走或被给予本应属于某人的“好东西”。在分析中，我将“好东西”解释为已被别人拿走的好乳房、母亲和所爱的人。克拉布（Crabb）的《英语同义词》（English Synonyms）里这样解释嫉妒和嫉羡的区别：“……嫉妒是害怕失去已经拥有的；嫉羡是看到别人拥有他想要的东西而痛苦……嫉羡的人不喜欢看到别人享受，看到别人痛苦，他才觉得自在。所以，嫉羡的人根本不可能得到满足。”根据克拉布的说法，嫉妒是“根据客体而来的一种崇高或卑鄙的热情。作为崇高来讲，它是因恐惧而加剧的竞争；作为卑鄙来讲，它是被恐惧激起的贪婪。嫉羡永远是一种基本的热情催生了最坏的热情。”

人们对嫉妒和嫉羡这两者的态度有很大不同。在某些国家（特别是在法国），对因嫉妒而谋杀的判决较轻。就嫉妒来说，人们有一种普

---

① 参见《早期焦虑与俄狄浦斯情结》（Notes on some Schizoid Mechanisms）。

② 艾略特·贾克医生让我注意到，嫉羡（envy）的语源学词根的拉丁文是“indivia”，来自动词的“invideo”——意思是斜目而视（look askance at）、恶意地或怀恨地窥视、投以邪恶的目光、嫉羡和悭吝任何事。这个词的一个早期的用法是在西赛罗（Cicero，罗马雄辩家、政治家、哲学家，106–143?B.C.）的措辞中，他将它译为“通过他邪恶的眼睛制造不幸”。这印证了我对嫉羡和贪婪的区分，其中我强调的是嫉羡的投射性特征。

遍的感觉：谋杀情敌，可能隐含着谋杀者对不忠之人的爱。就以上来说，嫉妒表示存在着对“好东西”的爱，而且所爱的客体不会像在嫉羡中一样被损坏或毁坏。

莎士比亚创造的人物奥赛罗，在嫉妒影响下，摧毁了他所爱的客体。我人，这就是典型的克拉布所说的那种“嫉妒的卑鄙热情”——被恐惧激起的贪婪。嫉妒作为心智的一种内在品质，在莎士比亚的剧作中有一段重要的论述：

> 可是嫉妒的灵魂不会因此而满足；
> 他们从不因什么理由而嫉妒，
> 而只是为嫉妒而嫉妒，
> 那是一个凭空而来、自生自长的怪物。

极度嫉羡之人是贪得无厌的，他永远不会被满足，因为他的嫉羡来自内在，所以总会找到一个可以聚焦的客体。这也说明了嫉妒、贪婪和嫉羡之间密切的联系。

莎士比亚并没有一直都区分开嫉羡和嫉妒。下面《奥赛罗》中的语句，我认为是充分地显示了嫉羡的意义：

> 哦，主帅，你要留心嫉妒啊；
> 那是一个绿眼的妖魔，
> 谁做了它的牺牲品，就要受它玩弄……

上面这段话和一句谚语表达的意思一样：“咬噬喂养自己的那只手。”这里的咬噬、摧毁和毁坏乳房几乎是同义词。

二

我发现：被嫉羡的第一个客体是哺育的乳房。[1]因为婴儿感觉乳房拥有一切他想要的东西，乳房流出无穷无尽的乳汁和爱，但它保留这些以满足自身。婴儿的这种感觉再加上他的委屈和怨恨，结果就是与母亲之间产生一种紊乱的关系。如果嫉羡过度，我认为就是偏执（paranoid）和精神分裂（schizoid）的特征异常强烈，这样的婴儿可以看作是生病的。

在这一节中，我会论述对母亲乳房的原初嫉羡（primary envy），但这应该与原初嫉羡后来的形式（女孩想要替代母亲地位的天生欲望，及男孩天生的女性心理位置）区分开来。在后来的形式中，嫉羡不再聚焦于乳房，而是聚焦于母亲接受了父亲的阴茎、有婴儿在她体内、生下婴儿和喂养婴儿。

我认为破坏冲动决定了对母亲乳房的施虐攻击。这里我补充一点：嫉羡给了这些攻击特别的推动力。这表示当我写到贪婪地掏空乳房和母亲的身体、破坏她的婴儿，及把坏的排泄物放入母亲体内时，[2]也就是在写我后来确认的对客体之嫉羡的毁坏。

如果我们考虑到剥夺（deprivation）增加了贪婪和迫害焦虑，考虑到在婴儿的心里幻想有一个永不枯竭的乳房，而这个乳房是他最大的欲求，那么即使对婴儿的喂养不当，也可以理解嫉羡是怎样产生的。婴儿感觉：当乳房剥夺他时，乳房就是坏的，因为它将与好乳房相联

---

① 琼·里维埃（Joan Riviere）在《嫉妒作为一种防御的机制》（Jealousy as a?Mechanism of Defense,1932）一文中，将女性的嫉羡追溯到婴儿期的欲望：要抢夺母亲的乳房并毁坏它们。她认为，嫉妒是基于这种原初嫉羡。她的论文中有对这些观点的阐述。

② 参见《儿童精神分析》。书中的一些地方用到这些概念。

系的乳汁、爱和照顾全保留了。他怨恨、嫉羡那个卑劣和吝啬的乳房。

令人满足的乳房被嫉羡，这也容易理解。得到乳汁时伴随着极度心安，虽然婴儿因它感到满足，却也造成了嫉羡，因为这似乎是某种得不到的东西。

这种原始的嫉羡会在移情的情境中复苏。分析过程中，分析师给出解释，为病人带来释放，并使情绪从绝望变成希望与信任。对一些病人，或对同一病人的不同时间段，这个有益的解释可能很快就会遭到他的破坏性批评。然后，他不再觉得那是他曾经接受和体验过的一种对人有帮助的好东西。他会从一些小事上批评：应该早点做出这个解释；解释太长，干扰了他的关联分析；解释太短，他还没有充分地理解。这个嫉羡的病人不想肯定分析师的工作。如果他觉得分析师和他提供的帮助因为他嫉羡的批评而损坏和贬低，那他就无法充分地将分析师内化成一个好客体，也不能真正信服分析师的解释，并消化吸收这些解释。而那些嫉羡较少的病人，他们会真正地信服这些解释，表现出来就是对这一礼物的感恩。因为对贬低别人给予的帮助有罪疚感，嫉羡的病人也会觉得他是不值得从分析中获益的。

病人常用各式各样的理由批评分析师，有时是用正当的理由。但事实上，当一名病人去贬低被他体验为有帮助的分析工作时，这就是嫉羡的表达。如果将在早期阶段所遭遇的情绪情境追溯到一个原初的情境，我们就会在移情中发现嫉羡的根源。破坏性的批评常常出现在偏执狂（paranoid）病人身上，即使分析师缓解了他们的症状，他们还是喜欢轻蔑分析师工作，并将此体验为施虐快乐。在这些病人身上，嫉羡性批评很明显，而在其他病人身上，嫉羡性批评往往没有表达出来，甚至还处于无意识中。据我推断，在这些案例中，病人分析进步缓慢，正是与嫉羡有关。这类病人一直怀疑且不确定分析继续下去的价值。病人往往是，将他自身的那些嫉羡和敌意部分分裂出来，而呈现给分析师的，是他觉得比较能接受的部分。但这些分裂的部分从根本上影响了分析过程，只有当分析达到整合并处理人格的整体时，最终才可能是有效的。另外一些病人通过变得困惑来企图避免批判。这种困惑不仅是一种防御，也表达了他的一种不确定的感觉：分析师是不是一个好的形象，或他和他正给予的帮助有没有因为病人带有敌意的批评而变坏了。我将这种不确定性追溯到困惑的感觉上，这些感觉是最早与母亲乳房的关系发生紊乱的后果之一。因为偏执和分裂机制的强度，及嫉羡的推动力，婴儿不能让爱和恨分开，所以也不能分开好客体和坏客体，那么他就很容易在其他的关系中，对判断好坏感到困惑。

除了弗洛伊德所发现的因素，以及琼·里维埃（Joan Riviere）[①]进一步发展的因素之外，嫉羡和对抗嫉羡的防御，以这些方式，也在负向治疗反应中发挥了重要作用。

在移情情境当中，嫉羡及其产生的态度，阻止了一个好客体的建立。如果在最早的阶段，好的食物和原初的好客体不能被接受和消化吸收，这就会在移情中被重复，分析的过程也会受影响。

在分析材料中，可以通过修通这之前的情境，来重构病人婴儿时期对母亲乳房的感觉。例如，婴儿会怨恨乳汁来得太快或太慢；[②]或是在他最渴望乳房时没有得到满足，所以再给他的时候，他就不想要了，他吸吮自己的手指来代替乳房。当他接受乳房的时候，他可能还

① 《论负向治疗反应的分析》（A Contribution to the Analysis of the Negative Therapeutic Reaction,1936）和弗洛伊德的《自我与本我》（The Ego and the Id）。

② 婴儿喝到的乳汁太少，最想要的时候没有得到乳汁，或得到的方式不对（例如乳汁来得太快或太慢），婴儿被怀抱的方式是否舒适，母亲对喂食的态度，母亲在喂食中是愉悦还是焦虑，是通过奶瓶还是乳房喂食——所有这些因素对每个个案来说都非常重要。

没喝够，或喂食过程不舒服。这些怨恨并不是所有婴儿都能轻松克服，有的婴儿对这些挫折，能很快克服：纳入乳房，享受喂食。而有的婴儿在这方面却有极大的困难。分析显示，有些病人能满意地享用食物，不会表现出任何负面情绪，因为他们分裂了他们的不满、嫉羡和怨恨。虽然如此，这仍然形成了他们性格发展的一部分。这些过程在移情情境中变得很明显。在分析中能发现：想要取悦母亲的初始愿望、想要被爱的渴求，及为破坏冲动的后果寻求保护的需要。这些是病人与分析师合作的基础，病人的嫉羡和怨恨被分裂开来，却形成了负向治疗反应的一部分。

我们知道婴儿对永不枯竭、总在身旁的乳房有强烈欲望。但是，他不仅渴望食物，也想避免破坏冲动和被害焦虑。母亲是全能的，全靠她来防止所有来自内在和外部的痛苦和邪恶，这在成人的分析中也有发现。在喂养小孩的问题上，过去很推崇根据时间表严格喂养的方式，最近几年倒是发生了一些好的改变，但即使是根据婴儿的需要来喂养，也不能完全避免婴儿的困难，因为母亲不能消除他的破坏冲动和迫害焦虑。另外，如果母亲自身的态度过于焦虑，只要婴儿一哭就立即给他食物，这对婴儿反而没有帮助。因为婴儿会感觉到母亲的焦虑，从而增加他自己的焦虑。有一些成人病人，对不被允许哭够感到怨恨，因为这让他们错失了表达、释放焦虑和哀伤的可能性，导致攻击冲动和抑郁焦虑无法找到出口。亚伯拉罕提过一点：过度的挫折和过分的溺爱都是产生躁郁症潜在的因素。[1]因为只要不是过度的，挫折也可以刺激对外在世界的适应和现实感知的发展。实际上，在一定量的挫折之后，随后的满足会让婴儿觉得能够克服焦虑。另外我还发现，婴

---

① 参见《力比多发展简论》（1924）。

儿没有被满足的欲望也是促成他升华和提升创造力的一个重要因素。可以想象：如果婴儿的内在没有冲突，那么他人格就不够丰富，而且会削弱他强化自我的能力。因为冲突和克服冲突的需要，是创造力的一个基本要素。

嫉羡毁坏了原初的好客体，并给对乳房的施虐攻击增加了推动力，从这个论点可以得出进一步的结论。受到这种攻击的乳房已经失去了它的价值，被咬噬和被尿液、粪便毒化，它变坏了。过度的嫉羡增加了这种攻击的强度（intensity）和持续时间（duration），所以婴儿很难重新获得失去的好客体。而对乳房的施虐攻击，如果不是由嫉羡所主导，那么它会快速地度过，所以在婴儿的心里，就不会强烈地、持续地摧毁客体的美好：乳房回来了，可以被享用了。这种感觉说明乳房没有被伤害、还是好的。[①]

嫉羡会毁坏享受能力，这在某种程度上解释了嫉羡为什么这么持久。[②]因为所产生的“享受”和“感恩”缓和了破坏冲动、嫉羡和贪婪。另外：贪婪、嫉羡和被害焦虑彼此不可分割，也不可避免地彼此增长。嫉羡所造成的伤害感觉和它带来的大量焦虑，及导致的对美好客体的不确定性，这都增加了贪婪和破坏冲动。一旦客体被感觉成是好的，就会产生更贪婪的欲望想要将其纳入。这对食物也适用。在分析中，当一个病人对其客体、分析师及分析的价值感到怀疑时，他会关注任

---

① 对婴儿的观察显示了某些这类潜在的无意识态度。有些婴儿暴怒地哭喊，当得到喂食时，很快就变得十分快乐。这一点说明他们暂时失去他们的好客体，但很快又重新获得。而其他一些婴儿的持续怨恨和焦虑（在喂食的瞬间会减少）能被细心的观察者收集到。

② 很明显，剥夺、不满足的喂食和不利的情境强化了嫉羡，因为它们干扰了完全的满足，形成了一个恶性循环。

何可以释放焦虑的解释，并想延长分析时间，因为他想要尽可能地将这个时候他觉得好的东西纳入（有些人表现得非常害怕自己的贪婪，他们特别敏锐地准时离开）。

怀疑自己拥有好客体，不确定自身的好感觉，这导致了贪婪和不加鉴别的认同。这样的人特别容易受到影响，因为他们不能确信自己的判断。

有的婴儿，因为嫉羡，不能安全建立一个好的内在客体。而一个对爱和感恩有很强能力的孩子，与好客体有一种稳固的关系。因为没有受过根本的伤害，他可以承受暂时的嫉羡和怨恨，即使是被爱和受到良好喂养的孩子身上也会出现这种状态。所以，当这些消极状态是短暂地出现的，好客体能一次又一次地被重新建立。在建立好客体和奠定稳定性和强大自我的基础的过程中，这发挥了核心的作用。在发展的过程中，与母亲乳房的关系，发展成对人的热爱、对价值的坚持和对事业的奉献的基础，所以一些最初体验到的对原初客体的爱被吸收了。

爱的能力衍生出感恩的感觉。在与好客体建立关系的过程中，离不开感恩，且感恩也是对他人、自己的美好感到欣赏与感激的基础。感恩根植于婴儿最早阶段所升起的情绪和态度，在这个阶段，对婴儿来说，母亲是唯一的客体。我说过，这个时期的联结[①]是后来与所爱之人建立关系的基础。虽然这种和母亲的排他关系，在时间和强度上每个人都表现得不一样，但我相信在某种程度上，它存在于大部分人之中。它是否不受干扰，有一部分是取决于外部环境。但是，这其中的内在因素，特别是爱的能力，似乎是天生的。破坏冲动，尤其是强烈的嫉羡，在早期阶段可能会干扰和母亲的这种联结。如果强烈嫉羡喂食的乳房，就会妨碍完全的

① 参见《婴儿的情绪生活》（The Emotional Life of the Infant,1952）。

满足，想要抢夺客体拥有的东西并毁坏它，这正是嫉羡的典型特征。

只有当爱的能力得到充分发展，婴儿才能体验到一种完全的享受，这种享受奠定了感恩的基础。弗洛伊德将婴儿喝奶时的幸福感描述成性满足的原型。[①]我认为，这些经验不只是性满足的基础，也是后来所有快乐的基础，让个体与他人融为一体的感觉成为可能。这种一体感代表被完全理解，这对每一种幸福的恋爱关系或友谊来说，都是非常重要的。理想状况下，这种理解无需用言语来表达，这证明它是来自前语言阶段与母亲最早的亲密关系。能完全享受和乳房最早关系的能力，是从各种不同的来源体验到快乐的基础。

如果在喂食过程中，多次体验到不受干扰的享受，那么对好乳房的内射会伴随着足够的安全感。对乳房完全的满足，表示婴儿觉得已从所爱的客体那里获得一份独特的礼物，他想要这份礼物，这是感恩的基础。与感恩密不可分的是对好形象的信任。这首先包含了接受和吸收所爱原初客体的能力，且不受贪婪和嫉羡的干扰。因为贪婪的内化会干扰与客体的关系。个体会觉得他在控制和消耗客体，也就是在伤害客体。但是在与内部和外部客体的良好关系中，起主要作用的是想要保存它、挽救它的愿望。我在其他相关作品中[②]论述过这一过程，这个过程取决于婴儿将力比多投注于第一个外在客体的能力，是对好乳房的信任的基础。一个好的客体就这样被建立起来，[③]他关爱并保护着自体，且被自体关爱和保护着。这是一个人信任自身美好的基础。

---

① 参见《性学三论》（Three Essays on the Theory of Sexuality）。

② 参见《婴儿行为观察》（On observing the Behavior of Young Infants,1952?）。

③ 见唐纳德·温尼考特（Donald Winnicott）的概念——“幻觉乳房”（illusory breast）及他的观点：客体起初都是被自体创造出来的《精神病和儿童照顾》（Psychoses and Child Care,1953）。

体验到和完全地接受对乳房的满足越频繁，就越能经常感觉到享受和感恩及相应的想要回报快乐的愿望。这种重复的经验让最深层次的感恩成为可能，并在修复的能力和所有的升华中发挥着重要作用。通过投射和内射，通过内在财富给予和重新内射，自我得到了丰富和深化。有益的内在客体就这样建立起来，感恩也充分显现出来。

感恩与慷慨联系密切。内在的财富来自已经吸收好的客体，因此个体能和别人分享他的礼物。这让内射一个更加友善的外部世界成为可能，一种富足的感觉便产生了。即使实际上慷慨往往得不到足够的感激，也不会因此削弱给予的能力。相比较而言，那些内在财富和力量的感觉没有完全建立的人，慷慨几次之后，就过度需要感激和感恩，及产生被耗尽和被抢夺的迫害焦虑。

对喂食的乳房的强烈嫉羡，妨碍了完全享受的能力，所以渐渐破坏了感恩的发展。嫉羡被列入七宗罪（deadly sins）之中的一部分原因是相关的心理学上的。甚至我认为，在无意识的层面上它是七宗罪中最严重的，因为它毁坏、伤害了好客体，而好客体是生命的来源。这个观点和乔叟（Chaucer）在《教区牧师的故事》（The Parsons Tale）中论述的观点一致："可以肯定的是，嫉羡是最坏的罪。其他所有的罪，都只是违反一项美德，而嫉羡却违反了所有的美德和美好。"伤害和摧毁原初客体的感觉，破坏了个体对其后来关系的真诚和信任，也让他怀疑自己爱的能力和自己的美好。

现实中，有一些感恩的表达，与其说它是出于爱的能力，不如说它主要是出于罪疚感。在最深的层次上区分这种罪疚感和感恩很重要。这并不代表最真诚的感恩的感觉中没有任何罪疚感。

我的观察告诉我，这样一些人身上更可能发生性格的重大改变：他们没有安全地建立最初的客体，也不能维持感恩之情。当这些人身上的迫害焦虑增加时，他们就完全失去了原初的好客体，更确切地说是好客体的替代物，这可能是人，也可能是价值。这种改变的潜在过程，是一种退化到早期的分裂机制和崩解的退行。这是一个程度问题，所以虽然这种崩解最终会影响性格，却不一定会导致明显的疾病。追求权力和名声，或不惜代价地取悦迫害者，我认为这些都是某个方面的性格改变。

据我观察，当一个人有了嫉羡时，从最早来源产生的嫉羡的感觉也会被激活。因为这些原初的感觉本质上是无所不能的，这影响到当下体验到的对替代形象的嫉羡，所以既造成了由嫉羡引发的情绪，也产生了意气消沉和罪疚感。在对嫉羡的分析中，这个因素可能很重要，因为只有当分析可以触及较深的来源时，分析才可能达到充分的效果。

在每个个体的一生中，挫折和不幸都会唤起一些嫉羡和怨恨，但这些情绪的强度和个体应对它们的方式却因人而异。享受能力和对接收到的美好事物的感恩之情紧密联系。享受的能力每个人都不同，这是原因之一。

三

我认为，自我从生命一开始就存在了，那时候它是一种原初的形式，而且大部分缺乏凝聚性（coherence）。但在最早的阶段，自我已经开始执行一些重要的功能。可能这种早期自我接近于弗洛伊德认为的自我无意识部分。虽然弗洛伊德并没有认定自我从一开始就存在了，但是他赋予有机体一种我认为的只能由自我去执行的功能。内在死之本能所造成的灭绝威胁，我认为是初生的焦虑（primordial anxiety）——在这点上我和弗洛伊德不同。[1]服务于生之本能（甚至是通过生之本能召

① 弗洛伊德说：“无意识似乎不包含任何能给‘生命灭绝’概念提供内容的东西。”[《抑制、症状与焦虑》（Inhibitions,Symptoms and Anxiety,S.E.20, 第 129 页）]

唤而运作）的自我，在某种程度上把威胁转向了外界。弗洛伊德认为对死之本能的基本防御属于有机体，我却认为这是自我的首要活动。

自我还有其他一些基本活动，我认为这些活动是来处理生死本能之间的挣扎的。活动的效果之一是逐渐整合，这来自生之本能，表现为爱的能力。相反的倾向是自我分裂为自体和客体，这一方面是因为出生时自我缺乏凝聚性，另一方面是因为这构成了一种对抗原初焦虑的防御，所以它是一种保存自我的方法。我一直认为，一个特定的分裂过程非常重要，即将乳房分裂成一个“好”客体和一个“坏”客体的过程。我认为，这是爱恨之间的冲突及焦虑的一种表达。但是，与这种分裂并存的还有其他各种分裂过程。例如，我发现与贪婪和吞噬内化客体（首先是乳房）同时发生的，是自我在不同程度上碎裂了自体及其客体，由此舒解了破坏冲动和内在的迫害焦虑。这样的过程强度不同，并且决定了个体的正常性的程度，它是偏执——分裂心理位置（paranoid-schizoid position）期（在正常情况下贯穿生命最初的三到四个月）的防御之一。[①]这并不是说在这期间婴儿不能充分地享受食物、与母亲的关系，及常见的身体舒适和好的状态。无论焦虑什么时候升起，它都主要是偏执性质的，而对抗它的防御及所使用的机制，都是分裂性质的。在以抑郁心理位置为特征的时期，做一些必要的更改（mutatis mutandis），分裂就也适用于婴儿的情绪生活。

我认为分裂过程是婴儿相对稳定的先决条件。在前几个月，婴儿明显地将好客体和坏客体分开，以一种根本的方式保存了好客体——这也代表自我的安全感得到了增强。同时，只有在具备足够爱的能力

① 参见我的作品《早期焦虑与俄狄浦斯情结》和赫尔伯特·罗森菲尔德（Herbert Rosenfeld）的《对一例带有人格解体的精神分裂状态的案例分析》（Analysis of a?Schizophrenic State with Depersonalization,1947）。

和相对强大的自我时，这种原初的分裂才会成功。我推断：爱的能力不仅推动了整合倾向，也促成了爱恨客体之间成功的原初分裂。这听起来是矛盾的。但要知道一定量的分裂对整合来说是不可或缺的。因为它保存了好客体，后来的自我才能够合成它的两个层面。过度的嫉羡妨碍了好乳房、坏乳房之间的原初分裂，便不能充分地建立好客体。这导致后来的好坏分化在各个环节上都受到了干扰，一个充分发展和经过整合的成人人格就缺少了基础。这种发展的紊乱是因为过度的嫉羡，它在最早的阶段又是因为普遍的偏执和分裂机制。我推断，这些机制构成了精神分裂症的基础。

如何区分好客体和理想化客体，在探索早期分裂的过程中，是很重要的。在客体的两个方面之间，如果有很深的裂隙，则表示被分开的不是“好”客体和“坏”客体，而是一个理想化的客体和一个特别坏的客体。像这样深层和明确的割裂代表着破坏冲动、嫉羡和迫害焦虑极度强烈，而理想化主要是作为对抗这些情绪的防御。

如果好客体是稳固的，这种分裂就从根本上带有一种不同的性质，并使自我整合和客体合成的过程能够顺利进行。所以爱在某种程度上能够缓和恨，这样抑郁心理位置能够获得修通。这样，对一个完整的好客体的认同就更稳固地建立起来。这也会赐予自我力量，使自我可以保持身份认同，且维持一种拥有自身的美好的体验，自我就更不容易毫无区分地认同各种不同的客体。当问题出现时，自体分裂下来的部分被投射于客体，这种过度的投射式认同会使自体和客体之间产生一种强烈的混淆，然后客体也代表着自体。[①]与它紧密联系的是自我的

① 在我早期的论文中，我讨论过这个过程的重要性。在这里我只想强调，我认为，它似乎是偏执——分裂心理位置的一个基本机制。

虚弱化，及客体关系的严重紊乱。

和那些有更多破坏冲动和迫害焦虑的婴儿相比，拥有更多爱的能力的婴儿对理想化的需求更小。过度的理想化表示迫害感是主要的驱动力量。在过去的工作中我发现，理想化是迫害焦虑的一个必然结果——它是一种对抗迫害焦虑的防御，而理想的乳房是毁灭性乳房的对应产物。

与好客体比起来，理想化的客体在自我中是相对较少整合的，因为它主要来自迫害焦虑，而不是来自爱的能力。我发现，理想化来自天生就感觉存在一个非常好的乳房，这种感觉会使婴儿渴望好客体，并渴望爱它的能力。[①]这可以说是生命本身的一种状况，也是生之本能的一种表现方式。对好客体的需要是普遍的，所以理想化客体和好客体之间并没有绝对的区别。

有些人将好客体理想化，以此来处理自己无法拥有一个好客体的无能（这种无能感是因为过度嫉羡）。这种最初的理想化是不行的，因为体验到的对好客体的嫉羡，必然会扩展到其理想化的层面。对更多客体的理想化和对它们的认同也是相同的，都是不稳定、不加分辨的。在这些不加分辨的认同中，贪婪有着重要作用，因为处处想要得到最好的东西，妨碍了选择和分辨的能力。这种无能也和在原初客体关系中对好与坏产生混淆相关。

有些人能够建立好的客体，即使好客体有缺点，他们也能保持对它的爱。而另外一些人，理想化是他们爱的关系和友谊的特征。这种关系很容易破裂，然后一个爱的客体往往会被换成另一个，这是因为

① 我曾指出，理想化出生前的情境是一种与生俱来的需要。理想化的另一个常见领域是母婴关系。尤其是那些在这个关系中体验不到足够幸福的人，他们在回顾时会将它理想化。

没有客体可以完全符合他们的期望。之前理想化的人常常被他们感觉是一个迫害者（这说明理想化是来自迫害感），主体嫉羡和批判的态度被投射到他身上。在内在世界中运作着与之类似的过程。由此，内在世界保留了一些特别危险的客体，这些都使得关系中出现不稳定性。这是自我虚弱的另一个层面。

即便在一种安全的母子关系中，也非常容易产生与好客体有关的怀疑。这不单单是因为婴儿依赖母亲，也是因为经常出现的焦虑，担心他的贪婪和破坏冲动会支配他——这种焦虑是抑郁位置中的一个重要因素。其实，在人的生命的任何阶段，在焦虑的压力下，对好客体的信仰和信任都有可能动摇。但怀疑、沮丧和迫害等类似状态的“强度”和“持续时间”决定了自我能不能重新整合自己，并安全地恢复其好客体。[①]日常生活中我们可以看到，对存在美好事物的希望和信任，往往能帮助人们度过逆境，并有效地抵制迫害感。

四

过度嫉羡的一个重要后果，是一种过早的罪疚感。如果在自我还不能忍受时就经验到过早的罪疚感，它就会被感觉为破坏感，唤起罪疚感的客体就会被转变成迫害者。婴儿要么无法修通抑郁焦虑，要么无法修通被害焦虑，因为它们被混淆了。几个月之后，当抑郁心理位置升起，更整合、强大的自我有更大的能力去忍受罪疚感的时候，并发展出对

---

① 关于这一点，在我的论文《哀悼及其与躁郁状态的关系》（Mourning and its Relation to Manic-Depressive States）中有讨论。文章中，我将正常哀悼的修通，作为一种早期好客体重新恢复的过程。我认为，这样的修通第一次发生在婴儿成功地处理了抑郁心理位置之后。

应的防御，主要是修复倾向。

在最早阶段（即偏执——分裂心理位置），过早的罪疚感加剧了迫害感和崩解，这会使得抑郁心理位置的修通失败。[①]

我们可以在儿童和成年病人的分析中观察到这样的失败：只要一感觉到罪疚感，分析师就会变成迫害者，因此遭到控诉。在这种情况下，他们像婴儿一样，在经验罪疚感的同时，被导向迫害焦虑及其相应的防御，这些防御后来成为对分析师的投射和彻底的否认。

我假设：罪疚感的一个最深层的来源和嫉羡喂食的乳房有关系，也和觉得嫉羡的攻击已经毁坏了乳房的美好有关系。如果在婴儿早期，原初客体已经稳固地建立起来，就可以更成功地适应这类感觉所唤醒的罪疚感，因为这个时候的嫉羡会更加短暂，且更不容易危害和好客体的关系。

过度的嫉羡会妨碍充分的口腔满足，所以它是一种加强性器欲望和趋向（trends）的刺激物。这表明婴儿过早转向性器的满足，结果就是口腔关系变得性器化，而性器趋向沾染了很多口腔怨恨和焦虑。我一直认为性器知觉和欲望是从出生起就开始运作了。例如，实际上男婴在很早的阶段就存在勃起现象了。但我说的这些知觉过早地唤起，是指性

① 我认为抑郁心理位置大概发生在生命第一年的 4 至 6 个月，而在大概 6 个月时到达高点，我发现有一些婴儿似乎在生命的头几个月中，短暂地经验到罪疚感（参见《关于焦虑与罪疚的理论》）。这并不表明罪疚感已经升起。我在其他地方已经描述过作为抑郁心理位置特征的各种过程和防御，例如，和完整客体（whole object）的关系、对内在和外在现实有更强的认识、对抗抑郁的防御（尤其是修复的内驱力）及客体关系的扩展，它们产生了俄狄浦斯情结的早期阶段。当我写《儿童精神分析》时，已经谈到了生命开始阶段所短暂经验到的罪疚感，这本书中描述了非常小的婴儿所经验到的罪疚感和迫害感。后来我定义了抑郁心理位置，就更清楚地将罪疚感、抑郁和对应的防御分隔在一边，而将偏执的阶段（即偏执——分裂心理位置）放在另一边。

器趋向在正常口腔欲望的全盛阶段妨碍了口腔趋向。[①]这里不能忽视早期混淆的影响，这样的混淆通过模糊口腔、肛门和性器冲动及幻想的方式表现出来。在力比多和攻击性的各种来源之间有一部分重叠是正常的，但如果重叠太多，使得无法充分体验两种趋向在其恰当的发展阶段的主导地位，那么后来的性生活和升华都会受到影响。性器特质若是基于逃离口腔特质，就是不安全的，因为这时候附着于受损的口腔享受的怀疑和失望，会被带入性器特质。通过性器趋向妨碍口腔的原初性，会渐渐毁坏性器领域中的满足，也往往造成强迫自慰和滥交。因为缺乏原初的享受，所以会在性器欲望中引入强迫行为的要素。一些病人中会因此使得性感官进入所有活动、思考过程和兴趣之中。对有些婴儿来说，逃入性特质中也是一种防御，由此避免怨恨和伤害那个使他有矛盾感觉的第一个客体。我发现，过早出现的性器特质一定是和早期发生的罪疚感有关，是偏执和分裂案例的特征。[②]

当婴儿进入抑郁心理位置，且变得更能面对自己的精神现实时，他会感到：客体的坏的部分是因他自身的攻击和随之而来的投射。当抑郁心理位置达到高峰时，这样的认识会引发特别大的心理痛楚和罪疚感。但它也会带来释放和希望，结果是减少了将客体和自体两个层面重新整合和修通抑郁心理位置的阻碍。这种希望是基于一种无意识知识，即内在和外在的客体并不是像在其分裂层面时所感觉到的那么

---

① 我相信这种过早的性欲化，通常是强烈精神分裂特质或精神分裂症全面发作的一个特征。参见比昂（W.Bion）的论文《关于精神分裂症理论的注释》（Notes on the Theory of Schizophrenia,1954）和《精神病性与非精神病性人格的区分》（Differentiation of the Psychotic from the Non-Psychotic Personalities,1958）。

② 参见《象征——形成在自我发展中的重要性》（The Importance of Symbol-Formation in the Development of the Ego,1930）和《论躁郁状态的心理成因》（1935）、《儿童精神分析》（The Psycho-analysis of Children）。

坏。通过爱缓和了恨，客体在婴儿的心里变好，他不再强烈地感觉到它在过去已被摧毁，它在未来被摧毁的危险也下降了；因为没有被伤害，也不再觉得它在现在和未来是脆弱的。内在客体由此获得一种控制和自我保存的态度，它的更大力量是其超我功能的一个重要方面。

克服抑郁心理位置和更多地信任好的内在客体，两者之间有密切关系。内部或外部性质的紧张，很容易在自体和客体造成抑郁和不信任。挣脱这种抑郁状态并重新获得内在安全感的能力，我认为是人格良好发展的一个评判标准。反之，通过忽视自己的感觉和否认抑郁来处理抑郁，是一种退行，退行到抑郁心理位置期间婴儿所使用的狂躁防御。

嫉妒的发展与对母亲的乳房所体验到的嫉羡之间有直接的关系。嫉妒是对父亲的疑心和敌对，父亲被认为是拿走了母亲及其乳房。这种敌对意味着直接和反向俄狄浦斯情结（inverted Oedipus complex）的早期阶段，一般在出生后的4～6个月和抑郁心理位置一起出现。[①]

俄狄浦斯情结的发展过程受到和母亲第一个排他关系变化的影响。当这种关系过早地受到干扰，婴儿就会过早地进入到与父亲的竞争中。因为阴茎在母亲里面或在她的乳房里面的幻想，婴儿把父亲变成了一个敌对的入侵者。尤其是当婴儿还没有体验到早期阶段中母子关系的享受和快乐，还没有安全地纳入第一个好客体，这个时候这种幻想就会特别强烈。这种失败受到嫉羡的强度的影响。

我曾指出在抑郁心理位置阶段，婴儿逐步地整合爱和恨的感觉，合成母亲好和坏的两个层面，并经历了与罪疚感觉紧密联系的哀悼状态。他变得更了解外部世界，知道自己无法独占母亲。婴儿能不能找

---

① 我在其他文章中曾指出：在抑郁心理位置发展的时期和俄狄浦斯情结早期这两阶段之间有密切关联。

到协助，对抗在与第二个客体（父亲）或周遭其他人建立关系过程中的哀伤，在很大程度上取决于他对失去唯一独特客体所体验到的情绪。如果那个关系基础牢固，那么失去母亲的恐惧就没那么强烈，分享母亲的能力也更大。于是，他也可以体验到更多对其竞争者的爱。这些都表明，他能成功地修通抑郁心理位置，而这是由对原初客体的嫉羡不过度来决定的。

我们知道嫉妒存在于俄狄浦斯情境中，伴随着恨和死亡的愿望。但在正常情况下，获得可以被爱的新客体（父亲和兄弟姐妹），以及发展中的自我从外在世界获得的其他补偿，减缓了嫉妒和怨恨。如果偏执和分裂机制特别强烈，嫉妒（最终是嫉羡）就不会减缓。俄狄浦斯情结的发展受到所有这些因素的影响。

俄狄浦斯情结最早阶段的特征是存在这样的幻想：母亲和母亲的乳房容纳了父亲的阴茎，或父亲容纳了母亲。这是父母形象结合的基础，我曾在我之前的作品[①]中论述过这种幻想的重要性。父母结合的形象影响着婴儿分辨父母，及和他们分别建立良好关系的能力，这种影响被嫉羡强度和俄狄浦斯嫉妒强度所控制。怀疑父母通过彼此获得性满足，增强了“他们总是结合在一起”的幻想，这些幻想有着不同的来源。如果这些焦虑很强烈，并因此不适当地延长了，可能会导致和父母双方的关系出现持续的紊乱。病情严重的病人无法解开与父母之间关系的纠结，因为他认为它们是相互牵扯在一起的解不开的纠缠。

如果嫉羡不过度，在俄狄浦斯情境中，嫉妒就会变成修通嫉羡的

---

① 《儿童精神分析》（详见第八章）和《婴儿的情绪生活》。其中我已指出，这些幻想通常形成了俄狄浦斯情结早期阶段的一部分。我现在要补充：俄狄浦斯情结的完全发展受到嫉羡强度的强烈影响，而嫉羡强度决定了“父母联合意象”的强度。

一种方式。当嫉妒出现时，敌对感并不是完全针对原初客体，而是针对其竞争者——父亲或兄弟姐妹。当这些关系发展起来，就引发了爱的情感，成为满足的一个新来源。另外，从口腔欲望到性器欲望的转变，降低了母亲作为口腔享受给予者的重要性。对男孩来说，大部分的恨被转向父亲，他因为拥有母亲而遭到嫉羡。这就是典型的俄狄浦斯嫉妒。对女孩来说，对父亲性器的欲望让她能够找到另一个爱的客体。所以，嫉妒在某种程度上取代了嫉羡，母亲变成主要的竞争者。女孩想要取代母亲，想要拥有和照顾由所爱的父亲给予母亲的婴儿。在这里对母亲角色的认同，让更广泛的升华成为可能。通过嫉妒的方式来修通嫉羡，是应对嫉羡的一个重要防御。嫉妒在感觉上更容易被接受，而且和原初嫉羡相比，嫉妒所产生的罪疚感更少。

在分析中，经常可以看到嫉妒和嫉羡之间联系密切。例如，有一个病人嫉妒一位男士，他认为我（分析师）和这位男士有密切的个人关系。后来他感觉无论在什么情况下我的私生活可能都是无趣和无聊的。然后，分析对他来说突然变得无聊了。在这个案例中，病人自己将这解释为一种防御，实际上病人对分析师的贬低是嫉羡情绪高涨的一个结果。

野心（ambition）同样能对引发嫉羡起到很大的作用。它通常首先和俄狄浦斯情境中的敌对和竞争联系起来。如果野心过度，其根源是对原初客体的嫉羡就会表现得很明显。修复被破坏性嫉羡所伤害的客体的强烈愿望和一种重新再现的嫉羡是冲突的，这种冲突使得一个人无法实现自己的野心。

弗洛伊德提出的女性阴茎嫉羡及其与攻击冲动的关系，对理解嫉羡来说是一项基础性的贡献。当阴茎嫉羡和阉割愿望强烈时，受嫉羡的客体（阴茎）应该被摧毁。在他的《可终止与不可终止的分析》（Analysis Terminable and Interminable,1937）中，弗洛伊德强调，在分析女性病人时，难题是她们永远得不到她们所欲求的阴茎这一事实。他说到一位女性病人感觉到分析没有用，没有任何事能帮助她。而她来治疗的根本动机，是希望到最后她可以获得一个男性器官，缺乏这个男性器官对她来说很痛苦，我们只能认为她是对的。

阴茎嫉羡有其成因，我在其他相关作品中已经论述过。[①]在这里我想要探讨口腔来源的女性阴茎嫉羡。亚伯拉罕认为在口腔欲望的支配之下，阴茎被强烈地等同于乳房。我认为，女性的阴茎嫉羡可以追溯到对母亲乳房的嫉羡。如果在这些线索上分析，我们会看到阴茎嫉羡的根源在于最早和母亲的关系，在于对母亲乳房的根本性嫉羡及与之连带的破坏感觉。

弗洛伊德认为，女孩对母亲的态度，会影响到她在以后和男人的关系中。当对母亲乳房的嫉羡强烈地转移到父亲的阴茎上时，一种结果是他的同性恋态度增强了。另一个结果是突然离开乳房而转向阴茎，这是因为口腔关系所产生的过度焦虑和冲突。这是一种逃离机制，不会导向和第二客体的稳定关系。如果这种逃离的主要动机是体验到的对母亲的嫉羡和怨恨，这些情绪很快会转移到父亲身上，于是就不能对他建立起一种持续的爱的态度。同时，对母亲的嫉羡表现在一种过

① 《从早期焦虑看俄狄浦斯情结》（The Oedipus Complex in the Light of Early Anxieties,1945），收录于《克莱因文集 I》。“在女孩的发展中，阴茎嫉羡和阉割情结有很重要的影响，但它们因为其俄狄浦斯欲望的挫折而被大大增强。虽然小女孩在某个阶段会认为，她的母亲拥有父亲的阴茎，但这种观念并不像弗洛伊德所认为的那样，在她的发展中有那么重要的影响。关于母亲容纳了父亲的阴茎——这种无意识理论，在我的理解中，是很多现象的基础。弗洛伊德将这些现象描述为女孩和阳具母亲（phallic mother）的关系。女孩对父亲阴茎的口腔欲望，与她要接纳阴茎的首次性器欲望融合在一起。这些性器欲望其实是从父亲那里得到小孩的愿望，这也是脱胎于‘阴茎 = 小孩’的等式。内化阴茎和从父亲那里得到一个小孩的女性欲望，始终先于拥有一个她自己的阴茎的愿望。”

度的俄狄浦斯敌对关系中。这种敌对关系是因为嫉羡母亲拥有父亲和他的阴茎。父亲（或他的阴茎）变成母亲的一个附属物。女孩想从母亲那里抢夺父亲。在以后，她和男人之间关系的每一次成功，都会变成战胜了另一个女人。就算没有明显的竞争者，也同样适用，因为敌对关系会导向男人的母亲——也就是婆媳关系。如果这个男人对女人来说，主要意义在于：征服他等于战胜另一个女人。那么她一旦成功，可能就会失去对他的兴趣。她对那个女性竞争者的态度就是："你（代表母亲）拥有那个美妙的乳房，我得不到。但我想从你那里把它抢走，所以我要从你那里拿走你珍爱的阴茎。"反复战胜对手的需要，常常使她寻找一个又一个的男人。

当对母亲的憎恨和嫉羡不是那么强烈，失望和怨恨也会使得孩子背离母亲，而对第二客体（父亲的阴茎和父亲）的理想化，就会更为成功。这种理想化主要目的是要寻找一个好客体，这样的寻找往往会失败。但如果在嫉妒情境中，对父亲的爱占主导，这样的寻找就不会失败。因为这样情况下，女性可以合并某些对母亲的怨恨和对父亲的爱，及后来对其他男人的爱。在这种状况下，对女性的友善是可能的，只要她们和母亲有所区别。所以对女性的友谊和同性恋，是因为要寻找一个好客体，来取代所逃避的原初客体。所以，说这种人能够拥有好的客体关系，通常都是骗人的（这一点男女都适用）。对原初客体潜在的嫉羡虽然被分裂出来，但仍运作着，很容易干扰各种关系。

我发现，不同程度的性冷淡是因为对阴茎的不稳定态度造成的。这种不稳定的态度主要是来自对原初客体的逃离。充分的口腔满足是来自和母亲之间的好的关系，这是充分经验到性器高潮的基础。

在男性中，对母亲乳房的嫉羡也很重要。如果这种嫉羡是强烈的，且口腔满足因为它受到损害，男孩的怨恨和焦虑就会转到阴道。虽然通常性器的发展使男孩能够保持以母亲为爱的客体，但在口腔关系中，这种深层的紊乱会造成对女性性器态度的严重困难。首先的紊乱是和乳房的关系，之后是和阴道的关系。后果有很多，例如生殖能力受损、性器满足的强迫性需要、滥交和同性恋。

对同性恋的罪疚感的一个来源，是觉得带着恨意离开了母亲，通过和父亲的阴茎及父亲形成联盟来背叛母亲。不论是在俄狄浦斯阶段，或在后来的生命中，背叛所爱的女人，都会造成一些不良的影响，例如，在和男人的关系上出现紊乱，即使这种关系不带明显的同性恋性质。另一方面，我观察到，针对所爱女性的罪疚感及那种态度中所蕴含的焦虑，常常迫使他从她身边逃离，增加了同性恋的倾向。

对乳房的过度嫉羡，很容易扩展为对女性所有特质的嫉羡，特别是女性生育的能力。如果发展成功，男性会从和妻子的良好关系，及从成为她为其生育的小孩的父亲中，补偿没有实现的女性渴望。这种关系促进了许多经验，例如：认同他的孩子，孩子在很多方面弥补了他早期的嫉羡和挫折；感到是自己创造了这个孩子，抵消了男性对母亲那些女性特质的早期嫉羡。

不论男女，在对异性特质的渴望中，及想要拥有或毁坏同性父母的特质的渴望中，嫉羡都产生了很重要的影响。所以在直接和反向的俄狄浦斯情境中，那种偏执的嫉妒和敌对——这些在两性都有，都是基于对原初客体的过度嫉羡，也就是对母亲，甚至是对她的乳房的过度嫉羡。

“好”乳房喂养并形成了与母亲爱的关系，是生本能的代表，[①]也被认为是创造力的首次显现。在这一根本关系中，婴儿不仅获得他所欲求的满足，而且感到他是因受到照顾而活下来。因为饥饿（引起对

① 参见《婴儿的情感生活》和《关于婴儿的行为》（The Behaviour of Young Infants）。

饿死的恐惧），甚至可能身体和心理所有的痛苦，都被感觉为是死亡的威胁。如果能够保持对一个好的、给予生命的内化客体的认同，这就会成为激发创造的动力。虽然这表面上可能是觊觎他人获得的名望、财富和权力，[①]但它真正的目标是创造力。给予的能力和保存生命的能力，被感觉是最好的礼物。所以创造力是嫉羡最深层的理由。在嫉羡之中有对创造力的毁坏。这在弥尔顿（Milton）的《失乐园》（Paradise Lost）[②]中有所阐释，这本书中撒旦因嫉羡上帝，先要篡夺天堂。他企图毁坏天国的生命，与上帝对战，结果是从天堂堕落。堕落之后，他和其他的堕落天使一起建造地狱，作为天堂的对手，并成为破坏的力量，企图摧毁上帝所创造的事物。[③]这种神学观点应该可以追溯到圣奥古斯丁（St Augustine），他将生命描述为一种创造的力量，与破坏力量的嫉羡对立。《哥林多前书》（the First Letter to the Corinthians）中写道："爱是不嫉羡。"

我认为，对创造力的嫉羡，是干扰创造过程的一个根本要素。毁坏并摧毁美好的初始来源，会造成摧毁和攻击母亲所容纳的婴儿，并让好客体变成一个充满敌意的、批判的和嫉羡的客体。强烈的嫉羡被投射到超我的形象上，超我就具有了破坏性，这会妨碍思考过程和每一个生产活动，最终妨碍创造力。

针对乳房的嫉羡和破坏的态度，构成了破坏性批判的基础。它通常被描述为"咬人的"（biting）和"有毒的"（pernicious），尤其是创造力会成为这类攻击的客体。所以，斯宾赛（Spenser）在《仙后》（The

① 参见《论认同》（On Identification,1955）。

② 参见弥尔顿《失乐园》第一书和第二书。

③ 但是借着魔鬼的嫉羡，死亡进入世界：它们作为上帝的一部分，因而造成了"审判"（《所罗门智训》，Wisdom of Solomon,Ch.3,v.24）。

Faerie Queene）中形容嫉羡是一匹贪婪的饿狼：

> 他痛恨所有杰出的作品和高尚的德行，
> ……
> 著名诗人的智慧，他加以修修补补。
> 他出言不逊，从麻风的嘴里喷出邪恶的[①]
> 毒液，洒向世人曾写下的所有作品。

建设性批判的目标是帮助他人和促进其工作，它经常来自强烈认同其工作中正在被讨论的这个人，其中会包含母性或父性的态度，通常对自己的创造力有信心会反制嫉羡。

相对地对他人缺乏嫉羡，也是导致嫉羡的原因。被嫉羡的人感觉上拥有一个好客体，或是一项好的特征和精神健全。此外，能享受他人的创造作品和快乐的人，能避免嫉羡、怨恨和迫害感的折磨。因为嫉羡是不快乐的来源，所以免于嫉羡是满足和平静的心理状态的基础，也是精神健全的基础。实际上，这也是内在资源和恢复能力的基础。有些人即便遭遇了巨大的逆境和心理痛苦，仍能够重新获得心灵的平静。这种态度，包括感恩过去的愉悦和享受现在所拥有的一切，都从平静的情绪中传达出来。老年人能适应岁月流逝，这让他们可以在年轻人的生命中获得乐趣。父母往往感觉在他们的孩子们和孙子们身上重

---

① 在乔叟的作品中，有大量对这种嫉羡者的描述，他们的特征是背后诽谤和破坏性的批评。他把这种背后诽谤的罪，描写成嫉羡者憎恶见到他人的美好与幸福，喜欢把快乐建筑在别人的痛苦之上。这一罪行的特征在于：“这人别有意图地夸他的邻居，因为他最后总是说‘可是啊’，接着添上一些莫须有的指责。或当有人好心说了或做了什么时，他会恶意地彻底曲解对方的善意。当听到别人在称赞某个人，他就会说这个人是很好，但立刻又指出有人比他更好，以此贬低被赞扬的人。”

新再活一次，就是这个道理。享受过生命经验和乐趣的人，更加相信生命的延续性。[①]这种能力没有伴随过度悲伤，且使享受能力保持生机，这种能力有其在婴儿期的根源，取决于婴儿享受乳房的能力，而没有过度嫉羡母亲拥有乳房。我认为，在婴儿期所经验的幸福快乐和对好客体的爱，丰富了人格，是享受和升华的能力的基础，即使人到了老年也会感觉得到。歌德说："他是最幸福快乐的人，他能够让人生的终点几乎和开始一样。"我将这里的"开始"解释为早期与母亲的良好关系，它影响人的一生，帮助我们减轻怨恨和焦虑，给老年人带来支持和满足。一个安全建立好客体的婴儿，在成人的生命中，也能为失落和剥夺找到弥补。嫉羡的人感觉他永远也得不到这些幸福和快乐，因为他永远不可能被满足，所以它的嫉羡是被增强的。

五

下面我用一些临床材料来阐释我的某些结论。[②]第一个例子是我对一名女病人的分析案例。她小时候是喝母乳的，但其他的环境不理想。她确信她的婴儿期和喂养过程完全不能被满足。她对过去怨恨、对现在和未来感到无望，这两种情绪联系在一起。她对喂养她的乳房的嫉羡，及后来在客体关系中的困难，已经做了大量分析。以下是材料的详情。

---

① 对生命延续性的信仰，尤其表现在一个五岁男孩的话中。他的母亲怀孕了，他说希望这个婴儿是女孩，还说："那样的话，她就会生宝宝，她的宝宝也会再生宝宝，然后就永远这样下去。"

② 在下面的案例中，如果能提供关于病人的历史、性格、年龄和外在环境的详细资料，会特别有价值。但出于谨慎的原因，这里不能详加讨论，只能摘取部分素材，来阐释我的主题。

第十章
嫉羡与感恩（1957）

病人给我打电话，说她因为肩膀疼痛而无法前来治疗。第二天，她打电话说她还是不舒服，希望第二天能来治疗。第三天，她真的来了，却抱怨不断。她认为除了她的女佣照顾她，其他人都对她漠不关心。她跟我形容，有一个时刻她突然感觉疼痛加剧，伴随着一阵极寒冷的感觉。她迫切地想要有人立刻过来帮她盖住肩膀，并且一旦做完，那人马上离开。那一刻，她想到当她还是个婴儿，想要被照顾，却没人来时，一定就是这种感觉。

这是病人对他人态度的特征，说明了她早期和乳房的关系。她渴望被照顾，但又排斥那个将要满足她的客体，这表达了她对乳房的矛盾态度。有一些婴儿对挫折的反应是不尽情享受喂养带来的满足，即使晚喂一会儿也会这样。我认为，他们虽然并没有放弃对乳房的向往，但他们不会享受它，并因此而排斥它。这个女病人的案例中，说明了这种态度的某些原因：她对自己希望收到的礼物感到怀疑，因为这个客体已经被嫉羡和怨恨损坏了；另外还对每个挫折感到深深的怨恨。许多失望的经验让她觉得想要的照顾是不能让她满足的，这些失望的经验部分原因是她自己的态度。这也适用于其他有明显嫉羡的成人。

在这次分析中，病人报告给我一个梦：她在一家餐馆里，坐在一张桌子旁，但没有人来为她服务。她决定排队，自己拿一些东西吃。在她前面，有一个女人拿了两三块小蛋糕，并拿着它们离开了。她也拿了两三块小蛋糕。在梦中前面那个女人似乎非常坚决，她的形象有点像我（分析师）。梦中我突然对这些蛋糕的名称感到疑惑。她第一个想到的是“小水果”（petit fru），这又让她想到“小太太”（petit frau），由此想到“克莱因太太”（Frau Klein）。我的解释是：她对两次错过分析的怨恨，与婴儿期的喂养不被满足和不快乐有关。“两三块”中的两块蛋糕代表着乳房，因为错过了两次分析，她觉得乳房被剥夺了两次。有两三块，是因为她不确定自己第三天能不能来。那个女人是“坚决”的，病人学着她来拿蛋糕。这既说明她对分析师的认同，也说明了她把自己的贪婪投射到了那个女人身上。在当前这个背景下，这个梦有一个方面最相关：带着两三块“小点心”离开的分析师，不仅代表着被收起的乳房，也代表着将要“自己喂自己”的乳房。与其他材料放在一起来看，这个“坚决”的分析师不仅代表着一个乳房，也代表着病人认同其品质（好的和坏的）的一个人。

挫折之中加上了对乳房的嫉羡。这种嫉羡带来强烈的怨忿，因为母亲被感觉到是自私的，她喂养并爱自己，而不是她的婴儿。在分析中，病人猜疑在她缺席期间，我自己一定很享受，或者我一定是把时间给了其他我偏爱的病人，也就是她的竞争对手。

病人对梦的分析反应是：情绪状态的巨大改变。和以前的分析时段比起来，她现在更强烈地体验到快乐和感恩。她眼中有泪。她还说自己觉得现在好像获得了一次充分满足的喂食。[①]她也突然想到，自己的婴儿期和母乳喂养经验，也许比她所认定的更快乐。她对未来和分析结果更有希望了。病人已经更全面地认识到自己的一部分。对她来说，这个部分在其他的相关事件中，并不是完全没有觉察过。她知道自己对不同的人感到嫉羡和嫉妒，但在和分析师的关系中，她还没有意识到这一点，因为体验到自己正在嫉羡和毁坏分析的成功及分析师，这个过程很痛苦。在这个分析时段，经过我的上述解析后，她的嫉羡减轻了，

---

① 不仅在儿童身上，成人也一样，早期喂食经验所感受到的情绪能在移情情境中全面复苏。例如，在分析时段中，会突然强烈地感到一阵饥饿或口渴，然后在解释之后这些感觉就消失了，病人感到解释已经满足了饥渴的感觉。我有一位病人就受不了这种感觉，他会从躺椅上站起来，将他的手臂环绕在我咨询室的拱门截面上。分析时段结束时，我听到他这样说：“我被喂饱了。”这表明在他心里好客体——以照顾和喂养婴儿的母亲的最早原始形态出现——被重新获得了。

享受和感恩的能力增强了，她也能将分析时段体验为一次快乐的喂食。

通过与分析师的关系，使她逐渐把自己分裂的部分整合在一起，让她意识到她是多么嫉羡和怀疑我，及最初对自己的母亲是多么嫉羡和怀疑，于是快乐的喂食经验就出现了。这和感恩能力的增强密切相关。在分析过程中，嫉羡减少了，感恩变得更加频繁和持久。

我的第二个例子是一个有强烈抑郁和分裂特征的女病人。病人长期被抑郁状态困扰，分析中有一些进步，但病人再三表达她对分析的怀疑。我已经解析了她对分析师、父母和兄弟姐妹的破坏冲动，分析也让她知道她对自己母亲的身体有破坏性攻击的幻想。这种认识通常会造成抑郁，但这种抑郁并不是不能控制的。

在分析的早期阶段，我还不能看到病人困难的深度和严重程度。在社交上，她给人一种很开朗的印象。她的修复倾向非常真实，帮助朋友的态度也很真诚。但在某个阶段，她的疾病的严重程度出现了，部分是因为先前的分析工作，部分是因为一些外在经验。她对我有严重的敌意，她觉得自己在她的专业领域上与我势均力敌，甚至超越我。她对我有破坏性嫉羡。通常，当我们达到这些深层次时，破坏冲动似乎就是无所不能的，所以也是不能挽回和无法解救的。这个时候，我已经全面地分析了她的口腔施虐欲望，这让她部分地理解她对母亲和我的破坏冲动。分析还涉及了尿道施虐欲望和肛门施虐欲望，但在这个层面上，我觉得并没有取得太大进步，她对这些冲动和幻想的理解也只是一种知识性的了解。她很快就对自己专业领域的成功感到非常得意。这种感觉是通过一个梦被带进来的。梦中她战胜了我，意味着对我所感到的破坏性嫉羡，而我代表了她的母亲。在梦中她在空中，坐在一张魔毯上，魔毯停在一棵树上。她可以从窗户上看到一个房间里面，那里有一头母牛正在使劲咀嚼什么东西，那东西好像是一窄条看不到尽头的毯子。还是那个晚上，她又做了一个梦，一个片段中她的长裤湿了。

这个梦清楚地表明，在树的顶端表示凌驾于我，因为母牛代表了我，她轻蔑地看着我。在她分析的早期，她也曾经做过一个梦，其中用一个面无表情、母牛般的女人来代表我，而她是一个小女孩，刚完成了一场出色的演讲。当时我的解释是：她让分析师成为一个可鄙的人，而她尽管年轻很多，却很成功。虽然她完全意识到小女孩是她自己、母牛般的女人是分析师，但对我的解释她并没有完全接受。这个梦逐渐让她更清楚地认识到她对我和她母亲的破坏和嫉羡攻击。从那以后，我经常是一个母牛般女人的特征。在梦中，那条看不到尽头的毯子表示连续不断的一串儿词语。她突然想到，这些都是我在分析中曾经说过的词语，现在我必须把这些都吞下去。那条毯子是讽刺我的混乱不清和没用的解释。在这里，我们看到她对母亲的怨恨，怨恨母亲的喂养不能使她满意，还看到对原初客体的贬低。作为惩罚，我必须吃下我说过的所有的词语。这说明在分析中，她再次被自己猜忌和怀疑所困扰。在我的解释之后，事情变得十分清楚：分析师不能被信任，她对被贬低的分析可能也没有信心。病人对她对我的态度感到非常惊讶，甚至震惊。

梦中的湿裤子表达了对分析师的尿道攻击，想要摧毁她，把她变成母牛般的女人。很快，她又做了另一个梦，说明这一点。这个梦中，她正站在一座楼梯的最下面，往上看见一对年轻夫妻，他们有些不对劲。她往上丢了一个毛线球给他们，她自己形容这是个“好魔法”。这是因为使用坏魔法（毒药）之后一定要用好魔法。这里我看到一个被强烈否认的嫉妒情境，并让我们从现在回到早期的经验，最终当然是回到父母那里。对分析师的破坏和嫉羡的感觉，原来是对梦中夫妻的嫉妒和嫉羡的基础。这个很轻的毛球永远到不了夫妻那里，这意味着她的修复不可能成功。对这类失败的焦虑是她的抑郁中的一个关键要素。

以上片段向病人有力地证明了她对分析师和她的原初客体的嫉羡。她陷入了前所未有的深度抑郁，这种抑郁是在她的得意状态之后发生的，主要是因为分析让她认识到自己一个完全分裂开来的部分——她一直无法承认的部分。帮助她理解自己的恨和攻击性是非常困难的。当我们碰到这种破坏力的特殊来源——她的嫉羡，并把它当作摧毁和侮辱分析师的动力；但在她心灵的另一部分，她却高度评价分析师。用那样的视角来看自己，她受不了。她并不是特别自负，但通过各种分裂过程和躁狂防御，她执着于自我的一种理想化形象。到了分析的那个阶段，她觉得自己低劣卑鄙，理想化破碎了，她再也不相信自己，对过去和现在造成的伤害感到罪疚。她的罪疚和抑郁集中在感到自己对分析师的忘恩负义。她知道分析师过去帮助过她，现在也正在帮助她，她却对分析师充满轻蔑和怨恨。罪疚和抑郁最终集中在对母亲的忘恩负义，她无意识中认为母亲已被她的嫉羡和破坏冲动摧毁。

分析过程中，她的抑郁情况曾得到改善，但几个月之后，又出现了深度抑郁。这是因为病人认识到她对分析师恶意的肛门施虐攻击，过去则是针对她的家人，并证实了自己的卑劣。这是她第一次看到尿道施虐和肛门施虐的特征是怎么剧烈地分裂出来。在分析抑郁之后，开始走向整合，表明重新获得这些失去的部分，并必须面对这些部分。这造成了她的再次抑郁。

下面是另一个女病人的例子，我认为她是非常正常的。在分析过程中，她越来越觉察到对姐姐和母亲的嫉羡。她在智力上强烈的优越感，及潜意识中觉得姐姐患有严重的神经过敏症，都反制了对姐姐的嫉羡。而强烈的爱和对母亲的善良的感激，反制了对母亲的嫉羡。

病人报告给我一个梦，梦中她在一个火车车厢里，车里还有一个她只能看到背部的女人，那女人正倚靠在隔间的门上，很容易掉出去。病人用力拉住她，一只手抓住她的皮带，另一只手写了一个告示：“因为车厢中有一位医生正在处理一个病人，所以不应该受到干扰”，她把告示贴在了窗户上。

我给她解释：病人紧紧抓住的那个女人是她自己的一部分——疯狂的那部分。在梦中，她坚信自己不会让那个女人跌出门外，而是应该让她留在车厢中，并且进一步处理。梦的分析说明，车厢代表她自己，只能从背后看到头发的人是她姐姐。进一步的关联分析让她了解到她和姐姐的关系中的竞争和嫉羡。这可以追溯到病人还是个孩子时，就已经有人向她姐姐求婚了。之后她提到母亲的一条裙子，作为孩子的她当时对那条裙子既爱慕又觊觎，这件衣服能显露出乳房的形状。在她的幻想中，她原本嫉羡和毁坏的是母亲的乳房。

了解到这一点，加剧了她对姐姐和母亲的罪疚感，进一步修复了她的最早期关系。她对姐姐的缺陷有了更多善良的理解，而且感觉到她对姐姐的爱并不够。她还发现，她在小时候早期对姐姐的爱比她现在能记得的更多。

我的解释是：病人觉得她必须紧紧抓住自己那个疯狂、分裂开来的部分，这也和她内化了神经症的姐姐有关。病人本来觉得自己很正常，在听完解释之后，她感到很惊讶，甚至震惊。这个案例证实了一个结论：即使是正常人，也有着残余的偏执和分裂的感觉和机制，这些通常是从自体的其他部分分裂出来的。[①]

病人觉得她不得不紧紧抓住那个女人。这表明她觉得自己过去本该给予姐姐更多帮助，避免她像在梦中一样坠落下去。这种感觉在和姐姐有关的事件中被重新经验，这个时候姐姐已成为一个内化的客体。她最早期关系的修复决定了她对原初内射客体的感觉。她的姐姐也代表了她自己的疯狂部分，实际上她是将自身分裂和偏执感的部分投射

① 弗洛伊德《梦的解析》（the Interpretation of Dreams）中说到，这种疯狂的残余在梦中找到了表达，它们对于心理健康来说是最有价值的防御措施。

到了姐姐身上。通过这样的理解，她自我中的分裂减少了。

现在我要说一个男病人和他的一个梦。这个梦对他影响很大，不仅让他认识到他对分析师和母亲的破坏冲动，也让他认识到在他和她们的关系中存在着嫉羡的因素。到那时，他已经怀着强烈的罪疚感，认识到了他的破坏冲动，但还没有意识到指向分析师的创造力的嫉羡和敌意，及过去指向母亲的创造力的嫉羡和敌意。他可以觉察到自己对其他人的嫉羡，也可以觉察到他和父亲既有良好关系，也对父亲怀有竞争和嫉妒的感觉。下面的梦境中，体现了他对分析师的嫉羡，也可以看出他早期想要拥有母亲的所有女性特征。

在梦中，病人钓鱼回来了。他在想是否该把钓到的鱼杀了吃，但他决定把鱼放到一个篮子中，让它死去。他用来装鱼的篮子是一个女人的洗衣篮。突然间，鱼变成一个很可爱的婴儿，而婴儿的衣服是绿色的。然后，他注意到——他很关注的一点：婴儿的肠子都出来了，因为他受到了鱼钩的伤害，他在还是鱼的状态时就把鱼钩吞下去了。病人对绿色的关联分析是《国际精神分析丛书》（International PsychoAnalytical Library）系列图书的封面，病人说在篮子中的鱼是代表我的一本书。但更进一步的关联分析显示，鱼不只代表我的书和我的婴儿，也代表我自己。我吞下鱼钩，是说我已经吞下了鱼饵，意味着：我给他的评价要比他应得的高，并且我还没有认识到在和我的关系中也有他的自体破坏性的部分运作着。虽然病人不承认：他对待鱼、婴儿和我的方式，正表示出于嫉羡而破坏我和我的书；他无意识地认识到了这一点。我也解释：这里的洗衣篮意味着他想成为一个女人、拥有婴儿、剥夺他的母亲的婴儿的欲望。这些在整合中所带来的后果是一次强烈的抑郁发作，因为他必须面对他人格中的攻击成分。虽然在之前对他的分析中也有这部分预兆，他现在还是感到惊愕，甚至对自己感到害怕。

第二天晚上，病人梦到一只梭子鱼，他关联到鲸鱼和鲨鱼，但在梦中他并没有觉得梭子鱼是危险的。它看起来苍老而疲倦，非常精疲力竭。在它上面有一只吸盘鱼，他认为吸盘鱼并不是在吸食梭子鱼或鲸鱼，而是吸附在其表面，想要得到保护，避免受到其他鱼的攻击。病人认识到：这个解释是在防御他是吸盘鱼的感觉，而我就是那只苍老且精疲力竭的梭子鱼，因为我在他前一晚的梦中遭到了虐待，也因为他觉得我已经被吸干了。这让我成为一个受伤害的危险客体。也就是说，迫害和抑郁焦虑浮上来：从梭子鱼联想到鲸鱼和鲨鱼，说明这是迫害的层面；而它苍老和精疲力竭的外表，表达了病人对已经和正在对我造成的伤害感到罪疚感。

这之后的强烈抑郁持续了好几个星期，几乎没有断过，但这并没有妨碍病人的工作和家庭生活。他说这次抑郁和他之前所经验过的都不一样，是更深层的抑郁。在身体和心理工作中所呈现的对修复的驱力，因为抑郁而增加了，创造了克服抑郁的方法。在分析中，这个时期的结果是很明显的。当抑郁已经在修通之后没有了，病人相信他不会再用以前的方式看待自己，这说明不再是沮丧的感觉，而是对自己有了更多的了解，对他人也有了更多的包容。分析所达到的是整合中非常重要的一步，病人必须要能面对他的精神现实。在对他的分析的过程中，这种态度有时无法维持，即修通是一种渐进的过程。

虽然这之前他对人的观察和判断还算正常，但在他治疗的这个阶段之后，确实有明显的改善。他的童年记忆和对兄弟姐妹的态度更加清晰地显现出来，并且追溯到与母亲的早期关系。在抑郁状态期间，他在很大程度上失去了对分析的愉悦和兴趣。但当抑郁消除之后，他又重新完全获得了这些。他很快又做了一个梦，他认为这个梦稍微有点儿轻视分析师，但在分析中，它表达了更强烈的贬低。在梦中，必须要处理一个不良少年，但他不满意自己的处理方式。男孩的父亲说要用车带病人到他要去的地方，他注意到车子正朝着远离他的目的地的方向开。过了一会儿，他谢过这个父亲并下了车，但他并没有迷路，因为他像往常一样保持着方向感。路上，他看到一栋很漂亮的建筑，他想，这栋房子看起来很有趣，而且适合做展览，但住在里面应该不会愉快。他对房子的联想联系到我外貌的某些方面，然后他说那栋建筑有两只翅膀，并想到“让某人在其羽翼下”（即庇护某人）的表达。他认识到梦中的那个不良少年正是他自己，代表分析师的父亲带着他，离他想去的地方越来越远。这一点表达了怀疑，这个怀疑有一部分是为了贬低我，他怀疑我是否带他前往正确的方向，是否需要分析到如此的深度，及我是否正在伤害他。当他说自己还保持着方向感，并没有感觉迷路时，这表明对男孩父亲（分析师）的指责的反面——他知道分析对他来说是非常有价值的，是他对我的嫉羡增加了他的怀疑。另外，这栋他不会想要住在里面的有趣建筑物代表了分析师。也就是说，他觉得通过分析过程，我把他放在我的羽翼下，保护着他去对抗他的冲突和焦虑。在梦中他对我的怀疑是一种贬低，不仅和嫉羡有关，也和对嫉羡的沮丧和他不懂感恩所带来的罪疚感有关。

这个梦还有另一个解释，而这个解释是基于一个事实：在分析情境中，我往往代表父亲，很快又变成母亲，有时代表了父母双方。这个解释是：对父亲把他带往错误方向的指控和他早期对父亲的同性恋欲望有关。分析过程证明这种欲望与强烈的罪疚感有关，因为他分裂出的对母亲及其乳房强烈的嫉羡和怨恨，让他转向父亲，而他的同性恋欲望，是一种对抗母亲的敌意联盟。指责父亲将他带往错误的方向，是他觉得自己被诱惑而成了同性恋。在这里，他个人自身的欲望投射到了父母身上。

分析罪疚感之后，对他产生了各种影响。他对父母经验到一种更为深层的爱，也认识到在他想要修复的需要中，有一种强迫性的要素。在他的潜意识幻想中，对受伤害的客体（起初是母亲）有一种过度强烈的认同，这已经损害了他充分享受的能力，所以也在某种程度上让他的生命变得贫瘠。在与母亲最早的关系中，因为害怕会耗竭和剥夺乳房，他并不能完全地享受。另一方面，他的享受受到干扰，这让他产生怨恨，也加深了他的被害感。在发展的早期阶段，罪疚感——尤其是对母亲和分析师的破坏性嫉羡带来的罪疚感——非常容易变为迫害感。通过对原初嫉羡的分析，抑郁和被害焦虑相应减轻，他的享受和感恩的能力在深层次上增加了。

现在我再说另一个男病人的案例。他的抑郁倾向也伴随着一种想要修复的强迫性要素。他的野心、对抗和嫉羡逐渐得到分析。但在几年之后，病人才完全体验到被严重分裂开来的他对乳房及其创造力的嫉羡和破坏欲望。[①]在他的分析的早期阶段，他有一个“荒唐”的梦：他抽着烟斗，烟斗里装满了我的文章，那是从我的一本书上撕下来的。他对这个梦首先表现得特别惊讶，因为“一个人不可能把印刷品当烟抽”。我解释这意味着他撕了我的作品，并正在摧毁它。我也指出，摧毁我的文章有肛门施虐特征，表现在把它们当作烟抽掉的动作中。他当时否认了这些攻击，因为随着他分裂过程的深入，他否认的力量更大。这个梦的另一方面是和分析有关的迫害感出现了。之前的解析被病人所愤恨，有点像某种他必须“放入他的烟斗把它抽掉”的东西。对他的梦的分析，让病人认识到他对分析师的破坏冲动，且这是受前一天出现的一个嫉妒情境的刺激影响，起因是他感觉我对别人的评价比对他的评价好。我已经向他解释过这一点，但他的理解还没有深入到自己对分析师的嫉羡。

在稍后的分析中，当病人完全认识到和分析师有关的所有感觉，

---

① 经验告诉我，当分析师充分确信情绪生活的一个新的方面的重要性时，他就能在分析中早一点解释它。这样，每当素材允许时，他都会给予充分的强调，也因此能让病人更早地理解这种过程。这样分析的效果也可以得到提升。

分析进入了一个高潮。病人报告给我一个梦，他再次认为它是“荒唐的”。梦中他快速前进着，像是坐在一辆车中。他站在一个新奇的半圆形装置上，这装置要么是铁丝做的，要么是某种“原子材料”。他说“这东西使我一直往前走”。突然，他看到他所站立的这个装置摔成了碎片，他很沮丧。半圆形的东西让他联想到乳房和阴茎的勃起，代表他的潜能。他的罪疚感进入到这个梦中。他在抑郁中觉得无法保护我，这联系到了许多这样的焦虑，例如担心在战争期间和后来的日子里，当父亲离家时，他无法保护母亲。他对母亲和我的罪疚感，在当时已经获得广泛的分析。但最近他更特别地感觉到对我具有破坏力的是他的嫉羡。他的罪疚感和不快乐更严重了，因为他对分析师是有感激的。“这东西使我一直往前走。”这意味着分析对他来说是多么重要，从最广泛的意义上说，这是他潜能的前提，也就是他所有的抱负成功的前提。

认识到对我的嫉羡和怨恨，这让他很震惊，随后经验到的是强烈的抑郁和一种毫无价值的感觉。我在几个案例中都提到的这种震惊，是疗愈自体各部分的分裂的结果，所以也是自我整合进步的一个阶段。

他对自己的野心和嫉羡有更全面的理解，是在第二个梦之后的一次会谈中。他表示知道自己的局限，还说他并不期望自己和自己的专业取得多耀眼的成果。此刻仍在梦的影响下，他明白了他说话的方式显示出他的野心及他和我的比较所带的嫉羡。一开始他很惊讶，之后这样的认识让他完全信服。

六

我曾指出，自我首先和首要的功能就是处理焦虑。我认为，由内在死本能的威胁所引发的原初焦虑，是自我从出生就开始活动的原因。自我提供持续的保护，对抗焦虑所产生的痛苦和紧张，所以从出生后开始，就发展了防御机制。我一直认为：自我承受焦虑的能力大小是强烈影响防御机制发展的一种体质因素。如果自我应付不了焦虑，它就会退行回到更早的防御，甚至过度使用那些在本阶段适当的防御。所以被害焦虑和处理它的方法都会强烈，影响对抑郁心理位置的修通。在一些精神病类型的案例中，从一开始分析师就遭遇防御，而且显然是一种本质上无法穿透的防御，分析它们很困难。

下面我会列举一些我所遇到的对抗嫉羡的防御。一些最早期防御，例如全能、否认和分裂，它们都被嫉羡增强。我曾指出，理想化（idealization）不只是一种对抗迫害感的防御，也是对抗嫉羡的防御。在婴儿这里，如果好、坏客体之间的正常分裂一开始没有成功，这样的失败必定和过度的嫉羡有关，这通常会使得一个全能理想化的原初客体和一个非常坏的原初客体的分裂。对客体和它才能的强烈美化，是要试图减少嫉羡。但是，如果嫉羡很强烈，或迟或早，它有可能会变成对抗原初的理想化客体，和发展过程中代表原初客体的其他人。

当基本的正常分裂（分成爱和恨、好和坏的客体）失败时，会引发好、坏客体之间的混乱（confusion）。[1]我认为这是所有混乱的基础，不论是严重的混乱状态，还是较轻微的，例如犹豫不决，也就是在得出结论上出现困难和清晰思考能力受到干扰。但是，混乱也会被防御性地使用，这可以在所有的发展层次中看到。因嫉羡毁坏和攻击原初客体所产生的被害感和罪疚感，一定程度上抵消了混乱状态。随着抑郁心理位置开始的严重罪疚感出现时，对抗嫉羡的斗争表现出另一种特点。即便是对那些嫉羡并不过度的人，对客体的关注和认同，及对失去和伤

---

① 参见罗森菲尔德（Rosenfeld）《关于慢性精神分裂症中意识混乱状态的病理学评论》（Notes on the Psychopathology of Confusional States in Chronic Schizophrenias,1950）。

害它的创造力的惧怕，在修通抑郁心理位置的困难中也是重要的因素。

为了避免对最重要的受嫉羡的客体（乳房）产生敌意，从母亲逃离到其他人（flight from the mother to other people）（被爱慕和理想化的人）成为保留乳房的一种方式，也是保留母亲的方式。[①]我说过，从第一客体转移到第二客体（父亲）的方式很重要。如果为主导的是嫉羡和怨恨，这些情绪在某种程度上转移到父亲或兄弟姐妹，然后又转移到其他人身上，这样逃离机制就失败了。

与逃离原初客体有关的是扩散对原初客体的感情（dispersal of the feelings），在发展的后期，这样的扩散很可能会造成滥交行为。婴儿客体关系的泛化是一个正常的过程，只要与新客体的关系在某种程度上是对母亲的爱的一种替代，而不是以逃离对她的恨为主导，新客体就是有益的，是对失去第一客体的一种感情补偿。这样一来，爱和感恩就以不同的程度保留在新关系中。但是，如果感情的扩散主要是用于对抗嫉羡和怨恨的一种防御，那么这种防御就不是稳定客体关系的基础，因为它们受到对第一个客体持续敌意的影响。

对抗嫉羡的防御通常是用贬低客体（devaluation of the object）的方式。我认为，毁坏和贬低是嫉羡中一直都有的。已经被贬低的客体就不再被嫉羡了。这很快就应用在理想化客体上，理想化客体被贬低以后就不再是理想化的。理想化破灭的快慢是由嫉羡的强度决定。但是贬低和不知感恩，在发展的每个层次，都被用作对抗嫉羡的防御。对某些人来说，这是他们客体关系的特征。有一些病人，在移情情境中，得到解析的帮助后，他们会批评它，直到最后解析的好处被磨灭。我的一个病人在一次分析中，为一个外在的问题找满意的解决办法。在

① 参见《婴儿的情绪生活》。

后面一次分析开始时，他说对我很生气，因为前一天我让他去面对这个特殊的问题，让他产生很大的焦虑。他似乎觉得自己被我指责和贬低，因为他并没有找到这个问题的解决方法。在反省之后，他才承认分析真的是有帮助的。

特别针对更抑郁类型的焦虑的一种防御，是对自体的贬低（devaluation of the object）。有些人不能发展和利用才能，还有些人在特定的场合（一旦出现与一个重要人物竞争的危险）会发生贬低。通过贬低他们自身的才能，他们既否认了嫉羡，也因为嫉羡而惩罚了自己。在分析中可以看到，对自己的贬低再一次激起对分析师的嫉羡，病人觉得分析师比自己优越。当然，一个人否定自己的成功，有很多原因，这适用于我现在提到的所有态度。[①]但我发现，这种防御最深的根源之一是：因嫉羡而无法保留好客体所造成的罪疚感和不快乐。那些不能稳固建立好客体的人，受焦虑所苦，担心好客体会被竞争和嫉羡的感觉摧毁而失去，所以必须避免成功和竞争。

另一个对抗嫉羡的防御和贪婪有关。通过贪婪地内化乳房（internalizing the breast so greedily），婴儿认为自己已经完全拥有和控制了乳房，他觉得所有他赋予乳房的美好，都是他自己的，这一点被用来抵消嫉羡。内化进行时所带的这种贪婪，埋下了失败的因素。一个被稳固建立而得到吸收的好客体，它不仅爱主体，也被主体所爱。我相信，这是与好客体关系的特征，但并不怎么适用于理想化客体。好客体被强暴地占有，被感觉是一个被摧毁的迫害者，也就不能充分预防嫉羡的后果。反之，如果经验到对所爱之人的宽容，这一经验也会投射到

① 参见弗洛伊德《精神分析工作中所见之性格类型》（Some Character-Types Met with in Psycho-Analytic Work,1915）。

其他人身上，这些人就会变成友善的形象。

一种常见的防御方法是用自己的成功、拥有物和好运来激起别人的嫉羡（to stir up envy in others），所以能逆转经验到嫉羡的情境。这个方法产生的被害焦虑会使得它无效。嫉羡的人，尤其是嫉羡的内在客体，被感觉是最坏的迫害者。这种防御不可靠的另一个原因是，其根本上是在抑郁心理位置。让他人，尤其是所爱之人，嫉羡，并胜过他们——这样的欲望会带来罪疚感和伤害他们的恐惧。它所激起的焦虑妨碍了一个人享受他拥有的东西，也就更增加了嫉羡。

另一种常见的防御，也就是对爱的感觉的扼杀和对恨的相对强化（stifling of feelings of love and corresponding intensifying of hate），因为和承受由爱、恨和嫉羡交织而来的罪疚感相比，这种防御的痛苦没那么多。这种防御不会表现为恨，而是表现为冷漠。从与人的接触中退缩也是类似的一种防御。我们知道，独立的需要是发展的一个正常现象，但为了逃避感恩，或逃避因不知感恩和嫉羡而产生的罪疚感，这种需要也许会被增强。分析中发现，在潜意识中这种独立并不是真的：个体还是依赖着他的内在客体。

赫尔伯特·罗森菲尔德（Herbert Rosenfeld）[①]提出过一种特殊方法来处理以下情境：当人格分裂的部分（包括最嫉羡和最破坏性的部分）汇集在一起，开始整合。他表明“行动发泄”是为了避免取消分裂。我认为，只要行动发泄（acting out）是被用来避免整合，它就成为对抗焦虑（因接受自体嫉羡的部分而产生的焦虑）的一种防御。

对抗嫉羡的防御变化多端，有很多种，上面我只列举了其中几种。

---

① 《对神经症和精神病患者在分析期间的行动发泄需要的研究》（An Investigation of the Need of Neurotic and Psychotic Patients to Act Out during Analysis,1955）。

它们与对抗破坏性冲动和被害及抑郁焦虑的防御有很大的关系。它们取得多大的成功，由很多外在和内在因素决定。当嫉羡强烈时，它有可能会在所有客体关系中重新出现，对抗它的防御就会不牢靠。那些用来对抗破坏性冲动的防御（非嫉羡主导的）反而更加有效，虽然它们可能是对人格的压抑和限制。

当分裂和偏执的特征占主导，对抗嫉羡的防御就会失败，因为对主体的攻击会让迫害感增加，而这只能用增强破坏性冲动来处理。这样就造成了恶性循环，损害了反制嫉羡的能力。这一点非常适用于精神分裂症的案例，并且或多或少解释了治愈他们的困难。[①]

当一定程度上存在和一个好客体的关系时，效果会更好。因为这也表明抑郁心理位置被部分地修通了。经验到抑郁和罪疚感，表明希望保住所爱的客体并限制嫉羡。

我所列举的这些防御，及其他很多防御，形成了一些负向治疗反应，因为它们是一种强大的阻力，妨碍了分析过程中接受东西的能力。当病人知道感恩（这也说明这个时候他没那么嫉羡），他便处于一个更好的心理位置，可以在分析中得到益处，并巩固已经得到的收获。换句话说，抑郁特征越多于分裂和偏执特征，治愈的希望就越大。

修复的驱力和帮助被嫉羡的客体的需要，也是十分重要的反制嫉羡的方式。这从根本上说明调动爱的感觉来反制破坏冲动。

我现在对一些重要的混乱状态做出总结：他们通常会在发展的不同阶段、不同的方面出现。我经常指出，[②]从出生后开始，尿道和肛门（甚

① 分析精神分裂症案例的一些同事告诉我，他们现在把嫉羡当作一种损毁和破坏的因素而加以强调，这样的强调在理解和治疗他们的病人上被证明了是非常重要的。

① 参见《儿童精神分析》，第八章。

至性器）力多比和攻击的欲望就开始运作了——虽然是在口腔欲望的主导之下，几个月之内，和部分客体的关系与和整体个人的关系会重叠在一起。

我已经论述过一些因素（特别是强烈的偏执——分裂特征和过度的嫉羡），它们从一开始就混淆了好、坏乳房之间的区别，妨碍了两者的成功分裂，所以婴儿的混乱被增强了。在分析中有一点很重要，就是将病人（甚至是最严重的精神分裂症患者）的所有混乱状态追溯到这种早期的无能——他们区别不了好和坏的原初客体，虽然也需要考虑到防御性地使用混乱来对抗嫉羡和破坏冲动。

这类早期困难的一些后续影响，如：罪疚感的过早出现、婴儿无法分别经验罪疚感和迫害感及所导致的被害焦虑的增加，这些在前文中都已论述过。我也曾指出混淆父母的重要性，这种混淆因嫉羡“父母联合意象”得到强化。我把性器特质的过早出现和对口欲的逃离联系起来，这增加了口腔、肛门和性器的趋向和潜意识幻想之间的混乱。

在很早期的阶段，造成心灵混乱和茫然状态的原因，还有投射和内射的认同。因为这可能会暂时模糊自体和客体、内在和外在世界之间的区分。这类混乱妨碍了对精神现实的认识，而精神现实造成对外在现实的理解和实际感知。对接受心理食物的不信任和恐惧，可以追溯到不信任被嫉羡和被毁坏的乳房所提供的乳汁。如果在原初时期，就混淆了好坏食物，那么后来清晰思考的能力和发展价值标准的能力就会受到损害。我认为，所有这些混乱都与对抗焦虑和罪疚感的防御有关，而焦虑和罪疚感是由怨恨和嫉羡引起的，表现出来就是抑制学习和智能的发展。

以上这些混乱状态都是由破坏（恨）和整合（爱）趋向的强烈冲突造成的，这些状态在某种程度上是正常的。因为整合的逐渐增加和抑郁心理位置的成功修通，对外在世界的感知会变得更加实际——这通常发生在出生第一年的下半年和第二年的开始。[①]这些改变从根本上和投射性认同的减少有关，而投射性认同是偏执——分裂机制和焦虑的一部分。

七

现在我来讲一讲，在分析期间要找出病人进步的特征会遭遇到哪些困难。只有在经过了长期的分析治疗之后，才有可能让病人面对原初嫉羡和怨恨。虽然竞争和嫉羡的感觉对大多数人来说是熟悉的，但在移情情境中体验到它们最深和最早的纠葛，对病人来说是非常痛苦的，甚至是难以接受的。在分析俄狄浦斯嫉妒和敌意时，案例中我们所遇到的阻抗虽然很强烈，却还不如我们在分析对乳房的嫉羡和怨恨时所遇到的阻抗。分析中帮助病人修通这些深层的冲突和痛苦，是促进他的稳定和整合的最好的方法，因为通过移情的方式，会让他能更安全地建立他的好客体和对好客体的爱，并让他重拾一些对自己的信心。对最早期关系的分析，也会影响到对后期关系的探索，这会让分析师能更充分地理解病人的成人人格。

在分析过程中，必然会遇到改善和退步之间的摇摆。这会通过很多方式显现出来，例如：病人经验到对分析师技巧的感恩和欣赏。这个技巧原本是钦佩的原因，却很快会造成嫉羡；嫉羡后来又会因骄傲有一位好的分析师而减轻。如果骄傲引发了拥有感，可能会使得一种婴儿化

① 我曾提出（参见我1952年的论文）：在出生的第二年，强迫性机制凸显出来，在肛门冲动和幻想的主导下，自我组织（ego organization）出现了。

的贪婪复苏，用语言表达出来就是：我有我想要的一切，我有全部属于我的好妈妈。这种贪婪和控制的态度，特别容易毁坏和好客体的关系而产生罪疚感，罪疚感很快会造成另一种防御：例如，我不想伤害分析师——母亲，我宁愿不接受她的礼物。在这样的情境下，拒绝母亲所提供的乳汁和爱的早期罪疚感就复苏了，因为病人没有接受分析中分析师的帮助。病人也因为他正在剥夺自己（他自体好的部分）的改善和帮助，而体验到罪疚感，他对自己不充分合作而把负担放在分析师身上感到自责，他感觉自己是在剥削分析师。这样的态度和这些被害焦虑交替出现，担心他的防御、情绪、思想和所有理想都被剥夺。在严重的焦虑状态时，病人有这样的想法：他正在抢夺或正被抢夺，没有其他选择。

我曾提出，即使出现更多的领悟，防御仍运作着。每一个更接近整合的步骤，和所引发的焦虑，都可能会造成早期防御以更大的强度出现，甚至会引发一些新的防御。原初嫉羡也会再次出现，所以我们面对的是情绪情境中反复的起伏。例如，当病人觉得自己是卑劣的，比不上分析师，于是他把美好和耐心赋予分析师，很快对分析师的嫉羡就再次出现。他自身所经历的不快乐、痛苦和冲突，与分析师的平和心境形成对比，而这是嫉羡的一个特殊原因。

病人不能带着感恩去接受一个解释，而在他潜意识里又承认这个解释是有用的，这是负向治疗反应的一个方面。在这个标题（负向治疗反应）之下，还有很多其他的困难。当病人在整合上取得进展，即当人格中嫉羡、怨恨和被怨恨的部分和自体的其他部分汇聚时，强烈的焦虑就可能会凸显，并增加病人对其爱的冲动的不信任。我将“爱的压抑”称为一种在抑郁心理位置期间的躁狂防御，其源自破坏冲动和被害焦虑的威胁。对成人来说，对所爱之人的依赖唤醒了婴儿的无助感，这是一种羞辱。但还有更严重的东西：儿童担心自己的破坏冲动会把母亲变成一个迫害的或受伤害的客体，如果焦虑太多，他可能会过度依赖母亲。

在移情情境中这种过度依赖会被唤醒，担心如果被爱征服，贪婪会摧毁客体：这种焦虑是压抑爱的冲动的原因。另外，个体也害怕爱会造成太多的责任，客体会要提出太多的要求。病人会无意识地感到恨和破坏冲动在发挥作用——这会让他觉得不承认对自己和他人的爱更真诚。

任何焦虑的发生，都会伴随着自我使用可以产生的任何防御，所以分裂过程作为避免体验迫害焦虑和抑郁焦虑的方法，至关重要。当分析师解释这类分裂过程时，病人能更加感觉到自己身上让他恐惧的那个部分，因为这个部分代表了破坏冲动。那些早期分裂过程较弱的病人，对冲动的压抑较强，所以临床表现上有所不同。换句话说就是，那是更偏向神经症类型的病人，他们在某种程度上成功地克服了早期分裂。对他们来说，压抑变成了对抗情绪紊乱的主要防御。

分析中遇到的另一个困难是，病人有着强烈的正向移情的那种固执。它是基于理想化而掩盖了被分裂的恨和嫉羡，它的特征是口腔焦虑经常被逃避掉，而性器的要素则处于最明显位置。

我认为：破坏冲动（即死本能的表达）首先是针对自我的。面对这些破坏冲动，即便它们是逐渐发生的，当病人接受这些冲动并整合它们时，他就会觉得自己暴露在破坏之中。即整合的结果是，在特定的时候病人会面临如下一些巨大的危险：他的自我很可能会被淹没；当认识到人格中存在分裂的、破坏的和怨恨的部分时，他很可能会失去自体中理想的部分；病人的破坏冲动不受压抑时，分析师可能变成一个敌意的形象，并对破坏冲动进行报复，也因此变成一个危险的超我形象；分析师代表好客体的部分会受到破坏的威胁。这时分析师面临的危险会造成在取消分裂、迈向整合时遇到强烈阻抗。分析师面临的危险可以这样理解：婴儿觉得自己的原初客体是美好的，是生命的来源，所以也是不能被取代的。他担心自己破坏原初客体，这种焦虑是主要情绪困难的原因，并且它突出地进入到抑郁心理位置出现的冲突之中。

我说过，认识到破坏性嫉羡而产生的罪疚感，可能会让病人暂时性地抑制自己的能力。

当全能的、自大狂的幻想作为对抗整合的一种防御有增强趋势时，就会产生一种非常不同的情境。这很可能是一个危险的时段，因为病人会通过增强其敌意态度和投射找到庇护。所以他认为自己比分析师优秀，认为分析师对他评价过低，这些都是他为憎恨分析师找到的一些理由。分析过程中取得的好的效果，他都觉得是自己的功劳。回溯到早期情境，当他还是婴儿时，病人可能幻想自己比父母更有力量，甚至幻想是自己创造了母亲或生了她，并拥有母亲的乳房。然后认为，是母亲抢走了他拥有的乳房，而不是他自己抢走了母亲的乳房。这个时候，投射、全能和迫害感都在最高点。每当病人在自己专业领域上的优越感很强烈时，这些幻想的某些部分就会复苏并发挥作用。另外，也会有其他一些因素可能激起对优越的渴望，例如各种来源的野心，特别是罪疚感，这些因素大多数都和对原初客体或其后来替代者的嫉羡和破坏有着或多或少的关系。因为这类关于抢夺原初客体的罪疚感，可能会造成否认，即声称其具有完全的独创性，所以可以排除从客体那里拿走或接受任何事物的可能性。

在上一段中，我说明了在分析强烈嫉羡的病人时出现的种种困难。分析那些深层的严重的紊乱，在很多情况下，可以预防因过度嫉羡和全能态度造成精神病的潜在危险。但有一点很重要，就是不要试图加快这些整合的进程。因为如果病人对人格中的分裂认识得太过突然，他在应对时就会出现很大困难。[①]被分裂开来的嫉羡和破坏冲动越强，

① 这很像一个犯下罪行或精神崩溃的人，突然意识到他的自体中分裂出来的危险部分。在有些已知的案例中，这些人会尝试通过被逮捕，来阻止自己犯下谋杀罪。

当病人认识到它们时，也就越觉得它们危险。在分析中，分析师应该循序渐进地让病人洞察到自体分裂的痛苦。这就是说破坏的那些方面，被反复分裂开来并重新获得，直到发生更大的整合。结果是责任感增强了，也更加充分地体验到罪疚感和抑郁。这个时候，自我得到加强，破坏冲动的全能感和嫉羡一起被减弱，在分裂过程中被压抑的爱和感恩的能力会得到释放。所以，分裂开来的方面逐渐能被病人接受后，病人才越来越能够压抑对爱的客体的破坏冲动，而不是分裂自体。这表明对分析师的投射（把分析师变成危险和报复的形象）也减弱了。这之后分析师会发现，帮助病人朝向进一步的整合变得容易了，即负向治疗反应的强度正在减弱。

不论是在正向移情还是负向移情中，分析分裂过程及其潜在的憎恨和嫉羡，对分析师和病人都有很高的要求。这会产生一种结果：有些分析师倾向于增强正向移情而尽量避免负向移情，并试图通过扮演病人过去无法安全建立起来的好客体的角色，来强化病人爱的感觉。这种方法，在本质上区别于借着帮助病人在自体上达到更好的整合用爱减缓恨的分析技术。据我观察，那些基于安慰的技术很少有成功案例，一个突出问题就是它们的效果不能持久。每个人对安慰确实都有需要，这可以追溯到最早期与母亲的关系。婴儿不仅期待母亲满足自己所有的需要，而且每当他焦虑时，都渴望母亲的爱。在分析情境中，这种对安慰的渴求是一个重要因素，所以不要低估了它对病人的重要程度，不管是成人还是儿童。尽管病人意识的（往往是无意识的）目的是接受分析，但他们一直想要从分析师那里获得爱和欣赏从而得到安慰。即使病人非常合作，允许分析师分析心灵深层的破坏冲动和被害焦虑，最后的结果还是可能会受到想满足分析师和被他所爱的渴望的影响。觉察到这个苗头的分析师，就会分析这些愿望的婴儿期根源。否则，分析师认同了他的病人，病人对安慰的早期需求就可能强烈地影响分析师的反移情，从而影响到他的技术。这种认同也很容易引诱分析师站在母亲的位置，对这种冲动做出让步，来减轻孩子（病人）的焦虑。

当病人说："我能理解你正在说的事情，但我感觉不到它。"这表明出现了走向整合的一个困难。事实上这个时候分析中谈到了人格的一部分，这一部分的人格在当时，无论对病人还是分析师来说，都是不能充分企及的。如果分析师可以用现在和过去的材料向病人说明，他为什么以及怎么一再地把自体的各部分分裂开来，那么分析师帮助病人进行整合的尝试才有信服力。这种证据通常可以从会谈时段前做的梦中获取，也可以从分析情境的整个背景中收集。如果对一个分裂现象的解释，用我上面描述的方式来支持，那它就可能在下一次会谈中，通过病人报告的梦的内容或带来更多的材料，得到验证。这类解释积累的结果，可以逐渐让病人在整合和领悟上获得改善。

应该在移情情境中充分了解和解释阻碍整合的焦虑。我曾指出，如果在分析中重新获得自体被分裂开来的部分，病人就会感到对自体和对分析师的威胁增加了。在处理这种焦虑时，应该充分利用材料中发现的爱的冲动，因为最终是它们让病人缓和了怨恨和嫉羡。

在某个特定时刻，病人会觉得解释的价值不高，这应该看作是阻抗的一种表达。如果从分析一开始就能充分注意到这些企图：反复将人格中破坏性的部分（尤其是憎恨和嫉羡）分裂出来，我们就可以让病人朝向整合进展。

下面我用两个梦来说明分析中的这个阶段。

在我前面提到的案例中的第二个男病人，在他的分析后期，已表现出较大的整合与改善时，他报告了这样的梦，这个梦说明了因抑郁感到痛苦而造成整合过程中的波动起伏：他在一栋公寓的楼上，他朋友的朋友 X 在外面街上叫他一起去散步。病人并没有答应 X，因为公寓里的一只黑狗可能会跑出去而被车子碾到。他抚摸这只狗。当他向窗外看时，X 已经走远了。

一些关联分析把公寓带进和我的关系中，黑狗则和我的黑猫有关。他把我的黑猫称为“她”。病人并不喜欢 X，X 是他的一个老同学。他形容 X 是个圆滑虚伪的人。X 也常常跟人借钱，虽然他后来会把钱还上，但仿佛他跟别人借钱是他的一种权利，仿佛别人必须借给他。不过，后来 X 在他的专业上表现得非常好。

病人认识到“他朋友的朋友”是他自己的一个方面。我的解释是：他越来越能认识到自己人格中那个不招人待见，甚至令人害怕的部分。“狗——猫”（分析师）的危险是会被车碾（受伤）。X 叫他一起散步，这表明是朝向整合的一步。尽管 X 有缺点，但后来在他的专业上表现得很好，这表明一个充满希望的要素进入了梦中。在梦中他更接近自己的另一面，不再像先前那样充满了破坏和嫉羡，这标志着进步。

病人关心“狗——猫”的安全，说明他希望能保护分析师，让分析师免受他自身的敌意和贪婪倾向的伤害，这种不利倾向由 X 代表。这使得已经部分愈合的分裂暂时扩大了。但是，当 X（他自己被拒绝的部分）“走远”了，说明他并没有完全消失，整合的过程只是暂时受到干扰。那个时候病人的情绪正处在典型的抑郁状态，对分析师的罪疚感和保护她的愿望十分明显。他对整合感到恐惧是因为觉得分析师需要保护，来远离被病人压抑的贪婪和危险冲动。我确定他仍然是把其人格的一部分分裂开来了，但贪婪和破坏冲动的压抑已经变得越来越明显。所以，解释需要同时处理分裂和压抑两个方面。

第一个男病人也在他分析的后期报告给我一个梦，这个梦表现出更进一步的整合。他梦到他有一个行为不良的兄弟，杀了人。原来，这个兄弟受到一家人的接待，却抢劫这家人并杀了他们。这件事深深地困扰着病人，但他又觉得必须帮助他的兄弟并拯救他。他们一起逃走，来到一艘船上。这里让病人联想到雨果（Victor Hugo）的《悲惨世界》

（Les Miserables），并提到沙威（Javert），他一生都在迫害一个无辜的人，甚至跟踪这个人来到他藏身的巴黎下水道里。但沙威最后自杀了，因为他最终认识到自己的一生都走在了错误的路上。

病人继续讲述这个梦：他和他的兄弟被一名警察逮捕，警察和善地看着他，病人希望自己最后不会被处决。而他的兄弟就只能听天由命了。

病人很快意识到：这个行为不良的兄弟其实是他自己的一部分。他最近正用“行为不良”来表达他自己行为中出现的一些很小的问题。在前一个梦中，他曾提到一个他必须想办法处理的不良少年。

病人为行为不良的兄弟负责，与他在“同一艘船上”，是迈向整合的一步。我的解释是：谋杀并抢劫那些热情地接待他的人，这种罪行是他攻击分析师的潜意识幻想，这还涉及他经常表达的焦虑：他担心想从我这里得到更多更好的东西的贪婪愿望会伤害我。我把这一点与他和母亲关系中早期罪疚感联系起来。和善的警察代表不会严厉控诉他的分析师，能帮助他摆脱自己坏的部分。另外，我还指出在整合过程中，分裂（自体的和客体的分裂）的使用再次出现。这一点表现在分析师的双重角色的形象上：既是和善的警察，也是迫害者沙威，病人的“坏”投射在沙威身上。虽然病人知道他要对自己人格中“行为不良”的部分负责，但他仍在分裂他的自体。“无辜”的人代表他自己，而他藏身的下水道，代表他的肛门和口腔破坏性的深度。

分裂的再次出现不仅是因为被害焦虑，也是因为抑郁焦虑，这是因为病人觉得他不能带着自己坏的部分面对分析师，他不想伤害她。这就是为什么他最后要联合警察来对抗他自己坏的部分。

弗洛伊德早期曾经赞同“某些个体在发展上的差异是因为体制因素”的观点。例如，他在《性格和肛门性欲》（Character and Anal Erotism,1908）一文中，认为强烈的肛门性欲在许多人身上是体质性的。[①]亚伯拉罕在口腔冲动的强度中发现一个天生的因素，他将口腔冲动和躁郁症的病因联系起来。他说："……真正体质的和与生俱来的，是对口腔性欲的一种过度强调，同样在某些特定的家庭，肛门性欲似乎从一开始就是一种优势因素。"[②]

我曾指出，在与原初客体（即母亲的乳房）的关系中，贪婪、怨恨和被害焦虑有一定的体质基础。我指出：嫉羡作为口腔和肛门施虐冲动的一种显著表达，也是体质性的。我认为，这些体质因素在强度上的差别，和弗洛伊德提出在生死本能的融合中，其中一个本能的优势有关。我相信，其中一个本能的优势和自我的强弱有关系。我曾指出自我的强度和自我必须处理的焦虑（作为一种体制因素）之间的联系。无法忍受焦虑、紧张和挫折，是自我相对虚弱的一种表达——自我和它所体验到的强烈破坏冲动和迫害感相比较的一种虚弱。这些虚弱自我的强烈焦虑，造成了比如否认、分裂和全能感等防御的过度使用。这些防御一直是最早期发展的特征。我认为：一个体质上强壮的自我，不会轻易成为嫉羡的牺牲品，并能更有效地实施好和坏之间的分裂，这样的分裂是建立好客体的前提。所以，自我不太会受那些导致碎裂的分裂过程（有明显的偏执——分裂特征）所影响。

另一个因素从开始就一直影响发展，它是婴儿所经历过的各种外在经验。这在某种程度上解释了婴儿早期焦虑的发展。对于难产和喂食经验不足的婴儿来说，这样的焦虑会很严重。我认为，这些外在经验所造成的冲击，与天生破坏冲动在体质上的强度及偏执焦虑，对结

---

① "我们从这些迹象推断：肛门区性感带的重要性，在这些人天生的性体质中得到强化。"

② 参见《力比多发展简论》（1924）。

果的影响各占一定比例。很多婴儿并没有很不利的经验，却有严重的喂食困难和睡眠困难，他们身上有严重焦虑的各种迹象，这是外在环境不能解释的。反之，有些婴儿面临严重的被剥夺和不利的环境，却并没有发展出过多的焦虑，他们的偏执和嫉羡特性太强烈。

在分析工作中，我曾试图将性格形成的源头追溯到先天因素的各种变异。关于出生前的影响因素，还有许多未知，但这方面的影响因素并不会减损天赋要素在决定自我强度与本能冲动的强度上的重要性。

上述天生因素的存在是神经分析治疗中的限制。但即使受到体质基础的影响，在很多案例中还是可以做出根本的、正向的改变。

结论

多年来，我的分析工作一直关注着增加对原初客体攻击强度的这个因素：对喂食的乳房的嫉羡。但在不久前，我才特别注意到嫉羡的毁坏和破坏性质。它妨碍了与好的外在和内在客体建立一种安全的关系，逐步磨灭了感恩的感觉，并以各种方式模糊了好坏之间的区别。

在我所提供的全部案例中，病人与作为内在客体的分析师之间的关系都有着根本的重要意义。当对嫉羡及其产生的焦虑达到顶点，病人感觉受到分析师的迫害，这个时候分析师作为内在嫉妒和嫉羡的客体，干扰了他的工作、生活和活动。这个时候，好客体就在感觉上丧失了，而与之相随的内部安全感也丧失了。在生命的任何阶段，当与好客体的关系被严重干扰，不仅是内部的安全感和平静失衡，性格也开始恶化。内在迫害客体的优势增强了破坏冲动。但是，如果这时候好客体能被稳固地建立起来，对它的认同就会强化爱、建设性冲动和感恩的能力。也就是说，如果好客体是稳固的，那么暂时的干扰就可以被承受，这也是心理健康、性格形成和成功自我发展的基础。

我在其他文章中论述过最早被内化的迫害客体（报复性的、吞噬性的、歹毒的乳房）的重要性。我假设：婴儿嫉羡的投射，让他的原初和后来的内在被害焦虑有显著的表现。这种“嫉羡的超我”被感觉是要干扰或废止所有修复和创造的过程，它对个体的感恩也提出了持续和过分的要求。因为迫害感加入了罪疚感，迫害的内在客体成为个体自身嫉羡和破坏冲动的结果，这些嫉羡和破坏冲动原初地毁坏了好客体。通过增加对自体的贬低而满足了惩罚的需要，这造成了一种恶性循环。

弗洛伊德说过：自我应存在于本我所在处（where id was,ego shall be）。这也就是说精神分析的目的是整合病人的人格。分裂过程发生在发展的最早阶段。如果分裂过程过度，就形成了严重偏执和分裂的基本特征，这些特征可能是精神分裂症的基础。在正常的发展中，在以抑郁心理位置为特征的时期，这些分裂和偏执的趋向（偏执——分裂心理位置）会被克服掉一部分，整合会成功地发展。如果实现了迈向整合的重要一步，就是为自我进行压抑的能力做好了准备。我认为，压抑在婴儿的第二年发挥了更大的作用。

我在《婴儿的情绪生活》一文中提出，如果在早期阶段，分裂过程不太强烈，儿童就会通过压抑来克服情绪上的困难。由此，心智的意识和无意识部分得到了巩固。在最早期阶段，分裂和其他防御机制最为突出。弗洛伊德在《抑制、症状与焦虑》（Inhibition,Symptoms and Anxiety）中提到可能有早于压抑的防御方式。在这本书中，我并没有探讨压抑对正常发展的重要意义，因为我关注的是原初嫉羡的影响及其与分裂过程的关系。

我认为，通过分析和嫉羡及破坏冲突有关的焦虑和防御，就能在整合上取得成绩。我赞同弗洛伊德的观点：“修通”是分析程序的一项主要任务。我认为，我们分析的困难越深层、越复杂，遇到的阻抗就会越大，所以有必要给予足够空间来完成“修通”。

当涉及对原初客体的嫉羡时，尤其需要给予足够空间。病人或许能够意识到他们对他人的嫉羡、嫉妒和竞争的情绪，甚至还有想要伤害他人的愿望，但只有当分析师坚持在移情情境中分析这些敌意，让病人在他最早期的关系中重新经验它们，才能让自体中的分裂逐渐减少。

我认为，当对这些根本的冲动、潜意识幻想和情绪的分析失败时，有一部分原因是痛苦和抑郁焦虑变得明显了。对有些人来说，这超过了他们对真相的欲望，也超过了他们想要被帮助的欲望。当病人想要接受并吸收分析师给出的这些心智早期层面的解释时，那么他必须要下定决心——想要发现关于自己的真相。因为如果这些解释足够深入，就会动员自体的一部分，这一部分被感觉是自我的敌人或所爱客体的敌人，所以是已被分裂和废止的。我发现，当解释对原初客体的憎恨和嫉羡所唤起的焦虑，和被分析师迫害的感觉时，会让病人尤其痛苦。

这些痛苦在那些带着强烈偏执焦虑和分裂机制的病人身上更为明显，因为伴随着由解释所引发的被害焦虑，他们不太能体验到对分析师的正向移情和信任——从根本上说是他们不能维持爱的感觉。我认为：这些病人虽然不一定是明显的精神病类型，但在他们身上，成功受到限制，或者可能无法成功。

当分析达到上述深度，嫉羡和对嫉羡的恐惧下降了，使对建设和修复力量（即对爱的能力）有了更大的信心。它的结果是对个人自身的限制有更大的包容，及客体关系的改善，对内在和外在现实也有了一种更清楚的体验。

在整合过程中所获得的洞察，让病人能在分析过程中认识到他的自体中有一些潜在的危险部分。但当爱能充分结合分裂开来的怨恨和嫉羡时，这些情绪变得能忍受并降低了，因为它们通过爱缓和了。早先的其他各种焦虑也减少了，例如被自体分裂、破坏性的部分淹没的危险。当这些感觉更清晰，且被整合到人格中时，担心敌意会摧毁爱的客体的焦虑也降低了。病人在分析期间体验到的痛苦，也会因整合带来的改善而逐渐减少。另一方面，某些能力会增强，能更自由地运用其天赋才能，例如：重新获得某些主动性、能做一些之前无法达成的决定。这与其修复能力较少受到抑制有关。在很多方面，他享受的能力增加，希望再次出现，虽然是与抑郁交替着。我发现，创造力的增长与能够更安全地建立好客体的能力成正比，这是分析嫉羡和破坏的结果。

婴儿期被喂食和被爱这种重复的快乐经验，能有利于安全地建立好客体，同理，在分析期间，重复经验的有效、真实的解释，能让分析师（回溯性的原初客体）被建立为好客体的形象。

这些改变积累起来丰富了人格。伴随着怨恨、嫉羡和破坏一起，自体失去的其他重要部分也在分析过程中再次获得。感觉到自己是一个更完整的人、获得对自己的控制感，及大体上与世界的关系有一种更深层的安全感，这些都是一种释放。我在《某些分裂机制》（Some Schizoid Mechanisms）一文中曾提出，精神分裂症患者感受到的痛苦是最强烈的，因为感觉是被分裂成碎片。精神分裂症患者的焦虑的表现和神经症患者有所不同，所以这些痛苦被低估了。当我们分析的是那些整合受到干扰及对自己和他人觉得不确定的人，他们也经验到同样的焦虑。当整合完成时，这些焦虑就会得到释放。我认为，完全且永久的整合是不可能达到的，因为在外部和内部来源的紧张压力下，即便是整合良好的人，也常常会被驱往更强烈的分裂过程，虽然这也可能只是一个过渡时期。

在《论认同》一文中，我曾提出不应该由碎裂主导早期分裂过程，这一点对心理健康和人格的发展十分重要。我曾这样描述："容纳未受伤的乳头和乳房的感觉（和乳房被吞噬为碎片的潜意识幻想并存）产生了这样的影响：分裂和投射主要没有涉及人格的碎裂部分，而是自体更凝聚的部分。这表明自我没有暴露在因为碎裂而发生的致命弱化下，并因此变得更能抵消分裂的效果，并在它与客体的关系中更能达到整合和合成。”[①]

我认为这种重新获得人格中分裂部分的能力，是正常发展的基础。这表明在抑郁心理位置期间，分裂在某种程度上克服冲动和潜意识幻想的压抑，并逐渐取代它。

性格分析一直是分析治疗中十分重要又十分困难的部分。[②]我认为，在某些案例中，只有通过将性格形成的某些方面，追溯至早期过程，分析才能对性格和人格的改变有深刻的影响。

可以从另一个角度来理解。从一开始，所有的情绪都附着在第一个客体上。如果破坏冲动、嫉羡和偏执焦虑是过度的，婴儿会扭曲和扩大所有来自外部的挫折，而母亲的乳房从外在和内在都占优势变成迫害客体。然后，即使是真实的满足也不能够反制被害焦虑。追溯到最早的婴儿时期，我们让病人能够复苏根本的情境——我称这种复苏是一种“感觉记忆”（memories in feeling）。在这个复苏过程中，让病人可能对早期的挫折发展出一种与以前不同的态度。毋庸置疑，如果婴儿的确暴露在十分不理想的环境中，那么就算回溯地建立好客体也不能抵消那些坏的早期经验。将分析师内射为一个好的客体，如果不是基于理想化，在某种程度上就具有了提供内在好客体的效果，这个内在的好客体是

---

① 参见《论认同》。

② 弗洛伊德、琼斯和亚伯拉罕在这个主题上做出了最基础的贡献。参见弗洛伊德《性格与肛门性欲》（Character and Anal Erotism,1908）、琼斯《强迫性神经症中的恨和肛门性欲》（Hate and Anal-Erotism in the Obsessional Neuroses,1913）、《肛门性欲的性格特性》（Anal-Erotic Character Traits,1918），以及亚伯拉罕《论肛门性格理论》（Contributions to the Theory of the Anal Character,1921）、《口腔性欲对于性格形成的影响》（The Influence of Oral Erotism on Character Formation,1924）、《力比多发展性器层面的性格形成》（Character Formation on the Genital Level of Libido Development,1925）。

病人之前所缺乏的。同样，愤恨减少，带来投射的弱化和更大的宽容，即使早期情境不理想，这也能让病人能够发现某些特征，并复苏过去的愉快经验。通过分析那将我们带回最早客体关系的负向和正向移情，可以达到这个目的。因为分析所造成的整合已经强化了生命开始时的虚弱自我。用这个方法，对精神病人的精神分析也可能会达到成功。更加整合的自我变得能够体验罪疚感和责任感，这些是病人在婴儿时期无法面对的。客体合成产生了，经由爱缓和了恨，而作为破坏冲动必然结果的贪婪和嫉羡也降低了。

当被害焦虑和分裂机制降低时，病人就能够修通抑郁心理位置。他最初不能建立一个好客体，当这种无能在一定程度上被克服时，嫉羡降低了，享受和感恩的能力就会逐步增强。这些改变会扩展到许多层面：从最早期的情绪生活到成人的各种经验和关系。我认为，分析早期紊乱对整体发展的影响，对分析过程有很大的帮助。

第十一章

关于心理机能的发展（1958）

第十一章 关于心理机能的发展（1958）

我的这篇文章其实是元心理学（metapsychology）范畴。我试图将精神分析实践发展中得到的一些结论，来进一步拓展弗洛伊德在这个主题上的基本理论。

弗洛伊德用“本我”“自我”和“超我”等来阐释心理结构，这已经成为所有精神分析思考的基础。他明确指出：自体的这些部分并没有明确的分界，本我是所有心理功能的基础。自我从本我中发展而来。自我终其一生都向下深入本我，所以受到无意识过程的持续影响。

另外，弗洛伊德发现的生本能和死本能，及从出生那一刻起就开始运作的生死本能的对抗和融合，这些对于心理的理解是一个伟大的进步。在观察婴儿持续挣扎的心理过程中——在破坏和拯救自己、攻击客体和保留客体这些无法压抑的冲动之间的挣扎——我了解到这些彼此挣扎的原始力量正在运作着。这让我对弗洛伊德的生死本能概念在临床上的重要意义有了更深刻的理解。在写作《儿童精神分析》一书[1]时，我得出结论：在两种本能之间挣扎的影响下，自我的主要

① 参见《儿童精神分析》，第126-128页。

功能之一——掌控焦虑，从生命最初就已经开始运作了。[①]

弗洛伊德假设：有机体通过将死本能在内在运作所产生的危险转向外界来保护它自己，来避免危险，无法转向的部分则被力比多所束缚。他在《超越快乐原则》（1922）一书中将生死本能的运作看成是一些生物学过程。另外，弗洛伊德在他的一些作品［例如《受虐狂的经济问题》（The Economic Problem of Masochism,1924）］中，已将他的临床考虑建立在这两种本能的概念上。那篇文章的最后几个句子这样写道："因此道德受虐就成为一个典型的证据，证明存在本能的融合。它的危险是：道德受虐是来自死本能，是从死本能作为破坏本能被转向外在的部分中逃离出来的那个部分。但另一方面，因为道德受虐有一种情欲成分，如果没有力比多的满足，即便他自己是破坏的主体，也不能进行。"在《精神分析新论》（New Introductory Lectures,1933）中，他阐释了他在心理方面的新发现。他说："这种假设为我们打开了研究的新方向，终有一天，这些研究对理解病理过程会产生重大意义。因为融合也可能再分开，我们可以想象，这种去融合（defusion）将会严重影响心理功能。但这些概念还太新，还没有人尝试在分析工作中运用它。"（S.E.22，第105页）弗洛伊德认为两种本能的融合和去融合是攻击性冲动和力比多冲动之间的心理冲突的基础。我认为，让死本能转向的是自我，而不是有机体。

弗洛伊德认为，在无意识中不存在对死亡的恐惧，但这似乎又与他发现的内在运作的死本能所产生的危险不一致。我认为，自我对抗

① 我在《早期焦虑与俄狄浦斯情结》（1946）中指出，我们从后来的自我那里得知的一些功能——尤其是处理焦虑的能力，在生命一开始就已经在运作了。死本能在有机体内运作而引发的焦虑，会被感觉成是对灭绝（死亡）的恐惧，通过迫害的形式出现。

的这种原始焦虑就是死本能引发的威胁。我在《关于焦虑和罪疚的理论》（The Theory of Anxiety and Guilt,1948）[①]一文中写到我不同意弗洛伊德下面的观点："无意识中似乎不包含任何能用来构建'生命灭绝'这个概念的东西"，所以，"死亡恐惧应该看成是阉割恐惧的同义词"。在《儿童良知的早期发展》（The Early Development of Conscience in the Child,1933）中，我提到弗洛伊德的两种本能理论。这个理论认为，在生命的开始，攻击本能或死本能和力比多或生本能（爱欲）对立，并为之所束缚。我说："我认为被这种攻击本能摧毁的危险，在自我中导致了过度的紧张情绪，被自我感觉为焦虑，所以在自我发展的初期阶段，就需要调动力比多来对抗其死本能。"我的结论是：被死本能破坏摧毁的危险在自我当中创造了原始的焦虑。[②]

如果投射机制不能运作，婴儿就会存在被自己的破坏冲动淹没的危险。在出生的时候，自我受到生本能的调动而行动，部分是为了执行这种功能。投射的原初过程，是将死本能转向外在的方法。[③]投射还将力比多贯注到第一客体。另一个原初过程是内射，它在很大程度上也是为生本能服务的。它对抗死本能，因为它让自我纳入给予生命的东西（首先是食物），所以将内部运作的死本能束缚住。

从生命的开始，两种本能就附着在客体上面，第一个客体是母

---

① 参见我的文章《关于焦虑和罪疚的理论》。

② 琼·里维埃（Joan Riviere,1952）提到"弗洛伊德坚决拒绝无意识中恐惧死亡的可能性"；她给出结论："人类婴儿的无助与依赖，加上他们的幻想生活，表明：对死亡的恐惧是他们经验的一部分。"

③ 在这里我和弗洛伊德持的观点不一样。弗洛伊德的理解是：本来导向自体的死本能，被转变为攻击客体的过程。我认为，转向这一特殊机制中包含两个过程：一部分死本能投射到客体之中，客体变成了一个受害者；而保留在自我中的那部分死本能，造成了对受害客体的攻击。

亲的乳房。[①]

我假设：内射母亲喂食的乳房，为所有内化的过程奠定了基础。这个假设或许能阐释与两种本能的运作相关的自我的发展。根据谁占主导——是破坏冲动还是爱的感觉，乳房（奶瓶象征性地代表它）可以被感觉是好的，也可以被感觉是坏的。对乳房进行力比多贯注加上满足的经验，婴儿心中逐渐建立起原初的好客体；而将破坏冲动投射到乳房上，则会建立起原初的坏客体。这两个方面都会受到内射，这样已被投射的生死本能，再一次在自我当中运作。掌控被害焦虑的需求，促进了乳房和母亲在内部和外部的分裂，分裂成一个有帮助的、爱的客体和一个可怕的、恨的客体。这是后来所有内化客体的原形。

我认为自我的强度是由体质决定的。如果在融合过程中生本能占优势，即表明爱的能力占优势，自我是相对强壮的，较能忍受死本能所引起的焦虑，并去反制它。

自我的力量能维持和增加到什么样的程度，也受到外在因素的影响，尤其是母亲对婴儿的态度。但即便是生本能和爱的能力占优势时，破坏冲动还是向外转向，创造出迫害客体和危险客体，而这些迫害客体和危险客体再一次被内射。另外，内射和投射的原初过程让自我和客体的关系不断改变——在内在和外在客体、好坏客体之间不断变化。两种本能的永久活动造成了这些变化的复杂性，而这种复杂性是自我在两方面发展的基础——与外部世界的关系和内部世界的建立。

内化的好客体形成自我的核心，自我围绕着这个核心进行扩展和

① 在《早期焦虑与俄狄浦斯情结》一书中，我说：“对破坏冲动的恐惧似乎立即附着在一个客体上，甚至被经验为害怕一个无法控制的、拥有压倒性力量的客体。原初焦虑的其他来源是出生焦虑（分离焦虑）和身体的需求的挫折，它们从一开始就被感觉成是由客体引起的。”

发展。因为当自我受到内化的好客体支持时，力比多束缚住内在运作的死本能的某些部分，它就能够掌控焦虑，维持生命。

但是，就像弗洛伊德在《精神分析新论》（1933）中所指出的，因为自我分裂了它自己，结果导致自我的一部分开始“凌驾”于其他部分。他曾明确指出，这个执行许多功能的分裂部分就是超我。他还说，超我包含被内射的父母的某些特定方面，且在很大程度上是无意识的。

我同意弗洛伊德的这些观点。而有一点我有不一样的意见：内射过程作为超我的基础在出生时就开始了。超我出现在俄狄浦斯情结开始前的几个月，[①]我认为俄狄浦斯情结和抑郁心理位置是在生命第一年的四到六个月出现。所以，对好乳房和坏乳房的早期内射是超我的基础，且影响了俄狄浦斯情结的发展。这和弗洛伊德的表述形成鲜明的对比。他认为：认同父母是俄狄浦斯情结的结果，且这些认同只有在俄狄浦斯情结被成功克服后才会成功。

我认为，自我的分裂使得超我形成。分裂是自我冲突的结果，但自我冲突又是生死本能的对立造成的。[②]通过投射及好客体和坏客体的内射，自我的冲突得到增强。自我受到内化的好客体的支持，也通过认同好客体而强化。它把死本能的一部分投射到它自己被分裂开来的一部分中——这一部分和自我的其余部分对立，形成了超我的基础。和死本能这一部分的转向同时，与之融合的那部分生本能也随之转向。这些转向之后，好客体和坏客体的某些部分也从自我中被分裂出来，

---

① 我早期的一些关于俄狄浦斯情结观点的发展过程，详细的描述参见《俄狄浦斯情结的早期阶段》(1928）、《儿童精神分析》(1932)（特别是第八章）、《早期焦虑与俄狄浦斯情结》（1945）和《关于婴儿情绪生活的一些理论性结论》（1952，第218页）。

② 参考我的文章《关于焦虑和罪疚的理论》（1948）。

进到超我之中。于是超我获得保护性和威胁性的品质。随着整合过程的进行，死本能在某种程度上被超我束缚。在这个束缚的过程中，死本能也影响了超我当中所包含的好客体的方面。结果是超我的活动范围从约束憎恨和破坏冲动、保护好客体和自我批判，一直延伸到威胁、抑制性抱怨和迫害。超我与好客体紧密相连，甚至是要保存好客体。它非常接近现实中的好母亲，它哺喂并照顾孩子。但因为超我也在死本能的影响之下，它也部分地代表了让孩子受挫折的母亲，它的禁令和遣责引起了孩子的焦虑。当发展顺利时，超我主要被感觉是有益的，不会起到过于严厉的良心的作用。孩子有一种天生的需要，就是要被保护，另外也要受某些禁令约束，这些禁令也就是对破坏冲动的控制。在《嫉羡与感恩》一文中我已提出，婴儿对一个永不枯竭的乳房的愿望里有这样一种渴望：乳房应该驱除或控制婴儿的破坏冲动，这样就能保护他的好客体，并让他免于被害焦虑。这种功能是超我拥有的。但是，一旦婴儿的破坏冲动和焦虑被唤起，超我就被感觉成是严厉专横的。然后，自我就“必须服侍三个严厉的主人”：本我、超我和外在现实。

在我二十多岁时，我开始了一项新的冒险——用游戏技术来分析 3 岁以上的儿童。我遇到的现象之一是一种非常早且未开化（savage）的超我。我还发现，小孩子用一种幻想的方式内射父母，首先是母亲及其乳房。我之所以得出这一结论，是因为我观察到了他们的一些内在客体的恐怖特征。这些极端危险的客体，在婴儿早期导致了自我内部的冲突和焦虑；但在急性焦虑的压力下，它们与其他恐怖的形象一起被分裂出来——但分裂的方式和形成超我的分裂方式不同——并被降低到无意识的更深层次。这两种分裂方式的不同在于：在恐怖形象的分裂中，去融合占有优势，而超我的形成则是在两种本能融合的主导下进行的。所以，超我正常地建立，和自我有密切的关系，并和自我分享着同一好客体的不同方面。这就让自我有可能整合和接受超我。相反，极坏的形象不会被自我用这样的方式接受，且不断被自我拒绝。

但对小婴儿来说，在被分裂出来的形象和那些不那么恐怖也更为自我所容忍的形象之间，其界限是不稳定的。分裂常常只是短暂或部分成功。当分裂失败时，婴儿的被害焦虑就变得非常强烈。这在发展的第一个阶段尤其显著。这个阶段以偏执——分裂心理位置为特征，这个位置我认为是在第一年的3～4个月达到高峰。在非常小的婴儿的心中，好乳房和吞噬性的坏乳房快速地交替出现，也可能被感觉是同时存在的。

迫害的形象被分裂出来，形成了无意识的一部分，这和理想化形象的分裂紧密联系。理想化的形象被发展出来，它可以保护自我对抗恐怖的形象。在这些过程中，生本能再一次出现，并显示出自己的威力。在自体的每一个层次中，都能发现迫害客体和理想化客体、好客体和坏客体之间的对比。而这种对比其实是生本能和死本能的一种表达，并形成潜意识幻想生活的基础。在早期自我努力避开的那些被憎恨的和威胁性的客体中，也包含被感觉到是受到伤害和被杀死的客体，这些客体进一步转变成危险的迫害者。随着自我的强化及它的整合与合成能力的提升，抑郁心理位置的阶段就出现了。在这个阶段里，受伤害的客体不再被感觉是一个迫害者，而是被感觉是一个被爱的客体，个体还会产生对它的罪疚感和想要修复的内驱力。[①]这种和被爱的受伤客体之间的关系，是超我中一个重要元素。如果抑郁心理位置在第一年年中达到高峰，那么从那时起，如果被害焦虑并不过度，而爱的能力又足够强大，自我就会越来越觉察到它的精神现实，越来越感到是它自己的破坏冲动毁坏了其客体。所以这之前被感觉是坏的受伤客体，

① 阐释这个特殊观点的临床素材，参见《论躁郁状态的心理成因》（1934）。《克莱因文集Ⅰ》，第273–274页。

此时在儿童的心中有了改善，更加接近于真实的父母，自我也逐渐发展出处理其外在世界的重要功能。

就内在因素来说，这些基本过程的成功，及随后的整合和自我的强化，都是因为生本能在两种本能的对抗中占据优势。但分裂过程还在持续。在整个婴儿期神经症阶段，生死本能之间的对立，是通过焦虑的形式被婴儿感觉到。这些焦虑来自迫害客体，自我想要通过分裂，后来通过压抑来应付这些迫害客体。

随着潜伏期的开始，超我组织化的部分会更多地从其无意识的部分被分离出来。在这个时期，儿童处理其严格的超我是通过将它投射到环境中去（也就是将它外化）并尝试与那些权威者达成妥协。在大一点的儿童和在成人中，这些焦虑有所缓和，改变了形式，并被更强大的防御所抵挡，所以在分析中，他们的焦虑比婴儿的焦虑更不易被触及。但当我们穿透无意识的更深层次，还是能发现危险和迫害的形象与理想化的形象一起存在。

我假设：好客体与坏客体、爱与恨之间的分离，应该在最早的婴儿期发生。这对正常发展来说是很重要的。当这样的分离不太严重，却足以分辨好与坏时，这就形成了稳定和心理健康的一个基本要素。这表明自我足够强大，不至于被焦虑所淹没，也表示和分裂并行的是进行中的某些整合。只有当生本能在融合中赢过死本能时，这些整合才有可能进行。这样最终才能更好地达成客体的整合与合成。但我认为即便在这种有利的情况下，当内在和外在压力过大时，还是能感觉到无意识的深层中的恐怖的形象。整体来说稳定的人，能抵制较深层无意识对他们的自我的侵入，并重新获得稳定。在神经症患者和精神病患者中，对抗这种来自无意识深层的危险的挣扎，在某种程度上来说，是持续不断的，也是他们不稳定性或疾病的一部分。

近几年的临床发现让我们更清楚地了解到精神分裂症患者的精神

病理过程，在他们的内在，超我几乎不能与他们的破坏冲动和内在迫害者区分。赫尔伯特·罗森菲尔德（Herbert Rosenfeld,1952）在他有关精神分裂症者的超我的论文之中，描述了一种压倒性的超我在精神分裂症中所扮演的角色。我也在臆想病（hypochondria）的根源中发现了这些感觉所造成的被害焦虑。[①]我认为在躁郁症中，这样的挣扎及其结果是不一样的。

如果因为破坏冲动处于优势地位，自我又过度虚弱，原初分裂过程过于猛烈，那么客体在后面阶段的整合和合成就会受到阻碍，抑郁心理位置也不会被充分地修通。

我曾指出，心灵的动态（dynamics）是生、死本能共同运作的结果，除了这些之外，无意识还包括无意识自我，很快也包括无意识超我。我将“本我”看作是等同于这两种本能，也是这个概念的一部分。弗洛伊德在很多地方提到“本我”，但他对“本我”的定义有些不一致。至少在一篇文章中，他只用“本能”来定义“本我”。他在《精神分析新论》中写道：“本能的贯注寻求释放——在我们看来，这就是本我的全部；甚至这些本能冲动的能量，也似乎处在一种不同于心灵其他区域的状态中。”（S.E.22，第 74 页）

从我写《儿童精神分析》（1933）开始，我的“本我”概念就符合上段引言所包含的定义。我也曾偶尔使用“本我”来代表死本能或无意识。

---

① 我曾在我的《儿童精神分析》一书中提出了这一假设（第 144 页、第 264 页、第 273 页）：“我认为，与内化客体（首先是部分客体）的攻击有关的焦虑，是疑病症的基础。”在《智力抑制理论》（The Theory of Intellectual Inhibition,1931）中，我指出：“一个人害怕自己的排泄物，把它看成是一个迫害者，最终是源自他施虐的幻想。这些害怕产生了一种恐惧，恐惧在他身体里面有迫害者，也恐惧被下毒，就像疑病恐惧一样。”

弗洛伊德说，自我通过压抑——阻抗的界限，把自己从本我中分化出来。我认为分裂是初始的防御之一，而且是先于压抑发生。正常来说，没有完全的分裂，也没有完全的压抑。所以，自我的意识和无意识部分，并没有一个明显的界限。就像弗洛伊德所说，在谈到心灵的不同区域时，这些区域都是渐变然后融入彼此。

但当分裂制造出一个非常明显的界限时，就表明发展没有正常进行，结果是死本能占了优势。另一方面，当生本能占优势，整合和合成就可以成功地进展。分裂的本质决定了压抑的本质，①如果分裂过程并不过度，意识和无意识就还能保持可以彼此渗透的状态。但当自我所执行的分裂在很大程度上还是无组织时，就不能充分地缓和焦虑。而在大一点的孩子和成人身上，压抑是避开焦虑和缓和焦虑的更为有效的方法。在压抑中，更加高度组织化的自我更有效地将自己分裂开来，来和无意识的思考、冲动和恐怖的形象做对抗。

虽然我的结论是以弗洛伊德的发现为基础，但我提出的以上补充意见却和他有很多不一样的看法。我将这一章节的论点总结如下。

弗洛伊德对力比多的强调要远多于对攻击行为的强调。其实早在他发现生本能和死本能之前，他就已经从性虐的形式中看到性欲的破坏成分的重要性，但他并没有充分重视攻击行为对情绪生活的影响。所以，可能他从来都没有完成对两种本能的彻底的发现，且似乎不想将这个发

---

① 参见我的论文《关于婴儿情绪生活的一些理论性结论》，在这里我这样描述："分裂机制构成了压抑的基础，但与导致崩解状态的最初分裂形式相反，压抑通常不会造成自体的崩解。因为在这个阶段，心理的意识与无意识部分有更好的整合。而且，因为在压抑的作用下，分裂主要影响的是在意识与无意识之间的分隔。自体的这两个部分都不会发生先前阶段会产生的碎裂程度。但是，在生命最初的几个月中，婴儿诉诸分裂过程的程度，强烈地影响了在稍后阶段中压抑的运作。"

现扩展到整个心理功能。但他将这个发现用在临床材料上，且程度很深。弗洛伊德的两种本能的概念，换句话说就是：生本能和死本能的互动支配着全部心理生活。

我认为，超我的形成要早于俄狄浦斯情结，它是由对原初客体的内射发起的。超我通过已经内化了同一个好客体的不同层面，来维持它与自我其他部分的连接。这个内化的过程对自我的组织化具有重要意义。我认为，自我从生命一开始就需要且有能力分裂和整合它自己。整合在抑郁心理位置渐渐到达高峰，它是由生本能的优势决定，且表明死本能的运作在某种程度上被自我所接受。我将自我的构造看成是一个实体，它是由两方面的交替来决定：一方面是分裂与压抑；另一方面是与客体有关的整合。

弗洛伊德认为，自我持续地从本我那里不断丰富自己。在我看来，自我被生本能召唤而运作，并通过生本能得到发展，它是通过其最早的客体关系来达成这一点。生本能和死本能所投射的乳房，是第一个通过内射而被内化的客体。用这样的方式，两种本能找到它们可以附着的客体，然后通过投射和再内射，于是自我得到丰富和强化。

自我越是能整合其破坏冲动，并合成其客体的不同层面，它就会变得越丰富。自体和各种冲动的被分裂的部分，虽然会因为唤起焦虑，产生痛苦，从而遭到拒绝，但它们包含了人格和无意识生命中有价值的方面，如果将它们分裂开来，就会让人格和无意识生命变得贫乏。自体和内化客体被拒绝的部分也许会造成不稳定性，但它们也是艺术作品中灵感的源泉。

我对最早客体关系和超我发展的设想，符合我的假说：自我从出生起就开始运作，生本能和死本能的力量一直存在。

第十二章

成人世界及其婴儿期根源（1959）

第十二章
成人世界及其婴儿期根源（1959）

从精神分析的角度来观察人们在社会环境中的行为之前，需要研究个体是怎样从婴儿期发展至成熟。一个团体，无论大小，都是由处于彼此关系中的个体构成的，所以理解社会生活的基础应该是对人格的理解。而对个体发展的探究将精神分析一步步带回婴儿期。所以，我会首先论述婴儿的基本倾向。

暴怒、对周围环境缺乏兴趣、没有能力忍受挫折及对悲伤快速短暂的表达……这些都是婴儿困难的迹象。之前除了对身体因素的描述之外，分析师对这些迹象没有任何解释。因为在弗洛伊德的发现之前，人们都是将童年看成是一段完美的快乐时期，没有认真考虑过儿童显示出的各种困扰。弗洛伊德的发现逐渐帮助我们理解了儿童情绪的复杂性，并揭示出儿童会经历严重的冲突，这让我们对婴儿心理及其与成人心理过程的关系有了更深刻的认识。

我在幼儿精神分析中，对婴儿极早期的阶段和无意识较深层面得出了新的结论。它是以弗洛伊德的一个重大发现为基础的，即移情情境。换句话说就是，在精神分析过程中，病人在和精神分析师的关系中，重新演出个体较早的（甚至是非常早期的）情境和情绪。所以，即便是成人，与精神分析师的关系往往也带着很孩子气的特征，例如：过度依赖、需要被引导、不信任。从这些表现中推演出过去，是精神分析师的一种技术。弗洛伊德首先发现了成人的俄狄浦斯情结，并将它追溯到童年时期。我曾分析了非常小的儿童，对他们的心理生活有了更进一步的认识，而这又将我引向对婴儿的心理生活理解。我利用游戏技术，观察到了在此期间病人的移情，这让我对于心理生活（在儿童和后来的成人身上）是怎样受到最早期的情绪和无意识幻想的影响，有了更深入的理解。

我曾提出假说：在出生过程中和对产后情境的适应中，新生婴儿会体验到一种迫害性质的焦虑。这是因为：小婴儿会无意识地感受到各种不适应，他还不能在智力上理解这一点，觉得这是敌意力量给他的。如果能很快让他感到舒适，尤其是温暖、慈爱的怀抱方式，及被喂食的满足，他就会产生快乐的情绪。这种舒适被感觉是来自好的力量。而且，这会让婴儿可能与一个人产生第一个爱的关系。我的假说是，婴儿对于母亲的存在有一种天生的无意识觉知。连小动物出生后都会立刻转向母亲，从她那里寻找食物；人类也一样，这种本能的知识是婴儿和母亲原初关系的基础。事实上，在几周大时，婴儿已经能仰望母亲的脸，辨别出她的脚步声，记住她双手的碰触、她的乳房或她所给的奶瓶的味道和感觉，这些都表明某种和母亲的关系已经建立了。

婴儿不但想要从母亲那里得到食物，而且也渴望着母亲给予的爱和理解。在最早的阶段中，爱和理解表现在母亲对婴儿的爱抚，并且会造成某种无意识的一体感，这种一体感的基础是母亲和孩子无意识的紧密关系。婴儿通过爱和理解及一体感产生被理解的感觉，构成其生命中第一个基本关系的基础，即与母亲的关系。另外，我认为被体验为迫害感的挫折、不适和痛楚等情绪，也进入到他对母亲的感觉当中。因为在生命的前几个月中，母亲对孩子来说代表着全部的外部世界，所以好和坏都从她那里进入孩子心中，这造成了对母亲的双重态度。

爱的能力和被害感在婴儿最早阶段的心理过程中很早就存在了，它们首先聚焦在母亲身上。破坏冲动及其伴随的情绪，比如对挫折的怨恨、因此激起的憎恨、不肯妥协和将就、对全能客体（即母亲）的嫉羡，这些不同的情绪都引起了婴儿的被害焦虑。如果进行必要的修正，这些情绪在后来的生命中就仍然会起作用。因为针对他人的破坏冲动，总会有这样的感觉：觉得那个人变得充满敌意和报复。

天生的攻击性，会因为不利的外在环境而增强。当然，它也会因为婴儿所得到的爱和理解而减缓，这些因素在发展过程中一直运作。外在环境的重要性越来越得到承认，内在因素的重要性却仍被低估。我们必须把儿童的发展和成人的态度看成是内在和外在因素互相作用的结果。有些婴儿对任何挫折都会产生强烈的怨恨，如果挫折是由剥夺造成的，婴儿就会用不接受满足的方式来表现这种强烈的怨恨。我认为，比起那些偶尔发怒但能很快平息的婴儿，这类孩子有一种更强烈的天生攻击性和贪婪。如果一个婴儿显示出他能接受食物和爱，这就表明他可以很快地克服对挫折的怨恨，而当满足再一次被提供时，他就能重新获得爱的能力。

现在我简明地定义一下“自体”（self）和“自我”（ego）这两个术语。根据弗洛伊德的观点，自我是自体组织化的部分，它一直受到本能冲动的影响，但又通过压抑将这些本能冲动保持在控制之下。另外，它指挥着所有的活动，并建立和维持与外在世界的关系。自体往往包含了人格的全部，不仅包括自我，也包括弗洛伊德称为“本我”（id）的本能生活。

我假定：自我从出生起就存在并运作着，它有一个重要任务，就是防御自己，对抗因内部挣扎和外部影响而引发的焦虑。另外，它还开启了一些过程，我首先来讨论“内射”和“投射”，对分裂（splitting）过程（即割裂冲动和客体的过程）的讨论我会稍后说明。

弗洛伊德和亚伯拉罕都提出一个伟大的发现：不论在严重心理障碍还是正常心理生活中，内射和投射都意义重大。我发现，内射和投射是从出生后就开始发挥作用的，它们是自我最早的活动。我认为，这些活动从出生起就运作着。从这个角度来看，内射代表婴儿所经历的外在世界、其影响与情境，及客体——所有这些都被纳入自体之中，变成其内在生命的一部分。即便是成人，如果没有这些来自内射的持续不断的对人格的补充，也不能评估其内在生命。同时进行的投射则表示，孩子能将各种感觉（主要是爱和恨）归到他周围的其他人身上。

我有这样的观点：针对母亲的爱和恨，与婴儿将他所有的情绪都投射在母亲身上的能力紧密相关，从而让母亲成为一个好客体，也成为一个危险的客体。虽然内射和投射的根源在婴儿期，它们却不只是婴儿化的过程。内射和投射也是婴儿幻想的一部分，也是从生命开始就运作了，而且能帮助婴儿塑造他对周围环境的印象。通过内射，这种已经改变的外部世界的图像，便对婴儿产生了影响。于是，一个内在世界被建立起来，这个内在世界是对外在世界的部分的反映。即内射和投射的双重过程，造成了外在和内在因素之间的互动，这种互动持续发生在生命中的每个阶段，且在成熟的过程中被修正。在个体和周围世界的关系中，它们永不会失去其重要性。所以，即使是成人，对现实的判断，也离不开其内在世界的影响。

我曾提出，投射和内射过程必须被看成是一种无意识幻想。就像我的朋友苏珊·艾萨克斯（Susan Isaacs）在她关于这个主题的论文（1952）中所说："幻想是心理的必然结果，是本能的精神代表。所有的冲动、本能的渴望或反应，都被经验为无意识幻想……幻想呈现了在当时主导心灵的那些渴望或感觉的特殊内容（愿望、恐惧、焦虑、胜利、爱或悲伤等）。"

无意识的幻想并不就是白日梦，它是一种发生于无意识深层的心灵活动，伴随着婴儿所经验到的每一种冲动。一个饥饿的婴儿，能通过幻想来暂时避免饥饿——幻想被给予乳房的满足，及他以前由此得到的所有愉悦：乳汁的味道、乳房的温暖、被母亲抱在怀中和被母亲所爱的感觉。但无意识幻想也会呈现相反的作用——当乳房拒绝给予这种满足，婴儿就会感觉受到了乳房的剥夺和迫害。这些幻想变得越来越复杂，涉及更广泛多样的客体和情境，持续整个发展过程并伴随所有的活动。它们在心理生活中，发挥着重要作用，对艺术、科学工作和日常活动的影响也很重大。

我认为内射母亲是发展中的基本因素。在我看来，客体关系从出生时就开始了。母亲是第一个好客体，婴儿将其成为自己内在世界的一部分。我认为，婴儿的这种能力是天生的。被害焦虑（及相应的愤恨）不强烈，于是好客体得以充分成为自体的一部分。同时，母亲的爱的态度促进了这个过程的成功，如果母亲被当作能依赖的好客体纳入孩子的内在世界，自我之中就有了一个强有力的要素。自我在很大程度上是围绕着这个好客体发展起来的，而对母亲一些好特征的认同，是进一步有益认同的基础。认同于好客体的外在表现是，孩子复制了母亲的活动和态度，这能在他的游戏中看到，也表现在他对待更小的孩子的行为上。如果能强烈地认同于好母亲，孩子就能更容易地去认同一个好父亲，及在后来认同于其他友善的形象。于是，他的内在世界就主要是好客体和好感觉，而这些好客体也被感觉为回应着婴儿的爱。这一切都能帮他形成一个稳定的人格，并将这些同情和友善的感觉扩展到他人。显然，父母之间及他们与孩子之间的良好关系，还有快乐的家庭氛围，对这个过程的成功都有着重要影响。

但是不论孩子对双亲的感觉有多好，攻击性和憎恨都还是始终运作着。对此的一种表达是与父亲的竞争，这是因为男孩对母亲的欲求，以及所有与之有关的潜意识幻想。这样的竞争表现在俄狄浦斯情结中，在 3～5 岁的孩子身上能清楚地观察到。这种情结其实在更早的时期就已经存在了，根源是婴儿最初怀疑是父亲夺走了母亲的爱和关注。男孩和女孩的俄狄浦斯情结有很大的不同：男孩在生殖发展中，会回到原来的客体（母亲）身上，所以他会寻找女性客体，其结果就会嫉妒父亲或一般男人；女孩在某种程度上必须离开母亲，在父亲身上及后来又在其他男人身上寻找她想要的客体。不过，这只是一种过度简化的陈述形式，因为男孩也会被父亲吸引并认同他，所以，同性恋的元素就进入正常发展当中。这同样也适用于女孩。对女孩来说，与母亲的关系及与一般女人的关系，从没有失去其重要性。所以，俄狄浦斯情结不只是憎恨父母的一方，爱另一方，而是爱的情感和罪疚感都会进入与敌对父母的联系中。所以，很多冲突的情绪都是以俄狄浦斯情结为中心的。

再来讨论一下投射。通过将自己或自身的冲突和感觉的一部分投射到另一个人身上，来实现与那个人的认同，这种认同和因内射而来的认同有所不同。因为如果一个客体被纳入自体当中（内射），就会拥有这个客体的某些特质，并被它们所影响。另一方面，如果将自己的一部分放到另一个人（投射）中，认同的基础就成了将自身的某些特质放到另一个人身上。平衡的程度或被迫害的程度决定了投射的性质是友善的还是敌意的。通过将我们感觉的一部分投射到另一个人，我们就理解了他的感觉、需要和满足。换句话说就是，我们把自己放进了他的位置。有些人向外投射太多，完全迷失于他人之中，甚至无法进行客观的判断。同样，过度的内射也会损耗自我的强度，因为自我会完全被内射的客体所支配。如果投射是以敌意为主，就会损害真正的共情（empathy）和对他人的理解。所以，投射的性质在我们与他人的关系中非常重要。如果内射和投射之间的互动能保持良好的平衡，那么内在世界就会变得丰富，外在世界的关系也会得到改善。

我之前曾提到过婴儿的自我有将冲动和客体分裂开来的倾向，我把这看作是自我的另一种原始活动。这种分裂倾向的部分原因是：早期的自我在很大程度上缺乏凝聚。我认为：被害焦虑会增强把所爱客体和危险客体分开的需要，所以会把爱和恨分开。因为婴儿的自我保存依赖于他对一个好母亲的信任，通过把这两方面分裂开来，并依附于好的一面，他就保留了对好客体的信任和爱的能力，这其实是活下来的一个必要条件。因为如果没有这个能力，他就会暴露在一个完全敌意的世界里，他害怕这个世界摧毁他，那么他也会在内在建立起一个敌意的世界来。生活中，有些婴儿的内在缺乏生命力，他们不能活下来，可能是因为他们没能力发展出对一个好母亲的信任关系。而另一些婴儿，经历了极大的困难，还是能有足够的生命力，来接受母亲所提供的帮助和食物。我曾接触过一个婴儿，他经历了长时间的难产，且在难产中受到了伤害，但当他被抱近乳房时，他便热切地吸吮乳房。还有些婴儿出生后不久就做了大手术，也出现了同样的情况。其他婴儿在这种情况下是存活不下来的，因为他们在接受食物和爱上有障碍，这表明他们还没能对母亲建立起信任和爱。

随着不断发展，分裂过程虽然在形式和内容上有所改变，但在某些方面，它从不会被完全放弃。我认为，全能的破坏冲动、被害焦虑和分裂，是在出生的第 3～4 个月居于主导地位。我把这些机制和焦虑综合起来称为偏执——分裂心理位置，并认为它在极端情况下会成为偏执狂和精神分裂症的基础。在这个早期阶段中带有破坏感的情绪很重要，其中的贪婪和嫉羡是我认为的两种极具干扰性的因素：它们首先发生在和母亲的关系中，后来又发生在和家庭其他成员的关系中，实际上它们是终生存在的。

贪婪在不同婴儿个体之间差异很大。有些婴儿永远得不到满足，因为他们的贪婪超过了他们可能接受的一切。与贪婪一起的是要掏空母亲乳房的冲动，以及不考虑任何人剥削所有满足来源的欲望。极度贪婪的婴儿可能会暂时享受他得到的东西，可一旦满足消失，他就变得不满，首先是想要剥削母亲，很快转为剥削家庭中任何一个可以给他关注、食物或其他满足的人。可以肯定，贪婪会因焦虑而增加——被剥夺的焦虑、被抢夺的焦虑，和不够好觉得不能被爱的焦虑。对爱和关注如此贪婪的婴儿，对自己爱的能力没有安全感，所有这些焦虑都能增强贪婪。较大孩子和成人的贪婪中也有这种情况，而且其根本规律没有改变。

至于为什么喂养和照顾婴儿的母亲会成为嫉羡的客体，这有点复杂。每当儿童觉得饥饿或被忽视，他的挫折会产生这样一种幻想：认为母亲是故意不给他乳汁和爱，或是母亲为了自己的利益而有所保留，这种怀疑就是嫉羡的基础。在嫉羡的感觉中渴望拥有是与生俱来的。另外还有一种强烈的冲动同样是与生俱来，即想要毁掉他人对所觊觎客体的享受——倾向于毁掉客体本身。如果嫉羡很强烈，其损毁的特质会造成和母亲及后来和其他人的关系受到困扰，它也表明没有任何一件事能被充分地享受，因为想要的东西已经被嫉羡损毁了。如果嫉羡强烈，美好就不能被吸收，不能变成一个人内在生命的一部分，也不能因此而产生感恩。与之相比，能充分享受所接受事物的能力，及感恩给予者，都强烈地影响着性格和与他人的关系。基督徒在饭前的祷告是这样的："对于我们即将接受的东西，愿主使我们真心感谢。"这些话表明人们渴求一种可以让自己幸福并摆脱愤恨和嫉羡的品质，即感恩。我曾听到一个小女孩说，所有人里面她最爱妈妈，因为如果妈妈没有生下她、喂养她，她将会变成什么样？这种强烈的感恩之情，联系着她的享受能力，且表现在她的性格和与他人的关系中，特别是体现在慷慨和体谅中。在人的整个一生中，这种享受和感恩的能力，让各种兴趣和快乐成为可能。

在正常的发展中，自我整合增加的同时，分裂过程减少了，同时理解外在现实的能力增加了，并在某种程度上将婴儿的矛盾冲动汇集起来，这也造成了客体的好坏两方面更好地合成。这表明人们即使有缺陷也可以被爱，世界并不是非黑即白。

超我是自我进行批判和控制危险冲动的部分。弗洛伊德曾将这个部分放在童年时期的第五年。我认为，超我其实在更早的时候就已经在运作了。我假设：在出生的第5～6个月，婴儿开始变得害怕自己的破坏冲动和贪婪，对他所爱的客体可能会造成伤害，或已经造成了伤害，因为他还不能区分他的欲望和冲动，及它们实际的效果。对已经给客体造成的伤害，他体验到罪疚感和想要保留这些客体并修复它们的冲动。这个时候所体验到的焦虑，主要是抑郁性质的，而与之一起的情绪和防御，我认为都是正常发展的一部分，并将其称为“抑郁心理位置”。有时候出现在我们所有人身上的罪疚感，在婴儿期有很深的根源，而修复倾向在我们得到升华和客体关系中发挥着重要作用。

有时候尽管没有特别的外在原因，婴儿也会显得抑郁。在这个阶段，他们尝试着用一切可能的方法来取悦身边的人：微笑、嬉戏的姿势，甚至把盛着食物的汤匙放到母亲嘴里，试图喂她。同时，在这个时期，婴儿开始了对食物的抑制，并且梦魇也开始了，所有这些症状在断奶时达到最高峰。大一点的儿童能更清楚地表达他们处理罪疚感的需要，他们各种建设性的活动都是为了这个目的。在与父母和兄弟姐妹的关系中，也存在取悦和提供帮助的过度需要，这些所表达的不只是爱，也表达出修复的需要。

弗洛伊德认为，“修通”（working through）过程是精神分析程序的一个核心部分。简单来说，这表明让病人在和分析师及其他人的关系中，以及在病人现在和过去的生命中，再次地经验他的情绪、焦虑和过去的情境。修通在某种程度上也发生在正常客体的发展中。对外在现实不断适应之后，婴儿对他周围的世界形成了一种较少幻想的图景。母亲的离开和返回，这种重复的经验让母亲的缺席变得不那么令他害怕了，即婴儿对母亲离开的疑虑和焦虑降低了。通过这种方式，他逐渐修通了早期的恐惧，并与他自相矛盾的冲动和情绪达成妥协。在这个阶段，抑郁焦虑居于主导地位，被害焦虑减少。我认为，在儿童身上能观察到很多明显的怪异表现、不能解释的恐惧症，及特殊的癖好，这些既是修通抑郁心理位置的表现，也是修通的一种方式。如果孩子心中的罪疚感并不是太过度，想要修复的冲动和属于成长一部分的其他过程就会带来缓解。但是，抑郁焦虑和被害焦虑从没有完全被克服，它们在内部和外部的压力下还会再次出现，但是一个相对正常的人可以处理这种暂时发生的焦虑，并重新获得平衡。可见，如果太过紧张，就会阻碍一个强大的平衡良好的人格的发展。

在处理过偏执焦虑和抑郁焦虑及他们的影响之后，应该考虑这些过程对社会关系的影响。我已经谈到对外部世界的内射，也指出这个过程会持续终生。这使得每当我们欣赏、爱慕什么人，或憎恨、鄙视什么人时，会把他们身上的某些东西纳入我们自己之中。一方面，它丰富了我们，成为我们珍贵记忆的基础。另一方面，我们有时会觉得外在世界被毁坏，内在世界也因此变得贫瘠。

在这里，我只是简单讨论婴儿从一开始就要经历的实际经验的重要性，这些经验既包括有利的也包括不利的——首先是来自父母，后来是来自其他人。在整个一生中，外在经验都非常重要。但是，很多外在经验还是取决于孩子解释和吸收外在影响的方式，甚至连婴儿也是这样。而这又在很大程度上是由破坏冲动、被害焦虑和抑郁焦虑的运作强度决定。用同样的方式，我们成人的经验也会受到自己基本态度的影响。这些态度也许会帮助我们更好地面对不幸，或当我们受到怀疑和自怜过度时，这些态度会将轻微的失望转变成灾难。

弗洛伊德关于童年期的发现有助于我们对教养问题的理解，但应该指出这些发现经常被人误解。虽然纪律太严明的教养的确会增加孩子的压抑倾向，但也要知道，对孩子来说，过度纵容和过度约束一样可能对其造成伤害。有些人提倡的所谓“充分的自我表达”，对父母和孩子双方都可能有害。在过去，孩子往往是父母纪律严明态度的受害者，而现在父母却变成了其子女的受害者。之前有个老笑话，说有个人从来没有吃过鸡胸肉，因为当他还是孩子时，他的父母吃鸡胸肉，而当他长大后，他又把鸡胸肉留给孩子们吃，自己不吃。教育孩子时，一定要在太多和太少纪律掌握一个平衡点，对一些较小的不端行为睁一只眼闭一只眼，其实是一种很健康的态度，但如果当这些行为逐渐发展成一种持续的习惯，就必须要对孩子表示不赞成，并提出要求了。

父母的过度纵容还有另一方面需要考虑：当孩子能利用父母的态度时，他也为剥削父母而感到一种罪疚感，并感觉需要某种约束，来带给自己安全感。这也让他能感到对父母的尊重。而这种尊重对于和父母形成良好关系、对他人发展出尊重都非常重要。另外，我们还需要考虑到，如果父母过度纵容孩子不约束孩子的自我表达，那么即使他们想屈从于孩子的要求，也会感觉到愤恨。这些愤恨会进入到他们对待孩子的态度之中。

我曾提出，有些婴儿对任何挫折都反应强烈，他们习惯于痛苦地愤恨环境中的任何失败和缺陷，并低估他接受到的美好。然后，他会把怨恨强烈地投射到他身边的人身上。在某些成人身上也经常能看到同样的态度。有些人能忍受挫折，不产生太大的愤恨，并在一次失望之后，能很快重新获得平衡；而有些人却倾向于将所有责难都归咎于外在世界。如果我们把这两类个体进行比较，就能看出敌意投射的后果。因为投射的怨恨，会在他人身上激起敌意的反馈。正常人中很少能有人容忍别人的指责，即使这样的指责不是用言语表达出来的。实际上，这种指责别人的人很令人讨厌，他们往往带着更多的被害感和怀疑来看待别人，从而会让关系变得复杂。

处理过度怀疑的一种方法，是试着去安抚那些假想的或真正的敌人，不过这很难成功。有些人有可能被逢迎和讨好收买，尤其是如果他们自己的迫害感让他们需要被讨好时，但是这种关系很容易破裂，从而转变为相互的敌意。

当被害焦虑不是那么强烈时，投射主要是将好的感觉放到他人身上，所以它成了共情的基础，但来自外在世界的回应会有很大不同。有些人人缘好，是因为我们对他会有这样的感觉——他对我有一些信任，而让我们产生友善的感觉。

早期态度对人的影响会持续一生。这里有一个很有趣的例子：与早期人物的关系持续不断地出现，婴儿时期或童年早期没有解决的问题也会被再次激活，尽管它是以一种修正后的形式再现。例如，对下属或上司的态度，在一定程度上，是与弟弟妹妹或父母的关系的演变。当我们遇到一个友善的、给予帮助的长者时，我们与所爱的父母或祖父母的关系就会无意识地复苏。而一个高高在上且令人不快的长者，会引发孩子对父母的叛逆态度。这些人不一定非要在外貌上、心理上、年龄上和原来的人物相似，只要态度上有一些相同就够了。当某人完全处在早期情境和关系的影响下时，他对人和事的判断就一定会受到影响。正常情况下，客观的判断会限制和矫正这种早期情境的复苏。换句话说就是，我们都会受非理性因素的影响，但在正常生活中，我们并不被它们所支配。

爱和奉献的能力（首先是对母亲）会发展成对感觉为好的、有价值的事物的奉献。这表明婴儿在过去因为感觉到爱和被爱而体验到的享受，在后来不仅会转移到与他人的关系上，也转移到他的工作和所有他觉得好的事情上。这也代表着一种人格的丰富和享受工作的能力，从而开启了各种满足的来源。

不仅在不断树立更高目标的奋斗中，也在我们与他人的关系中，进行修复的早期愿望增加了爱的能力。我曾提出，在我们的升华中，建设性的活动获得了足够的推动力。因为孩子无意识地感到，通过这种方式，他修复了曾被他伤害过的所爱之人。虽然在日常生活中我们常常无法识别这种推动力，但它的影响一直都在。没有人能完全摆脱罪疚感，这个不可改变的事实意味着，我们尽自己所能进行修复和创造的愿望从来没有耗竭。

所有形式的社会服务都依赖于这种内驱力。在极端情况下，罪疚感会驱使人们为了一项事业或同伴而牺牲自己，甚至可能会让人产生狂热的信仰。在这种情况下，与其说是罪疚感在运作，不如说是爱与慷慨的能力，及对身陷险境的同伴的认同在运作并发挥作用。

我已经指出，认同父母及随后认同他人对婴儿发展的重要性。现在我要强调，在延伸到成人期的成功认同中，有一个特殊的方面。当嫉羡和竞争不太强烈时，替代性地享受他人的快乐是可能发生的。在童年期，替代地享受父母快乐的能力，和俄狄浦斯情结的敌对和竞争进行了抵消。在成人生活中，父母能够分享孩子童年时期的快乐，并避免影响他们，因为他们能认同自己的孩子，能不带嫉羡地看着孩子长大。

当人一天天变老，年轻的快乐变得越来越远，这种态度就变得很重要。如果对过去满足的感恩还没有消散，那么老年人就能享受他们还能触及的任何事物。而且，怀着这样一种能带来心境平和的态度，他们就能认同年轻人。例如，有的老人寻找年轻的天才，帮助他们发展，在这个过程中他们的角色可能是老师或评论家。他这么做，是因为他能认同他人。在某种意义上来说，他在重复自己的生命，有时甚至是在替代性地实现他自己生命中那些没有实现的目标。

在每个阶段，认同的能力都可能使欣赏他人的性格和成就变成自己的一种幸福。如果我们不能允许自己去欣赏他人的成就和品质，那就等于被剥夺了一个重要的幸福和丰富的来源。

如果我们不能认识到伟大是存在的，且会继续存在，那么世界在我们的眼中就是一个非常贫瘠的地方。而当我们有这种欣赏时，它就会激发我们身上的某些东西，间接地增强我们对自己的信念。这是来自婴儿时期的认同变成我们人格中重要部分的众多方式之一。

欣赏别人的成就的能力，是推动团队合作成功的因素之一。如果嫉羡不太强烈，我们就能够和能力高于自己的人一起工作，并感到快乐和自豪，因为我们认同团队中这些杰出的成员。

但是，认同的问题是极复杂的。当弗洛伊德发现超我时，他把超我看作是心理结构的一部分，是来自父母对孩子的影响，这种影响变成了孩子基本态度的一部分。我的工作经验告诉我，从婴儿期开始，母亲及周围的其他人，都会被婴儿纳入自体之中，而这就是各种认同的基础，不论这些认同是否有利。我在上文中列举了一些对孩子和成人都有帮助的认同。但是，早期环境的重要影响也可能是不利的，即成人对孩子态度的不利方面，有害于儿童的发展，因为它们在儿童身上引发了憎恨、叛逆或过度的屈从。同时，他又内化了这种敌意和愤恨的成人态度。往往，过度严厉的父母，或缺乏理解和关爱的父母，就会通过认同而影响到孩子性格的形成，也可能会让孩子在后来的人生中不断重复自己所经历过的事情。就像我们已知的，一个父亲有时候会用他父亲对待他的错误的方法来对待自己的孩子。另一方面，童年时期对冤屈的叛逆经验，可能会导致做每件事都要和自己父母所做的完全对立起来。而这会造成另一个极端，此如我之前提到的过度宠溺孩子。人们从童年的经验中获得学习，所以对自己的孩子及家庭成员以外的人更加理解和宽容，这是成熟和成功发展的标志。但宽容并不代表对他人的错误可以视而不见。

在描述孩子的发展中，我特别强调贪婪的重要性。作为社交生活中一个极具破坏性的要素，贪婪是能够被轻易观察到的。贪婪的人几乎很难被满足，他们甚至会不惜以其他所有人为代价，他们做不到真的对别人体贴和慷慨，这里我指的不仅是物质的拥有，也包括地位和声望。

而且，贪婪的人很容易有野心。野心的作用有两个方面：有益的和干扰的。可以肯定，野心推动成就，但如果它变成主要的驱动力量，就会危及与他人的合作。野心很强的人，不管他有多么成功，他从不满足，就像个贪婪的婴儿永远不会满足一样。这种态度有一个特征，就是不允许别人超过他。我们还发现，这种人不能也不愿意激励和鼓励后辈，他怕后辈成为他的后继者。在明显的巨大成功中，他们仍缺乏满足，原因之一是，他们的兴趣没有集中在他们所工作的领域上，而是在他们个人的声望上。这里面隐含着贪婪和嫉羡之间的联系。竞争者不仅被野心家看作是抢夺和剥夺他地位和财富的人，也被看作是那些珍贵品质的拥有者，这些美好品质激起了他的嫉羡和毁坏它们的冲动。

当贪婪和嫉羡未曾过度时，即使是一个有野心的人，也能在帮助别人的过程中得到满足。在这里，我们看到了构成成功领导力基础的一种态度。实际上，在某种程度上，在幼儿期就能观察到这种态度：一个年长的孩子可能会为年幼弟妹的成就感到骄傲，并尽力帮助他们。有些孩子甚至会对整个家庭生活起到一种整合的效果，他们常常利用自己的友善和帮助改善家庭氛围。有些母亲很没有耐心，也不能忍受困难，但她能通过这种孩子的影响而改善。在学校生活中也一样，有时候正是一两个孩子，通过某种道德领导力对其他所有人的态度产生了一种有益的影响。这种道德领导力的基础，是和其他孩子发展出友善、合作的关系，而不是展现自己的才能，让其他孩子觉得低人一等。

再说到领导力上。如果领导者（这也适用于群体中的任何一个成员）怀疑自己是被恨的对象，那么他所有的反社会态度都会因为这种怀疑而增加。有一种人忍受不了批评，因为批评会触及他的被害焦虑，这让他们不仅要忍受痛苦的折磨，而且在和他人的关系上也会出现很多困难。因为被害焦虑，他表现出一种无能——无法改正错误，无法向他人学习。

如果从婴儿期根源的角度来解释，就会发现：我们的心理、我们的习惯及我们的观点是怎样一步步建立起来的——从最早期的婴儿幻想和情绪，一直发展到最复杂最世故的成人表现。我们还能从中得出一个结论：任何曾经存在于无意识中的东西，对人格都或多或少有影响。

接下来我要讨论儿童发展中性格的形成。我曾指出破坏冲动、嫉羡、贪婪及被害焦虑，是如何干扰了孩子的情绪平衡和社会关系。我也曾提到反向发展的一些有利方面。我提到了内在因素和环境影响间互动的重要性。这些都对了解儿童性格的发展有积极作用。

平衡发展会让性格更健全与强大，这种品质对个体的自立和他与外在世界的关系都有较大的影响。一个真正诚恳真挚的性格对他人的影响是很大的，其他人会被他们所感化，不禁对正直和真诚感到尊敬，因为这些品质会唤醒他们原本的愿望——希望自己可以成为这个样子。这样的人格让他们对生活怀抱希望，也对美好有更多的信任。

我以讨论性格的重要性来结束这一章节。因为我认为，性格是人类所有成就的基础。好的性格对他人和社会的影响，为健康的社会发展打下了根基。

我曾与一位人类学家讨论我对性格发展的观点，他当时就反对性格发展具有一个普遍根基的假设。他说他在工作中遇到一种完全不同的性格评价方式。例如，他曾在一个群体中发现，在那里欺骗他人被认为是值得欣赏的，另外在这个群体中，同情敌人被认为是一个弱点。我问他是否在任何情况下，都不能显露同情，他回答说，如果一个人躲在一个女人背后，并被她的裙子所覆盖，他就会被饶恕。他进一步告诉我，如果敌人设法进入男人的帐篷，他就不会被杀，在圣堂之内也是安全的。

我认为帐篷、女人的裙子和圣堂都象征着保护性的好母亲。这位人类学家同意我的观点，也接受了我的解释：母亲的保护会扩展到一名被憎恨的群体成员——躲在女人裙子后面的男人；禁止在自己帐篷里杀人是与好客原则有关。另外，我认为：好客从根本上与家庭中的关系有关——儿童彼此之间的关系，尤其是儿童和母亲的关系。因为帐篷代表着保护家庭的母亲。

我举这个例子是要说明：表面上完全不同的文化之间可能存在联系，并指出这些联系能从与原初好客体（母亲）的关系中找到。

第十三章

对精神分裂症中的抑郁的论述（1960）

第十三章
对精神分裂症中的抑郁的论述（1960）

下面我将主要讨论偏执型精神分裂症患者体验到的那种抑郁。我的第一个观点起源于我在1935年发表的论点，即“偏执心理位置”（也就是我后来称为的“偏执——分裂心理位置”）与分裂过程有密切关系，且包含了精神分裂症患者这一族群的固着点，而抑郁心理位置则包含了躁郁症的固着点。我坚持我的观点：偏执和分裂的焦虑及抑郁的感觉，因为它们在外部和内部压力下可能会出现在较正常的人身上，所以能追溯到这些早期的心理位置，也就是这些早期的心理位置在这类情境中会被再次唤醒。

我认为，在精神分裂症族群和躁郁症族群之间观察到的关联，能用存在于婴儿期偏执——分裂心理位置和抑郁心理位置之间发展的关联来解释。偏执——分裂心理位置的特征是，被害焦虑和分裂过程会持续到抑郁心理位置。抑郁和罪疚感的情绪，在出现抑郁心理位置的阶段发展到高峰，但根据我更新的观点，它们其实在偏执——分裂位置期间就已经在运作了。两种心理位置之间的关联是，它们都是生本能和死本能之间挣扎的结果。在较早的阶段（持续到出生后的第3～4个月），这种挣扎产生的焦虑采取了偏执的形式，而还没有凝聚的自我被驱使着增强分裂的过程。随着自我强度的不断增加，抑郁心理位置产生了。这个阶段中，偏执焦虑和分裂机制减少，抑郁焦虑的强度增加了。此时，我们也看到了生本能和死本能之间的冲突在运作，发生的变化是因为这两种本能之间融合状态的更迭。

在第一个较早阶段，原初客体（即母亲）就已经从好坏两个方面被内化。我曾指出，如果好客体没有（至少）在一定程度上变成自我的一部分，生命就继续不下去。和客体的关系在第一年的4～6个月会发生改变，保存这个好客体是抑郁焦虑的核心。分裂过程也发生了变化。开始时是好客体和坏客体之间的分裂，还有自我和客体双方强烈的碎裂。当碎裂的过程变弱，受伤或死去的客体与活的客体之间的分离更明显了。碎裂的减少和对客体的关注伴随着朝向整合的步伐，而整合表明两种本能更加融合，且生本能占优势。

接下来我会说明：为什么偏执型精神分裂症中的抑郁特征不像在躁狂抑郁状态中那样容易识别。过去我曾强调偏执焦虑和抑郁焦虑之间的区别：前者我定义为以保存自我为核心，后者则主要是保存内化的和外在的好客体。我现在不得不承认，我之前这样的区分太过简单了。原因如下：从出生开始，客体的内化就是发展的基础。这表明某些好客体的内化也发生在偏执型精神分裂症中。但是，从出生开始，在一个缺乏强度且需要经历剧烈的分裂过程的自我中，好客体的内化在性质和强度上都与在躁郁状况中的内化不同。它并不持久，也不稳定，不允许对好客体有足够的认同。因为确实发生了一些客体内化，自我的焦虑（即偏执焦虑）必定也包括对客体的关注。

我的新观点是：抑郁焦虑和罪疚感是在与内化好客体的关系中被体验到的。已经发生在偏执——分裂心理位置的抑郁焦虑和罪疚感也是自我的一部分。可以这么说，精神分裂症的罪疚感与破坏自己内在某些好的东西有关系，也与通过分裂过程弱化的自我有关系。

精神分裂症患者体验到的罪疚感是以一种很特殊的形式出现，所以很难被察觉。而且，因为碎裂的过程，也因为这种分裂发生在精神分裂症患者身上的剧烈程度很大，抑郁焦虑和罪疚感被分裂出来。偏执焦虑能被分裂的自我的大部分体验到，所以占据主导地位；而罪疚感和抑郁只在某些部分被体验到，而精神分裂症患者感到这些部分根本触及不了，直到分析过程中才会把它们带入意识。

另外，因为抑郁主要是好客体和坏客体合成的一个结果，且伴随着自我更强的整合，所以精神分裂症患者的抑郁在本质上一定会和躁郁症的抑郁有所不同。

精神分裂症患者的抑郁不容易觉察的另一个原因是投射性认同。投射性认同在精神分裂症患者身上很强烈，他用投射性认同，把抑郁和罪疚感投射到一个客体中——在分析过程中，主要是投射到分析师身上。因为再内射是会紧跟着投射性认同的，所以持续投射抑郁的企图不会成功。

汉娜·西格尔（Hanna Segal）在她的一篇论文（1956）中提到一些有趣的例子，解释了投射性认同在精神分裂症患者身上是怎样处理抑郁的。在这篇论文中，她经过深层的分析，帮助精神分裂症患者减少分裂和投射，所以让他们能更接近地体验到抑郁心理位置，及罪疚感和修复内驱力。

佐证汉娜·西格尔的论文中有一个案例，是对一名重症的9岁男孩的分析。男孩不能学习，他的客体关系也深深困扰着他。在一次分析会谈中，他强烈地体验到一种绝望感，对于自己的碎裂、摧毁自己内部的好东西，对母亲的爱，和一些无法表达的情感，这些都让他有罪疚感。那个时候，他从口袋里拿出他心爱的手表，把它丢在地板上，用力把它踩碎。这表明他既表达也重复了他自体的碎裂。我认为，这样的碎裂也表明了一种防御，对抗整合的痛楚。在成人的分析中，我也遇到过类似情况，不一样的是，他们不会通过摧毁一件心爱的拥有物来表达。

如果通过分析破坏冲动和分裂过程能激起人的修复愿望，那就是迈出了通向改善（甚至是治愈）的第一步。强化自我，及使精神分裂症患者能体验自体和客体被分裂开来的好的部分——实现这些的方法都有赖于在某种程度上疗愈分裂的过程，所以碎裂能够减少。而这就表明自体失去的部分变得更易于被他触及。通过让精神分裂症患者进行建设性的活动的确能帮助他们，这样的治疗方法虽然有用，却不如对心灵的深层和分裂过程进行分析那么持久。

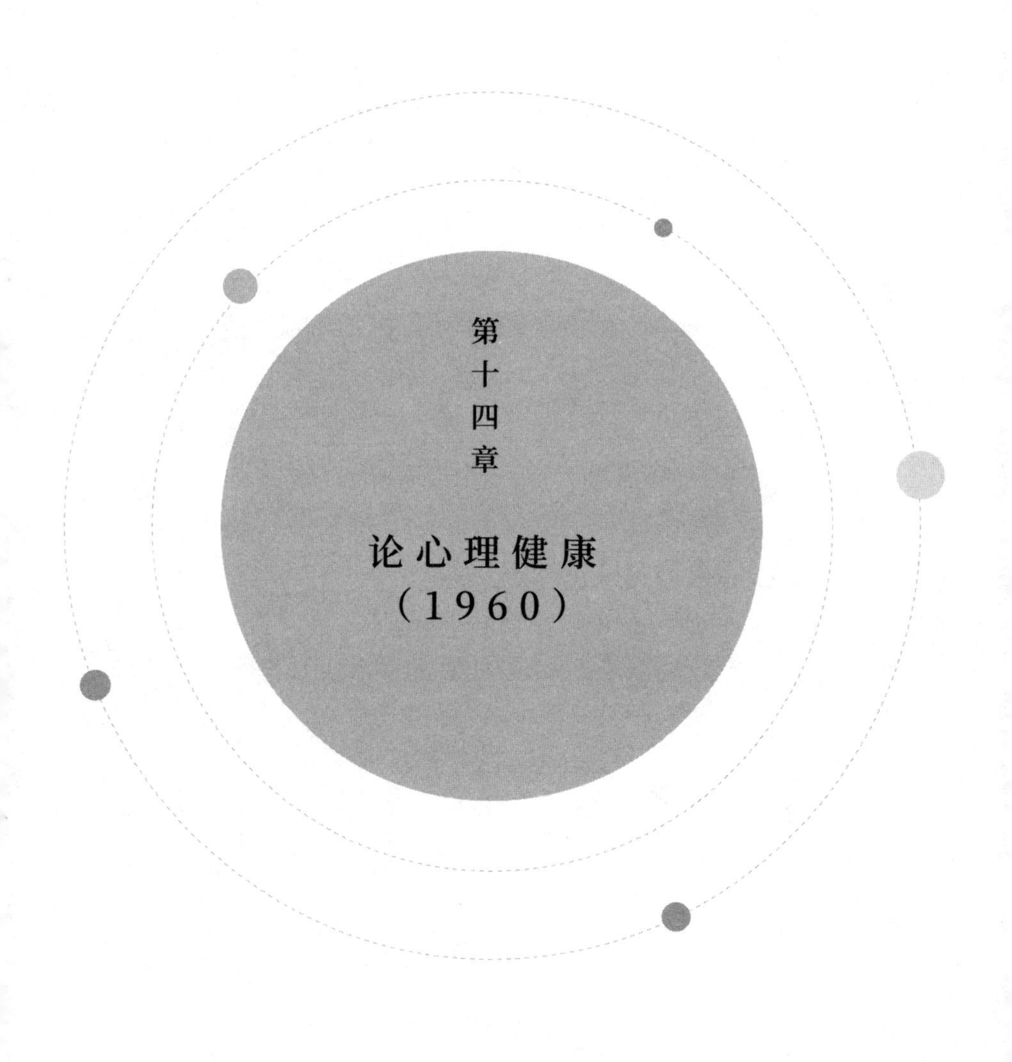

第十四章

论心理健康（1960）

第十四章 论心理健康（1960）

整合良好的人格是心理健康的基础。关于整合人格的要素有：成熟的情绪、坚韧的性格、处理冲突情绪的能力、内在生活和适应现实之间的平衡，及人格的不同部分成功地结合成一个整体。

事实上，即便是在一个情绪成熟的人身上，也存在着婴儿化的潜意识幻想和欲望。如果这些幻想和欲望能被自由地体验到，并被成功地修通，那它们就会成为兴趣和活动的来源，人格也会变得丰富。但如果没有实现的欲望所产生的怨恨仍过于强烈，修通受阻，那么各种来源的个人关系和享受就会受到影响，从而不容易接受那些对于后来的发展阶段更适宜的替代物，现实感也会受损。

即使发展是令人满意的，各种来源的享受没受到影响，在心灵的更深层中仍能发现一些哀悼感——哀悼不能挽回的曾失去的快乐及那些没有实现的可能性。人到中年，常常会有觉知地体验到童年和青春逝去的痛惜。但在精神分析过程中，我们发现，成人甚至还会无意识地渴望婴儿期的快乐。情绪上的成熟表明，这些失去的感觉能在一定程度上通过接受替代物而抵消，这样婴儿化的幻想就不会影响到成年期的情绪生活。享受能够得到的快乐的能力，不论在什么年纪，都与摆脱了嫉羡和怨恨有关。所以，在生命的后面阶段，获得满足的一种方式是间接地享受年轻人的快乐，特别是我们的孩子和孙子们的快乐；另一个满足的来源是丰富的记忆，因为丰富的记忆会使过去保持鲜活。

坚韧的性格是以某些极早的过程为基础的。孩子在和母亲的关系中体验到爱与恨——这是最初也是最根本的关系。母亲不只是外在客体的形象，婴儿也会把她人格的众多层面纳入自己之中。如果被内射的母亲的好的层面大于让他挫折的层面，那么这个内化的母亲会变成性格坚韧的基础，因为自我能在这个基础上发展它的潜能。这是因为如果婴儿对母亲的感觉是引导性和保护性的，而不是掌控性的，这份对母亲的认同就会给他带来内在的平静。这个最初关系的成功，会扩展到婴儿和家庭其他成员的关系，先是和父亲的关系，同时也会反映在他成年后对家庭和一般人的态度上。

对好父母的内化和认同，是对人和事业的忠诚，及为自己的信念而做出牺牲的基础。忠实于所爱的和正确的事物，表明与焦虑相关的敌意冲动都转向了那些危及美好事物的客体。这个过程不可能完全成功，因为这样的焦虑会一直存在——即破坏性可能会危及内化好客体和外在好客体。

很多表面上平衡的人，性格其实并不坚韧。他们习惯于逃避内在和外在的冲突，让自己活得轻松，结果是他们只以成功为目标，却不能发展出深厚的信念。

坚韧的性格如果不能顾虑到他人并有所缓和，那它就不是人格平衡的特征。理解他人、悲悯、同情和宽容，这些顾虑他人的情感丰富了我们对这个世界的体验，让我们对自己感觉更安全、更不孤单。

平衡取决于我们对各种矛盾的冲动与情感的洞察力，及协调处理这些内在冲突的能力。平衡的一种表现是适应外在世界——一种不干扰我们自身情绪和思想自由的适应。这也代表着一种互动：内在生活总是影响我们面对外在世界的态度，反之它也受到适应现实世界的方式所影响。婴儿会内化他最初的经验和周围的人，这些内化反过来影响着他的内在生活。如果在这些过程中，客体的美好占据优势，且变成人格的一部分，那婴儿对于来自外在世界的经验的态度就会受到正面影响。这样的婴儿感知到的外在世界一定是一个值得认同的世界。这种成功的互动的结果是带来平衡及与外在世界的良好关系。

平衡其实并不是逃避冲突，而是一种正面度过和处理痛苦情绪的力量。如果痛苦情绪被过度地分裂出来，就会对人格产生限制，衍生出各种的抑制。特别是对幻想生活的压抑会强烈地影响到发展过程，因为它抑制了天赋和智力，也阻碍了对他人成就的欣赏，及因此而来的快乐。如果在工作和休闲中、在与他人的接触中，不能享受，就会造成人格的贫瘠，激起焦虑和不满。这样的焦虑一旦过度，就会引发心理疾病。

有些人能平顺地度过一生，尤其是当他们的人生还算成功。如果他们不曾和内心深层的冲突达成妥协，即使成功的人生也并不能说明他们没有心理疾病。这种情况下，那些未曾解决的冲突可能会被感觉到，尤其是在一些关键时期，例如青春期、中年或老年。而心理健康的人则会在人生的任何阶段都能保持平衡，他们更少依赖外在的成功。

可以看出，心理健康和肤浅是对立的，因为肤浅和否认内在冲突和外在困难紧密相关。否认过度频繁地发生，原因是自我还不够强壮，不能够应对痛苦。虽然在某些情境下，否认好像是正常人格的一部分，但如果它占据了优势地位，就会造成缺乏深度，因为它阻碍了一个人对自己内在生活的洞察，也因此阻碍了对他人真正的理解。这就会让人失去一种满足：给予和接受的能力——即体验到感恩与慷慨的能力。

强烈否认里潜藏的不安全感，也是我们对自己缺乏信任的一个因素，因为在无意识中，洞察不足就会造成部分人格还处在未知地带。

为了要逃离这种不安全感，必须转向外在世界。但是一旦在成就和与他人的关系中遇到挫折和失败，个体就不能处理它们了。

相比而言，如果一个人在伤痛到来时，能深深地体验到伤痛，那他也就能分担他人的哀伤和不幸。不被哀伤或他人的苦恼所淹没，能重获并保持一种平衡，这是心理健康的一部分。同情他人不幸的最初经验，是来自和婴儿关系最密切的人，比如父母和兄弟姐妹。在成年期，父母如果能理解孩子的冲突，分担孩子的哀伤，就能更好地洞察儿童内在生活的复杂性。这表明父母能充分地分享儿童的快乐，并从中得到幸福感。

如果有人追求外在成功，却并没有因此带来人生满足，这种追求就会形成坚强的性格。如果外在成功是主要目标，其他态度却并没有发展出来，那么心理上的平衡就还不够稳定。外在的满足感并不能弥补心灵上的缺失。只有当内在冲突减少，并因此建立起对自己及他人的信任，才会带来心灵的宁静。如果缺少这种心灵的宁静，一旦面临逆境时，个体就很容易能强烈地感到被迫害、被剥夺，并对此做出回应。

上面对心理健康的描述，说明了其本质上的多面性和复杂性。因为心理健康的基础是心理生活的基本来源（即爱的冲动与恨的冲动）的互动，且爱的能力在这种互动中占优势。

下面我将通过简要介绍婴儿和小孩子的情绪生活，来阐明心理健康的起源。小婴儿与母亲及食物的良好关系，及母亲所提供的爱和照顾，这些都是婴儿情绪稳定发展的基础。但是，即使在这一早期阶段，即使在很有利的环境下，爱和恨之间的冲突也在关系中扮演着一个重要的角色。挫折不可避免，且强化了恨和攻击性。我所说的挫折，不仅仅是指婴儿想吃东西的时候不是总能得到喂食。我曾在分析中发现了一些无意识的欲望，这些欲望在婴儿的行为中偶尔出现，它就是关注母亲的持续在场和母亲排他的爱。婴儿是贪婪的，即便在最好的外在情境中，他还是欲望着拥有更多，这是婴儿情绪生活的一部分。伴随着破坏冲动，婴儿也经验到嫉羡，这种感觉又增强了贪婪，同时也妨碍了他享受那些能得到的满足。这些破坏的感觉引起了婴儿对报复和迫害的恐惧，而这就是焦虑的最初表现形式。

这种挣扎的结果是，如果婴儿想保存好母亲的那些被爱的层面，他就需要不断地把爱和恨分裂开来，也就是一直把母亲分裂成一个好的和一个坏的。这样做让他能从与所爱的母亲的关系中获得一定的安全感，并发展出爱的能力。如果分裂并不太深，在后面的整合和合成时也没有受到阻碍，这就决定了能和母亲建立良好关系和正常发展。

我曾指出，迫害感是焦虑的最初形式。在生命之初，也会偶尔地体验到一种抑郁性质的感觉，这种感觉会随着自我的成长和不断增加的现实感而增强，并在生命第一年的后半年（抑郁心理位置出现时）达到顶峰。在这个阶段中，婴儿对于自己对所爱母亲的攻击冲动，会更充分地体验到抑郁焦虑和罪疚感。有的孩子会出现一些问题，例如睡眠障碍、喂养困难、不能自我满足、持续要求关注和母亲的陪伴。这些问题基本上都是这种冲突造成的。在一个稍后的阶段中，这种冲突的另一个结果是增加了孩子与教养要求相适应的困难。

伴随着罪疚感的发展，婴儿会经验到想要修复的愿望。这会为婴儿带来释放，因为通过取悦母亲，他觉得抵消了自己在攻击幻想中对母亲的伤害。实现修复愿望的能力，是帮助他克服抑郁和罪疚感的主要因素之一。如果他不能感受到并表达他想要修复的愿望，这表明他爱的能力还不够强大，分裂过程会再次出现，并变得更加厉害，这可能会让他表现得过度顺从。但这种分裂可能会损害天赋与智力，因为这两者往往和潜藏于冲突之下的痛苦感觉一起被压抑。所以，婴儿如果不能经验到痛苦的冲突，就表明他在其他方面也有缺失，例如兴趣的发展、欣赏他人和体验各种快乐的能力。

虽然有这些内在和外在的困难，儿童还是会自己找到一种方式来应对他的根本冲突，这让他在其他时候依然能因获得快乐而体验到享受和感恩。如果他的父母能理解他，他的问题就可能会减少；反之，太严厉或太宽容的教养方式都会让问题变得严重。儿童应对冲突的能力会持续到青春期和成年期，这是心理健康的基础。所以，心理健康不只是成熟人格的一种产物，它与个体发展的每个阶段都有一定的关系。

我曾指出过儿童背景的重要性，但这只是内在和外在因素之间复杂的交互影响的一个层面。这里的内在因素是指，有些儿童从一开始就有比他人更强大的爱的能力（这是因为他们有更强大的自我），并且他们的潜意识幻想生活更丰富，能让自己的兴趣和天赋得到发展。所以，生活中我们会发现，有时候在有利环境中成长的孩子，并没有获得平衡，而在不利环境中成长的孩子反而能获得平衡。

早期阶段某些很明显的态度，会延续到成年生活。只有当这些态度得到充分地修正后，才可能获得心理健康。例如，婴儿身上有一种全能感，这让恨的冲动和爱的冲动在他眼中都显得特别强大。这种态度的残留也能轻易地在成人身上看到，只是一般来说，对现实更好地适应后，会减少这种感觉。

早期发展中的另一个要素，是否认痛苦的感觉。在成人的生活中，这种态度并没有完全消失。婴儿把其自体和客体中的好与坏分裂开来，于是就产生了想要把自体和客体理想化的渴望。理想化的需要和被害焦虑紧密相关。理想化有安慰的作用，它在成人身上仍然运作着，主要是用来对抗被害焦虑。因为通过增加他人美好的力量，能减缓对敌人和敌意攻击的恐惧。

在童年时期和成人时期，这些态度被修正得越多，心理就越能得到平衡。当判断力没有因为被害焦虑和理想化而模糊时，就可能产生成熟的看法。

上面提到的这些态度，因为从没有被完全克服，所以它们在自我用来对抗焦虑的多重防御中还发挥着影响。例如，分裂是保存好客体和好冲动的一种方式，用来对抗危险和可怕的破坏冲动，而破坏冲动创造出了报复性的客体。每当焦虑有所增加时，这个机制就会得到增强。在分析小孩子时我发现，当孩子受到惊吓时，他们会增加自己的全能感。投射和内射，则是另外两种能用作防御的机制。孩子觉得自己是坏的，他想要通过将自身的坏归咎于他人而逃避罪疚感，这表明它增强了他的被害焦虑。而内射被用作防御的一种方式，则是把客体纳入自体之中，个体希望这样能保护自体并对抗坏客体。被害焦虑会造成理想化，因为被害焦虑越大，理想化的需要就越强烈。所以，理想化的母亲能对抗迫害性的母亲。否认的一些成分和所有这些防御都有关，因为它是应对一切恐怖或痛苦情境的方法。

当自我越发展时，所使用的防御就会越复杂，契合度也能越好，越不僵化。当一个人的洞识还没有被防御所压抑，就可能获得心理健康。一个心理健康的人往往觉得，他需要用更愉快的视角来看待不愉快的情境，改正一心要粉饰它的倾向。这样，他就不太会暴露在理想化破灭及被害焦虑与抑郁焦虑占优势的痛苦经验中，他也就更有能力应对来自外在世界的痛苦经验。

心理健康中有一个我至今还没有处理的要素：整合。整合是指自体各种不同的部分密切结合起来。整合的需要是因为一种无意识的感觉，即自体的某些部分还是未知的，自体因为感觉被剥夺了自己的某些部分而有一种贫瘠感。自己的某些部分是未知的，这种无意识感觉会增加整合的冲动。另外，整合的需要还因为一种无意识的认识，即恨只能通过爱来减缓。如果爱和恨是维持分开的状态，减缓就不会成功。整合意味着痛苦，因为要面对分裂出来的恨及其后果。在不能忍受这种痛苦时，就会重新唤醒把冲动中的威胁性和干扰性的部分分裂出来的倾向。在正常人身上，尽管这些冲突存在，还是会发生一定程度的整合，即使被外在或内在原因所干扰，他也会重回整合之路。整合也会让人容忍自身的冲动，从而也容忍他人的缺点。完全的整合不存在，但当个体越接近完全的整合，他就越能洞察到自己的焦虑和冲动，他的性格也会变得更坚韧，心理也就越平衡。

第十五章

关于《俄瑞斯忒斯》的一些思考

第十五章
关于《俄瑞斯忒斯》的一些思考

下面的讨论是在吉尔伯特·默拉利（Gilbert Murray）翻译的著名的《俄瑞斯忒斯》（Oresteia）的基础上进行的。我主要是来讨论剧中人物所呈现的各种象征意义。

首先，我来简单介绍这部三段剧的故事梗概。第一幕：《阿伽门农》（Agamemnon），主人公阿伽门农在攻掠特洛伊城（Troy）之后凯旋，他的妻子克吕泰墨斯特拉（Clytemnestra）迎接他时对他表现了虚伪的赞美和钦佩，她说服他走进一间铺着珍贵织毯的房间，后来在阿伽门农洗澡时，她就用这件织毯盖住他，让他反抗不了。她用战斧杀了他，并以大获全胜的姿态在长老们面前出现。她认为自己的谋杀是正当的，她是为了报复阿伽门农将他们的女儿伊菲革涅亚（Iphigenia）献祭：阿伽门农曾经为求到特洛伊的航行顺风，命令杀死了伊菲革涅亚。

但是克吕泰墨斯特拉对阿伽门农的报复，不只是因为她对自己孩子的哀悼。在阿伽门农离开的期间，克吕泰墨斯特拉和阿伽门农的死敌埃癸斯托斯（Aegisthus）通奸，所以她怕被阿加门农报复。很显然，阿伽门农回来后，要么杀死克吕泰墨斯特拉和她的情人，要么被克吕泰墨斯特拉杀死。克吕泰墨斯特拉深深地怨恨着阿伽门农，这表现在她对长老们宣布、欢呼他的死亡。紧跟出现的是抑郁。她囚禁了埃癸斯托斯，因为他想要立刻用暴力镇压长老中的反对者。她求埃癸斯托斯:

“别让我们被血腥玷污！”

三部曲的下一部《奠酒人》（Cheophoroe），讲的是俄瑞斯忒斯（Orestes）。他在孩提时代被母亲克吕泰墨斯特拉送走。他在他们父亲的墓地时遇到对母亲怀恨在心的厄勒克特拉（Electra）。克吕泰墨斯特拉曾做了一个可怕的噩梦，之后她派厄勒克特拉和几个女仆到阿伽门农墓前奠酒。奠酒仪式的首领让厄勒克特拉和俄瑞斯忒斯报复并杀死克吕泰墨斯特拉和埃癸斯托斯。奠酒首领的话让俄瑞斯忒斯确信弑母的命令是特尔斐神谕（Delphic Oracle）——阿波罗（Apollo）亲自下达的命令。

俄瑞斯忒斯装扮成一名旅行的商人，和他的朋友皮拉德斯（Pylades）一起进入皇宫。为了不被识破身份，他告诉克吕泰墨斯特拉：俄瑞斯忒斯已经死了。克吕泰墨斯特拉听到这个消息后表现出哀悼的神情。但她并没有完全相信，因为她派人去找埃癸斯托斯，并要他和他的持矛士兵一起来。女仆的首领隐瞒了这个命令。埃癸斯托斯独自前来，没有带武器，于是俄瑞斯忒斯杀了他。克吕泰墨斯特拉获知埃癸斯托斯的死讯后，她觉得自己也深陷险境，于是取来战斧。当俄瑞斯忒斯威胁要杀她时，克吕泰墨斯特拉并没有和他打斗，而是苦苦哀求他饶了自己。她警告他，如果他杀了她，厄里倪厄斯（the Erinnyes）[①]会惩罚他。俄瑞斯忒斯不顾她的警告，杀死了自己的母亲克吕泰墨斯特拉。之后，厄里倪厄斯便立刻出现在他面前。

第三部《复仇女神》（Eumenides）是数年之后的故事。这些年里俄瑞斯忒斯一直被厄里倪厄斯追捕，远离自己的家乡和父亲的王位。他曾试图抵达特尔斐城，[②]希望在那里能被赦免。阿波罗让他去恳求代表

---

① 希腊神话中的三位复仇女神的统称。厄里倪厄斯的职责是惩罚杀害家族血亲的罪犯。

② 希腊古都，以阿波罗的神谕见称。

着正义和智慧的雅典娜（Athena）。在雅典娜这里，雅典娜安排了一场审判，并找来雅典最有智慧的一群人。在这场审判中，阿波罗、俄瑞斯忒斯和厄里倪厄斯各自提出证据。赞成和反对俄瑞斯忒斯的票数相等，最后拥有决定票的雅典娜投票支持赦免俄瑞斯忒斯。在审批过程中，厄里倪厄斯一直坚持认为俄瑞斯忒斯必须受到惩罚，复仇女神们并不打算放弃她们的猎物。雅典娜给她们承诺，自己与她们分享她在雅典的权力，她们永远是法律和秩序的守护者，并将因此享受尊荣和爱戴。雅典娜的承诺和论点让厄里倪厄斯发生了变化，她们变成了仁慈的"欧墨尼德斯"（the Eumenides）。她们同意赦免俄瑞斯忒斯。于是，俄瑞斯忒斯回到家乡，成为父亲王位的继承人。

在讨论《俄瑞斯忒斯》中的人物之前，我要重述我对婴儿早期发展的一些观点。在对幼儿的分析中，我发现了一种残忍的、迫害的超我，它和所爱的、理想化的父母的关系一起存在。我认为在生命最初的三个月时，破坏冲动、投射和分裂达到巅峰，可怕的、迫害的形象是婴儿情绪生活中的一部分。最开始它们代表着母亲可怕的一面，婴儿对原初客体感到怨恨和愤怒。虽然这些形象又都被母亲的爱所反制，但它们还是引发了焦虑。[①]从一开始，内射和投射都运作着，它们是第一个基本客体（母亲的乳房和母亲）被内化的基础，包含了好坏两方面。这种内化是超我的基础。我认为，即便是和母亲有爱的关系的孩子，也会在无意识中产生被她吞噬、撕裂和摧毁的恐惧。[②]这些焦虑虽然已被逐渐发展的现实感所修正，但还是会在整个童年早期持续。

这种性质的被害焦虑是偏执——分裂心理位置的一部分，也是出

① 关于这些焦虑的最初描述，见我的文章《俄狄浦斯情结的早期阶段》（1928）。

② 在《儿童精神分析》中，我更加充分地阐释了这一点，并给出了这些焦虑的例子。

生后几个月固有的特征。它包括一定程度的分裂退缩，也含有强烈的破坏冲动，及将母亲的形象分裂为好和坏的两部分。还有很多其他分裂过程，例如碎裂及将可怕的形象驱逐到无意识深层的强烈冲动。[①]在这个阶段达到顶点的众多机制中，有一种是否认所有可怕的情境，这与理想化有关。从最早的阶段开始，这些过程会被不断出现的挫折经验增强。

可怕的形象不能被完全地分裂开来，这是婴儿焦虑情境之一。此外，对恨和破坏冲动的投射只能在某种程度上取得成功，且对所爱的母亲和所恨的母亲也不能完全分裂开来。所以，婴儿不能完全逃离罪疚感，虽然在早期阶段，这些罪疚感很短暂。

所有这些过程都和婴儿形成象征（symbol formation）的内驱力有关，也构成了他潜意识幻想生活的一部分。由于受焦虑、挫折的影响，加上他没有足够的能力表达对所爱客体的情绪，他被驱使着将情绪和焦虑转到周围的客体上，首先是转移到他自己身体的部分上，和母亲身体的部分上。

孩子出生时所经验到的冲突就是来自生本能和死本能之间的挣扎，而生死本能的挣扎又表现在爱的冲动和破坏冲动之间的冲突上。这两者都有多重形式和很多衍生物。所以，怨恨增加被剥夺的感觉，这种感觉所有人都有过。母亲的喂养能力是嫉羡的原因之一，而对这种能力的嫉羡是破坏冲动的一个强烈刺激。嫉羡固有的目标就是毁坏、摧毁母亲的创造力，而母亲的创造力又是被婴儿依赖的，这种依赖又增强了憎恨和嫉羡。和父亲的关系开始后，婴儿就对父亲的潜能和力量感到欣赏，这会再次造成嫉羡。逆转早期情境和战胜父母的潜意识幻想，是婴儿情绪生活的一个任务。来自口腔、尿道和肛门的施虐冲动，

---

① 参见《论心理机能的发展》（1958）。

在针对父母的敌意感觉中找到了表达出口，随后又产生更大的被害感和被他们报复的恐惧。

我认为，幼儿频繁的梦魇和恐惧症，都是因为他对破坏性父母的惧怕，这样的父母经过内化，形成了残酷超我的基础。不得不承认：尽管父母对孩子有爱和情感，孩子还是会产生威胁性的内化形象。我对此现象的解释是：儿童把自身的憎恨投射到父母身上，对受制于父母力量的愤恨又增加了这样的投射。这似乎和弗洛伊德的超我概念相矛盾。他认为，超我主要是来自内射惩罚性和约束性的父母。弗洛伊德在后来同意了我的观点：孩子投射到父母身上的憎恨和攻击，在超我的发展中至关重要。

我发现，内化父母的迫害性层面一定会造成对他们的理想化。从一开始，在生本能的影响下，婴儿内射了一个好客体，而焦虑的压力让这个客体有理想化的倾向。这会影响到超我的发展。

当被害焦虑占主导地位，早期的罪疚感和抑郁被经验为迫害。逐渐地，随着自我强度增加，与完整的客体的关系有了更大的整合与进步，被害焦虑就减弱了，而由抑郁焦虑主导。更大的整合表明：恨在某种程度上被爱缓和，爱的能力增强，所恨的、恐怖的客体与所爱的客体之间的分裂减少了，之前的罪疚感增加了且变得更加深刻。我把这个阶段称为抑郁心理位置，并且我发现：经历抑郁心理位置会造成极痛苦的感觉。

在这个阶段，超我被感觉为良心。它限制了谋杀和破坏的倾向，联系着孩子对真实父母的引导和约束的需要。超我其实是人性中存在的道德律法的基础。但即便是在正常的成人身上，在强烈的内部和外部压力下，分裂的冲动和分裂的危险性、迫害性形象，会短暂地重现并影响超我。这些焦虑会被经验为一种婴儿的恐惧。

孩子的神经症越是强烈，他就越不能转换到抑郁心理位置。抑郁心理位置的修通也因被害焦虑和抑郁焦虑之间的摇摆而受到阻碍。在整个早期的发展过程中，随时都有可能退行到偏执——分裂阶段，但是，如果能有较强大的自我和较强的忍受痛楚的能力，对精神现实的洞察能力就会越强，就能够修通抑郁心理位置。但这并不表示他在这个阶段没有被害焦虑，事实上，尽管抑郁的感觉占主导地位，被害焦虑也是抑郁心理位置的一部分。

痛楚、抑郁和罪疚感的经验引发了想要修复的冲动。这使得和客体有关的被害焦虑降低了，使客体变得更加值得信赖。这些改变都与超我的严厉程度降低密切相关。

如果抑郁心理位置能够成功修通，那么超我就会被主要感觉成是引导并约束破坏冲动的力量，超我的某些严厉性就会减弱。当超我不严厉后，个体会从它的影响中获得支持和帮助。父母的鼓励，会让孩子表现出更多的创造性和建设性的倾向，与环境的关系能得到改善。

在讨论《俄瑞斯忒斯》之前，我想先介绍一下希腊文中“傲慢”（hubris）的概念。吉尔伯特·默拉利认为它是：“所有生物都犯的典型罪过，在诗中称为‘傲慢’，通常被翻译成‘自大’（insolence）或‘骄傲’（pride）……傲慢是想要攫取更多、突破界限、破坏秩序；随后会重建这些的正义（Dike）及公正。傲慢要接受正义的裁决，骄傲会导致衰落，罪恶受到惩戒，这种规律是希腊悲剧哲学抒情诗句共同的主旨……”

我认为，傲慢显得罪恶的原因在于，它是基于某些对他人和自体都感到有危险的情绪。这些情绪中的贪婪最为重要，它首先是在和母亲的关系中被经验到，伴随着被母亲惩罚的预期，因为母亲遭到了他的剥削。贪婪和“摩瑞亚”（moria）的概念有关，这在吉尔伯特·默拉利书的引言中有详细的说明。摩瑞亚是指众神分配给每个人的份额，当摩瑞亚超出限度时，众神的惩罚就会随之而来。对这种惩罚的恐惧能追溯到：贪婪和嫉羡首先是针对母亲，在感觉上母亲被这些情绪所伤害，经过投射，母亲变成了一个贪婪、愤恨的形象。所以她成了恐惧的对象，会带来处罚，也是众神的原型。任何摩瑞亚的超出限度，在感觉上都与对他人拥有物的嫉羡有关。带来的结果是：经过投射产生了被害焦虑——害怕他人会嫉羡和摧毁自己的成就和拥有的东西。

> “……俗话说，很少有人会不怀嫉羡地去爱一个走运的朋友；
> 嫉羡的毒药深入人心，加倍了生命带来的一切痛苦；
> 他既要照料自己的伤痛，又觉得别人的喜悦像一个诅咒。”

想要赢过所有人，憎恨、想要摧毁并羞辱他人的渴望，及因为他人被嫉羡而在对他们的伤害中产生了愉悦，这种种情绪都在和父母及兄弟姐妹的关系中最先被经验到，形成傲慢的一部分。每个孩子其实都有一种嫉羡，即想要拥有别人的属性和能力，首先是母亲的，然后是父亲的。嫉羡的对象最初是母亲的乳房和她所产生的食物，实际上这是针对她的创造力的嫉羡。强烈的嫉羡会产生一种影响，即想要逆转情境，让父母无助、婴儿化，从这种逆转中婴儿能获得施虐的快乐。当婴儿心中充满了这些敌意冲动，并想摧毁母亲的美好和爱，他就不仅感到被母亲所迫害，也会体验到罪疚感及好客体的丧失。为什么这些潜意识幻想对婴儿情绪生活有如此重要的影响？原因之一是：它们是通过全能的方式被体验到的。也就是说，在婴儿心中，它们即将或已经产生了效果，他觉得自己要为父母遭遇到的所有麻烦和疾病负责。这就造成了一种持续的对丧失的恐惧，其结果是又增加了被害焦虑，并引起了因傲慢而受到惩罚的恐惧。

接下来，如果在竞争和野心中，嫉羡和破坏性占优势，这些情绪就会变成罪疚感的深层原因。这种罪疚感有可能会被否认所掩盖，但在否认的背后，来自超我的斥责会一直运作。这些过程就是我所认为的傲慢会被感觉成应该受到严厉禁止和惩罚的原因。

婴儿害怕赢过他人并对他人的能力产生破坏会让对方变得嫉羡和危险，这种焦虑对婴儿在后来的生活中产生了重要的影响。有些人通过抑制天赋来处理这种焦虑。弗洛伊德曾描述过一类人：他们不能忍受成功，因为成功会唤醒罪疚感。弗洛伊德把这种罪疚感与俄狄浦斯情结联系起来。我认为，这种人原本的意图是想赢过母亲的孕育力，并摧毁母亲的孕育力。这种意图中的一些被转向给父亲和兄弟姐妹，后来又转向给其他人，但又惧怕这些人的嫉羡和憎恨。罪疚感在这里造成了对才能和潜力的强烈抑制。克吕泰墨斯特拉曾说过："谁害怕嫉羡，谁就是害怕变得伟大。"

现在我会通过一些例子来证实我的结论。一个孩子在游戏中，让一列小火车跑得比另一列较大的火车更快，还让小火车攻击较大的火车，通过这种方式他表达出与父亲的竞争，结果通常是产生被害感和罪疚感。在《儿童分析的故事》（Narrative of a Child Analysis）中，我曾讲到这个案例中，曾有一段时间，每次会谈都是用男孩所谓的一场"灾难"（即把全部的玩具都推倒）作为结束。在象征上，这对孩子来说，表示他的力量足以摧毁自己的世界。在很多会谈中，通常他自己都是一个幸存者，而"灾难"的结果是一种孤独、焦虑和渴求他的好客体回来的感觉。

另一个例子是一个成人分析。一个病人，他的一生都在约束自己的野心和想要超越其他人的愿望，所以他不能充分地发展他的天赋。他梦到自己站在一根旗杆旁，周围全是孩子，他是唯一的大人。孩子们依次试着要爬到旗杆的顶端，但都失败了。他在梦中想着，要是他去爬也失败了，那肯定会被这些孩子取笑的。但是，最终他漂亮地完成了这件事，爬到了顶端。这个梦证实并强化了他从之前材料中得出的结论：他的野心和竞争性比他之前允许自己的更强、更具破坏性。在这个梦中，他将父母、分析师和所有潜在的对手都变成了无能和无助的孩子，只有他自己是大人，这显示出他的轻蔑。他不想让自己成功，是因为他的成功意味着伤害和羞辱那些他所爱和尊敬的人，然后这些人变成了嫉羡和危险的迫害者——孩子们会嘲笑他的失败。但是最终，抑制他天赋的尝试失败了，他到达了顶端，他害怕这样的结果。

在《俄瑞斯忒斯》中，阿伽门农最大限度地表现出"傲慢"。他对被自己摧毁的特洛伊城的人民没有任何同情，觉得自己有权利摧毁他们。只有在和克吕泰墨斯特拉谈到卡珊德拉（Cassandra）时，他才提到征服者应该对被征服者有所悲悯。但是，因为卡珊德拉是他的爱人，他所表达的不仅是悲悯，还有为了自己的愉悦想要留住她的愿望。另外，他对自己所造成的恐怖破坏感到骄傲。他把战争延长了，这意味着给阿哥斯城（Argos）人民带来了苦难，因为很多女人都守寡了，很多母亲都在哀悼她们的儿子，他自己的家庭也因为十年来弃之不顾而遭受苦难。所以，最后他回来时，他自己引以为傲的某些破坏其实已经伤害了一些他所爱的人。他对那些最亲近的人的破坏性，应该解释为是针对他早期所爱的客体。他犯下所有这些罪行的表面原因是报复他人对他弟弟的侮辱，帮助他弟弟重新得到海伦（Helen）。但是，希腊悲剧诗人埃斯库罗斯（Aeschylus）清楚地写道：阿伽门农也受到野心的驱使，"王中之王"的称号满足了他的"傲慢"。

他的成功不只满足了他的傲慢，也增加了他的傲慢，让他的性格变得冷酷和恶化。剧中侍卫效忠于他，他家族的成员和长老们爱他，他的臣民渴求他的归来，这都表明，他在过去比在胜利之后具有人性。当阿伽门农报告他的凯旋和特洛伊城的毁灭时，他似乎不再可亲，也失去了爱的能力。就像埃斯库罗斯所写：

"那条路布满罪恶，
因为清晰可见，骄傲滋养它自己归来。
在骄傲者身上，当家中充满财富的欢笑，
喘息的永远是愤怒和鲜血。"

他不受约束的破坏力、在权力和残忍上的荣耀，我认为是一种退行。当孩子很小的时候，尤其是男孩，钦慕的不只是美好，还有力量和残忍，并把这些属性认为是强有力的父亲所拥有的，这父亲是他认同并害怕的。对一个成人来说，退行会复苏这种婴儿化的态度并减少仁慈。

考虑到阿伽门农所展现的过度"傲慢"，克吕泰墨斯特拉的行为可以在某种意义上理解成是"正义"（dike）的。她在丈夫到达之前，曾向长老们形容她亲眼所见的特洛伊城人民受苦的情形。她带着同情，对阿伽门农的成就一点都不感到欣赏。当她谋杀丈夫的那一刻，傲慢主导了她的感觉，她丝毫没有悔恨；当她再次对长老们说话时，她为自己所犯的罪行感到骄傲。她支持埃癸斯托斯篡夺阿伽门农的王位。

阿伽门农的"傲慢"受到了克吕泰墨斯特拉代表的"正义"的裁决，接着又是克吕泰墨斯特拉的"傲慢"出现，这傲慢又再次被俄瑞斯忒斯代表的"正义"惩罚。

阿伽门农对延长战争而加诸特洛伊城人民的苦难没有一点同情，这令人震惊。但他惧怕众神和即将发生的厄运，所以只是勉强同意进入房间，踏上克吕泰墨斯特拉的仆人为他铺上的织毯。他说一个人必须特别小心，不要招致诸神的愤怒，这表现出他的被害焦虑，但是没有罪疚感。这是一种退行，是因为善良和同情从没有被充分地建立起来，成为他性格的一部分。

相比来说，俄瑞斯忒斯弑母之后，立刻感到罪疚感，我相信这是雅典娜帮助他的原因。谋杀埃癸斯托斯，他丝毫没有罪疚感，但弑母让他深陷严重的冲突。他这样做既是出于义务，也是出于对自己认同的亡父的爱。他并不想战胜母亲，这表明他身上没有过多的傲慢。他弑母的部分原因，是出于厄勒克特拉的影响和阿波罗的命令。在他弑母之后，他马上感到悔恨和恐惧。这是通过复仇女神立刻攻击他来表现的。女仆首领鼓励俄瑞斯忒斯杀害母亲，她看不见复仇女神，曾安慰他说，他所做的事是正义的，秩序得到了恢复。除了俄瑞斯忒斯之外，没有人能看到复仇女神，这说明这种被害情境是内在的。

俄瑞斯忒斯是遵从阿波罗在特尔斐城下达的命令而杀死母亲的，这可以看成是他内在情境的一部分。阿波罗实际上代表了俄瑞斯忒斯的残酷与报复冲动。但是，俄瑞斯忒斯的傲慢所包含的主要因素，例如嫉羡和对胜利的渴望，并不在主导地位。

俄瑞斯忒斯强烈地同情被忽略的、不快乐的、哀伤的厄勒克特拉，这一点很重要。他的破坏力是因为被母亲忽略由此产生的憎恨刺激而来的。母亲把他送走交给陌生人，换句话说就是，母亲给他的爱太少了。厄勒克特拉怨恨的原初动机，是她想要被母亲爱的渴望遭到了挫折。厄勒克特拉对母亲的怨恨包含了女儿与母亲的竞争，这种竞争集中在不让父亲满足母亲的性渴望。这些母女关系的早期紊乱，在她的俄狄浦斯情结发展中是一个重要因素。[①]

俄狄浦斯情结的另一个层面，是通过卡珊德拉和克吕泰墨斯特拉之间的敌对表现出来的。她们关于阿伽门农的直接竞争，表明了母女关系的一个特征：两个女人为得到同一个男人的性满足而展开竞争。因为卡珊德拉曾是阿伽门农的情人，某种意义上她可能觉得自己像阿伽门农的女儿一样，成功地从母亲那里夺走了父亲，所以预期会受到

① 参见《儿童精神分析》第十一章。

母亲的惩罚。这是俄狄浦斯情境的一部分，即母亲以憎恨来回应女儿的俄狄浦斯欲望。

阿波罗对宙斯的完全顺从紧密联系着他对女性的憎恨及他的反向俄狄浦斯情结。下面的描述可以看出他特有的对女性生育力的轻蔑：

> “不曾在子宫的黑暗中孕育，
> 她却是一朵生命之花，因为女神从不会生养……（指雅典娜）
> 尽管世人称呼她为孩子的母亲，
> 她却不是真正的生养者，
> 她只是个看护，照料体内的生命之种。
> 那播种的人才是唯一的生养者……”

他对女性的憎恨，让他对俄瑞斯忒斯下达了弑母的命令，而且他坚持迫害卡珊德拉。他性滥交的事实，并不违反他的反向俄狄浦斯情结。另外，他赞美几乎没有任何女性属性且完全认同于父亲的雅典娜。但他对姐姐的欣赏，表明了他对母亲形象的积极态度。这说明，他身上直接的俄狄浦斯情结的某些迹象并没有完全消失。

善良和助人为乐的雅典娜没有母亲，她是宙斯创造的。她对女性并未表现出敌意，但我认为这种缺乏竞争和怨恨，与她把父亲占为己有相关。宙斯回报了她的热爱，赋予她在众神中特殊的地位。她完全地臣服、热爱宙斯，可以把这看作是她的俄狄浦斯情结的一种表达。她不受冲突之苦，是因为她全部的爱只针对唯一的一个客体。

俄瑞斯忒斯的俄狄浦斯情结，能在三部曲的不同段落中找到。他责怪母亲忽略了他，并表达了对她的愤恨。但也有一些迹象表明他与母亲的关系，并不完全是负面的。俄瑞斯忒斯重视克吕泰墨斯特拉对阿伽门农的奠酒，因为他相信这样做正在唤醒父亲。当他准备杀死母亲时，母亲告诉他，当他是婴儿时自己是如何养育和爱他的时候，他动摇了，转而寻求朋友皮拉德斯的意见。还有一些迹象表明了他的嫉妒，这嫉妒表明一种正向的俄狄浦斯关系。克吕泰墨斯特拉对埃癸斯托斯之死表现出的哀伤，及她对他的爱，激怒了俄瑞斯忒斯。在俄狄浦斯情境中，对父亲的憎恨经常会转向另一个人，例如哈姆雷特（Hamlet）对他叔叔的憎恨。[①]俄瑞斯忒斯理想化了他的父亲，使他遏制对死去父亲的竞争和憎恨。他对伟大的阿伽门农的理想化（厄勒克特拉也经验到这种理想化）让他否认了阿伽门农用伊菲革涅亚来献祭，并给特洛伊城人民带来的苦难。在钦佩阿伽门农的同时，俄瑞斯忒斯认同了这个理想化的父亲，这让他克服了对伟大父亲的竞争和嫉羡，这些态度因母亲的忽略和她谋杀了阿伽门农而增加，形成俄瑞斯忒斯的反向俄狄浦斯情结的一部分。

我曾指出，俄瑞斯忒斯是没有傲慢特质的，尽管他认同父亲，但他易于有罪疚感。我认为，在谋杀克吕泰墨斯特拉之后的痛苦，代表着他形成抑郁心理位置的被害焦虑和罪疚感。这说明俄瑞斯忒斯因为他过度的罪疚感（由复仇女神所代表）而受到躁郁症之苦——吉尔伯特·默拉利称他发疯了。另一方面， 我认为，俄瑞斯忒斯所显现的心理状态是偏执——分裂和抑郁心理位置之间转换的一个特征，罪疚感在这个阶段基本上都被体验为迫害。当达到且修通抑郁心理位置时，罪疚感占优势，而被害感则减弱。这在希腊三部曲中，是通过俄瑞斯忒斯在艾瑞阿帕格斯（Areopagus）[②]法庭上行为的改变来象征的。

---

① 参见恩斯特·琼斯（Ernest Jones）的著作《哈姆雷特与俄狄浦斯》（1949）。

② 雅典的一座小山丘，也是古希腊最高法庭的所在地。

剧中俄瑞斯忒斯能克服他的被害焦虑，并修通他的抑郁心理位置，因为他从没有放弃净化自己罪行和回到人民身边的强烈愿望。这些意图指向了修复的内驱力，这是克服抑郁心理位置的特征。他与厄勒克特拉的关系（厄勒克特拉激发了他的怜悯和爱）、他对希望的态度、他对众神的整体态度，尤其是他对雅典娜的感激——所有这些都表明他对一个好客体的内化是相对稳定的，有正常发展的基础。我们猜测，在最早的阶段，这些感觉以某种方式进入他和母亲的关系当中，因为当克吕泰墨斯特拉提醒他：

“我的孩子，难道你就不会因折磨这乳房而恐惧？
难道你不曾在此酣眠，
在这里吸吮我给你的乳汁？”

俄瑞斯忒斯动摇了，放下了剑，对他来说，养育者的温暖提示了他在婴儿时期被给予和接受的爱。这个养育者可以是母亲的替代者，也可以是母亲。当俄瑞斯忒斯从一个地方被驱赶到另一个地方，他的罪疚感和迫害感达到了高峰，这表现在他心理上和生理上的痛楚。迫害他的复仇女神是坏的良心的拟人化，不体谅他是受命犯下谋杀罪的事实。我曾指出，当阿波罗给俄瑞斯忒斯下达命令时，他代表了俄瑞斯忒斯自身的残酷。这样就能理解为什么复仇女神不体谅俄瑞斯忒斯。一个无情的超我是不会宽恕破坏力的。

超我不宽恕的特性，及它所唤起的被害焦虑，表现在古希腊神话中就是：复仇女神的力量会延续到死后。这被看作是惩罚有罪之人的一种方式，是大多数宗教共有的元素。在《复仇女神》中，雅典娜说：

“……最强大的力量，

属于伟大的厄里倪厄斯；
她们统御不朽的神祇，
管辖死去的灵魂。”
复仇女神也宣称：
“他将流亡至死，
永不得自由，
死亦不得脱……”

希腊信仰中有一个信条：如果是死于非命，那么死者就要复仇。我认为，这种复仇的要求是来自早期的被害焦虑，这种焦虑因为儿童希望父母死亡的愿望而增加，并逐渐破坏他的安全感和满足感。所以，敌人就会变成所有邪恶的化身，婴儿渴望这些邪恶能反击自身的破坏冲动。

我在其他文章[1]中描述过一些人对死亡的过度恐惧。对这些人来说，死亡既是一种来自内在和外在的敌人的迫害，也是一种破坏内化好客体的威胁。如果这种恐惧很强烈，它可能会扩展成威胁死后生命的恐怖力量。在冥府（Hades）时为死前所受到的伤害复仇，对死后的平静至关重要。俄瑞斯忒斯和厄勒克特拉两个人都深信他们死去的父亲会支持他们的报仇。俄瑞斯忒斯在向艾瑞阿帕格斯法庭描述他的冲突时，他指出阿波罗曾说过如果他没有为父亲报仇，他就会受到惩罚。克吕泰墨斯特拉死后的鬼魂驱使着厄里倪厄斯继续追捕俄瑞斯忒斯，她说她在冥府中所受到的轻蔑，是因为谋杀她的人还没有受到惩罚。我们得出结论：持续到死后的怨恨引起了死后复仇的需要。还有可能

① 参见《论认同》（1955）。

是当谋杀死者的人还没有受到惩罚时，死者就会遭到鄙视，会被怀疑他们的子嗣对他们不够在意。

死者要求复仇的另一个理由是：地母被溅洒在她身上的鲜血所污染，她和在她体内的冥府人（死者）要求复仇。我把这些冥府人理解为母亲体内未出生的婴儿。孩子觉得他在自己嫉妒和敌意的潜意识幻想中摧毁了这些婴儿。在精神分析中显示，婴儿对下列事实有深层的罪疚感：母亲流产或母亲在他出生后[1]就再也没有孩子，让婴儿惧怕受伤的母亲会报复自己。

但吉尔伯特·默拉利谈到地母也是给予无辜婴孩生命和丰硕果实的人。她代表着和蔼、哺育和慈爱的母亲。这也就是我认为的，将母亲分裂成一个好的和一个坏的形象。

希腊人认为死者并没有消失，而是会在冥府中继续一种暗影般的存在，且对那些活着的人有影响。这种观念与人们对鬼魂的信仰有关：鬼魂被驱使着去迫害生者，除非他们已经报了仇，否则无法找到平静。我们也能将这种信仰（相信死者会影响和控制生者的信仰）与下面的观念联系在一起：他们继续作为内化的客体，通过或好或坏的方式存在于自体内部，他们是死去的，也是活跃的。与内在好客体的关系，说明这个客体被感觉为是有帮助的和引导性的，尤其是在悲伤和哀悼的过程中，个体努力保留之前存在的那个好关系，并经由这种内在的陪伴，来获得力量和安慰。如果哀悼失败，是因为这种内化不能成功，有帮助的认同受到了干扰。厄勒克特拉和俄瑞斯忒斯请求九泉之下的亡父来支持和强化他们的力量，这是想要联合好客体的愿望。这一好客体在外在上已经因死亡而失去，所以必须在内在上建立。那个受到恳求的好客体，

① 参见《儿童分析的故事》（1961）。

在其引导和帮助的层面是超我的一部分。这种和内在客体的好关系是认同的基础，而认同对个体的稳定性至关重要。

剧中人物相信奠酒能“打开死者干渴的嘴唇”，我将此解释为：母亲给予婴儿乳汁，是使婴儿及其内在客体保持生命的一种方式。因为内化的母亲（首先是乳房）变成了婴儿自我的一部分，婴儿觉得自己的生命与母亲的生命紧密相连。外在的母亲给予婴儿的乳汁、爱和照料，是被感觉为有益于内在的母亲。尽管克吕泰墨斯特拉是一个坏母亲，但她献上的奠酒，在厄勒克特拉和俄瑞斯忒斯看来是：通过喂养内化的父亲，她让他复活了。

在精神分析中我们发现：内在客体参与了客体所经验的愉悦，这也是重新唤醒已经死去的所爱客体的一种方式。已经死去的内化客体在被爱时，还保有其生命，这样的潜意识幻想，与俄瑞斯忒斯和厄勒克特拉的信念是一致的，即相信被重新唤醒的亡父会帮助他们。

我认为，还没有复仇的死者代表着内化的死亡客体，它威胁着内化的形象。他们抱怨主体在其怨恨中对他们造成的伤害。这些可怕的形象构成了病人的超我的部分，并与相信命运密切相关——命运让他走向邪恶，然后惩罚邪恶的人。

“……

他便不会认识你啊，伟大的神明！

你引导我们步入生命之途，

你让卑鄙小人自觉有罪，

然后弃他于他的苦痛——

只因世间罪孽皆自报。”

——歌德，《迷娘》（Mignon）

厄里倪厄斯是这些破坏的形象的人格化。在早期心理生活中，即便是正常的发展，分裂也不会完全成功，因为这些可怕的内在客体在一直运作。事实上，每个儿童都会经验到不同程度的精神病性焦虑。

儿童受到恐惧的折磨，害怕他在幻想中对父母做的坏事会让自己遭到报复。这或许是一种增强残忍冲动的诱因。他感到了内在和外在的迫害，然后他被驱使着把惩罚投射出去，而这样做的同时，用外在现实来检验他的内在焦虑和对实际惩罚的恐惧。如果孩子感到的罪疚感和被害感越多（即他病得越重），他也往往会变得越具攻击性。在不良少年和罪犯中，往往是因为有类似的过程在运作着。

因为破坏冲动最开始是针对父母的，所以在感觉上最根本的罪行就是谋杀父母。《复仇女神》中有关于这一点的描写。随着雅典娜决定票的投出，厄里倪厄斯反驳道：

> “是呀，从此等着父母的是，
> 奸诈与剧痛；因为孩子手中的刀刃，
> 会撕裂他们的胸膛。”

我曾指出，婴儿的残忍冲动和破坏冲动创造出了原始的可怕的超我。这体现在厄里倪厄斯进行攻击的方式中：

> “活生生地，从每一根血管畅饮你浓郁而鲜红的血。
> 我们干涸的唇，要你的血来滋润，
> 直到我正义的心被你的鲜血和你的苦痛喂饱；
> 直耗到你如死人般枯槁，

且掷你于死者的行伍……”[①]

厄里倪厄斯用来威胁俄瑞斯忒斯的折磨，是最原始的口腔和肛门施虐性质。剧中她们的呼吸“犹如掷出的一团火，烧得又远又广”，从她们的身体上散发出有毒的气体，以此来威胁俄瑞斯忒斯。婴儿会使用一些最早的破坏方法来折磨他人，即用放屁和粪便来进行攻击，这让他觉得他毒害了母亲，还有用尿（火）烧她。早期的超我也会用同样的破坏来威胁他。当厄里倪厄斯害怕雅典娜夺走她们的力量时，她们表达了愤怒和忧虑：“难道我所受的伤害不足以转而粉碎这个人吗？这种痛苦的毒药像火一样烧在我心中，难道这种毒药不应该像下雨一样落在他们身上吗？”

残忍的厄里倪厄斯，也联系着超我基于抱怨的受伤形象的那一面。“有血从她们的眼睛和嘴唇滴下来”，这表明她们遭受着折磨。这些内化的受伤形象，婴儿感到都是报复性和威胁性的，他试图把它们分裂开来。但是，它们还是进入了婴儿早期的焦虑和梦魇之中，并在他所有的恐惧中产生着重要影响。因为俄瑞斯忒斯伤害并杀死了他的母亲，母亲就变成了孩子恐惧其报复的其中一个受伤客体。他说厄里倪厄斯是他母亲的“疯狂的追杀”。

克吕泰墨斯特拉没有受到超我的迫害，因为厄里倪厄斯并没有追捕她。但在她杀死阿伽门农，发表得意扬扬和趾高气扬的言论之后，她表现出抑郁和罪疚感，所以她说：“别让我们被血腥玷污了。”她还经验到被害焦虑，她梦到她用乳房喂养怪兽，怪兽暴虐地咬噬着她，

① 关于吸干受害者鲜血的这个描述，让人想起了亚伯拉罕（Abraham,1924）的说法，残酷同样介入了口腔吮吸阶段。他称这是“吸血鬼似的吮吸”。

血与乳汁混在了一起。她感到了梦中的焦虑，于是将奠酒送到阿伽门农的坟前。所以，虽然她没有被厄里倪厄斯追捕，但还是有被害焦虑和罪疚感。

厄里倪厄斯的另一面是，她们紧紧依附着自己的母亲——“夜之女神”（The Night）。母亲是她们唯一的保护者。她们一再地恳求母亲对抗阿波罗。阿波罗是太阳神，是夜晚的敌人，他想要剥夺她们的力量，所以她们觉得自己受到他的迫害。这里我们能看到反向俄狄浦斯情结对厄里倪厄斯造成的影响。我认为，她们针对母亲的破坏冲动，在某种程度上转移到父亲身上（转移到了一般的男人身上）。只有通过这种转移，对母亲的理想化和反向俄狄浦斯情结才能维持。她们尤其关注对“母亲”所造成的伤害，而且也只报复弑母的人，这就是她们并没有迫害谋杀丈夫的克吕泰墨斯特拉的原因。她们辩称克吕泰墨斯特拉不是杀害血亲，所以罪行并没有大到要受报复。我认为，她们的辩称中有很大的否认成分，她们否认的是：任何谋杀最终都是来自对父母的破坏感，所以任何谋杀都不被允许。

后来雅典娜为厄里倪厄斯带来改变：从冷酷的憎恨变为更温和的情感。但是，她们没有父亲，甚至能代表父亲的宙斯也开始反对她们。她们说因为她们所散布的恐怖“和我们所承受的世界的怨恨，神已经将我们赶出他的殿堂”。阿波罗则轻蔑地告诉她们，她们不再被人类或神明所亲吻。

我认为因为缺少父亲，或由于父亲的怨恨和疏忽，她们的反向俄狄浦斯情结增加了。雅典娜承诺，她们将会受到雅典人的爱戴和尊崇。艾瑞阿帕格斯法庭是由男人组成的，这些男人陪伴她们到将来她们会在雅典城居住的地方。我认为：在这里，代表母亲的雅典娜现在又与女儿们分享着男人（即父亲）的爱，她改变了她们的感觉和冲动，也让她们整体性格上发生了改变。

如果把这个三部曲看成是一个整体，我们就能发现超我的各种各样的象征形象。例如，在感觉上重新复活的阿伽门农支持他的孩子们，他是超我的一个层面，以对父亲的爱和欣赏为基础。厄里倪厄斯被描述为属于旧神时期，即用野蛮和暴虐方式统治的泰坦族（Titans）。我认为，她们与最早和最冷酷的超我有关，代表着可怕的形象，而这个形象主要是儿童投射其破坏幻想在客体上的结果。但是，她们被和好客体或理想化客体的关系所反制——尽管是用一种分裂开来的方式。我曾提到过母亲和孩子的关系，及父亲和他的关系，对超我的发展有重要影响。在俄瑞斯忒斯身上，父亲的内化是在欣赏和爱的基础上，对父亲的内化证实对他后续的行动有最大的影响，死去的父亲是其超我一个很重要的部分。

一开始我认为受伤的内化客体抱怨并产生了罪疚感和随后的超我。后来我发现，虽然这种罪疚感会逐渐消失，而且还没有形成抑郁心理位置，但在某种程度上，它在偏执——分裂心理位置期间还会运作。有些婴儿控制自己不去咬噬乳房，他们甚至在第 4～5 个月大的时候自己断奶（没有任何外在的原因）；而另一些婴儿，通过伤害乳房，从而让母亲难以喂食。我认为，前面一种婴儿的节制表明他们有一种无意识的觉察，知道自己因为贪婪而想要将伤害加诸母亲的欲望。结果是，婴儿感觉到母亲被自己伤害了，母亲因为自己贪婪地吸吮和咬噬而被掏空了，所以在他的心中是一个受伤状态的母亲及其乳房。在儿童甚至成人的精神分析中，可以发现母亲从很早开始就被感觉成是一个受伤的客体，不论是内化的还是外在的。[①]我认为，这个抱怨的受伤客体其实是超我

① 参见《儿童精神分析》，第八章。

的一部分。

和这种受伤的、爱的客体的关系，不仅有罪疚感，也有悲悯，这是所有对他人同情和关心的根源。在这个三部曲中，超我的这个层面是由不快乐的卡珊德拉所代表。阿伽门农冤枉了她，把她置于克吕泰墨斯特拉的权力之下，他心生怜悯，劝克吕泰墨斯特拉要可怜她（这是他显露悲悯的唯一一次）。卡珊德拉的角色作为超我受伤的层面，和她是一位女预言家有关，她的主要作用是预警。长老的领袖被她的命运所触动，想要安慰她，同时也敬畏着她的预言能力。

卡珊德拉作为超我，预言疾病和处罚的降临，且哀伤会升起。她预知了自己的命运，和即将降临在阿伽门农和他家里的灾难。但是，没有人注意到她的警告，这是因为阿波罗的诅咒。长老很同情卡珊德拉，有一点相信她，但尽管这样，他们还是否认了她的预言。他们拒绝相信真相，表达了否认的普遍倾向。否认是对被害焦虑和罪疚感的一种强力防御，而被害焦虑和罪疚感是由不被完全控制的破坏冲动引起的。否认会压抑爱和罪疚感，逐渐损害对内在和外在客体的同情和关心，影响判断能力和现实感。

我们知道，否认是一种普遍存在的机制，也经常被用来证明破坏的正当性。借着丈夫杀了他们的女儿这一事实，克吕泰墨斯特拉把她对丈夫的谋杀正义化了，并否认有其他动机。阿伽门农在特洛伊城毁坏了神明的庙宇，他也觉得是正当的，因为他的弟弟失去了妻子。俄瑞斯忒斯觉得他有充足的理由：杀死篡位者埃癸斯托斯和母亲。这里我所说的正当，是对罪疚感和破坏冲动强有力的否认。对自己的内在过程有更多认识的人，会更少使用否认，也更不轻易对自己的破坏冲动让步，这样的结果是他们更加能容忍。

在《阿伽门农》中，卡珊德拉处于一种做梦的状态中。开始时她不能回神，后来她克服了，清楚地说出之前她用那种混乱方式所想传达的东西。我认为，这是超我无意识的部分变成了意识的，这是它被感觉为良心前很重要的一步。

超我的另一个层面是由阿波罗所代表。阿波罗代表俄瑞斯忒斯投射到超我的破坏冲动。超我的这个层面，让俄瑞斯忒斯变得暴力，并威胁如果他没有杀死母亲，就会被惩罚。因为如果阿伽门农没有报仇，他会愤恨、会痛苦，所以阿波罗和父亲代表着残忍的超我。这种复仇的要求和阿伽门农破坏特洛伊城时的残酷相同。希腊人认为复仇是后代子孙的义务，这与超我驱使犯罪有关。但是，超我同时又认为复仇是一项罪行，所以后代子孙会因他们所犯的罪行受到惩罚。

犯罪和惩罚、傲慢和正义的重复上演，可以通过房里的魔鬼得到证明。剧中说，这个魔鬼代代生活在这里，直到俄瑞斯忒斯被原谅，且回到阿哥斯城后才能安息。房中的魔鬼这种信仰，来自针对客体的怨恨、嫉羡和愤恨的恶性循环，这些情绪增加了被害焦虑，后来又引发了客体进一步的攻击——即破坏性因被害焦虑而增加，而被害的感觉因破坏性而增加。

自从珀罗普斯时代（Pelops'Time）起，魔鬼就一直在阿哥斯城的皇室中作祟，而当俄瑞斯忒斯被原谅后且不再受苦时，魔鬼才安息，俄瑞斯忒斯回归到正常和普通的生活。我对此的解释是：罪疚感和修复冲动及抑郁心理位置的修通，打破了恶性循环，破坏冲动和被害焦虑已经减少，且和所爱客体的关系被再次建立起来。

统治特尔斐城的阿波罗所代表的不只是俄瑞斯忒斯的破坏冲动和残酷超我。阿波罗是太阳神，还是“神的先知”。在《阿伽门农》中，卡珊德拉称他是“人类之路的光”和“所有事物的光”。但是，阿波罗不能经验到对苦难的悲悯和同情，尽管他说自己代表着宙斯的思想。从这个角度来看，阿波罗代表了这样一些人：他们转身离开悲伤，来防御悲悯之情，他们过度使用对抑郁感的否认。这类人不同情老人和无助的人。复仇女神的首领用下面的话来形容阿波罗：

“我们是女人，而且老了；
而你高高凌驾于我们之上，
践踏我们，凭你的青春和骄傲。”

在这里看厄里倪厄斯与阿波罗的关系，她们似乎是被年轻人和忘恩负义的儿子虐待的老母亲。阿波罗缺乏悲悯和他代表的超我无情又严厉的部分有关。

超我的另一个主要的层面是宙斯代表的。他是父亲（众神之父），经历苦难，学会了对孩子们的包容。宙斯曾对他的父亲犯下了罪孽，因此饱受罪疚感之苦，所以他对那些哀求者很仁慈。宙斯代表超我的一个重要部分，即内射的温和父亲，也代表了抑郁心理位置被修通后的一个阶段。认识和了解自己对所爱父母的破坏倾向，就更能容忍自己和别人的不足，从而获得更好的判断能力和更大的智慧。正如同埃斯库罗斯所说：

“历经苦难，人会学习。
旧痛犹在，新伤又至，
心在滴血，辗转无眠
终至克服执念，智慧降临。”

宙斯也代表了自体理想且全能的部分，也就是自我理想。弗洛伊德曾系统论述过这个观念。我认为，自体和内化客体的理想化的部分，与自体和客体坏的部分是分裂开的，而个体维持这种理想化的目的是处理其焦虑。

这个三部曲中还有另一个层面，是内在事件和外在事件的关系。我认为复仇女神是内在过程的象征，埃斯库罗斯用下列文字说明了这一点：

> “畏惧当有善功，在彼时——
> 欲望攻陷巅峰，警醒伏藏在心。”

但是，在三部曲中，复仇女神也经常以外在的角色出现。

通过克吕泰墨斯特拉的人格，我们能看出埃斯库罗斯一方面深深透视着人类心灵，另一方面也关注着人物的外在象征意义。他暗示克吕泰墨斯特拉实际上是一个坏母亲。俄瑞斯忒斯指责她缺乏爱，因为她把他送走了，并且虐待厄勒克特拉。克吕泰墨斯特拉被自己对埃癸斯托斯的性欲望所驱使，忽略了她的孩子们。为了她与埃癸斯托斯的关系，克吕泰墨斯特拉赶走俄瑞斯忒斯，因为她预料到他会是父亲的复仇者。当俄瑞斯忒斯乔装回来时，她产生了怀疑，便召唤埃癸斯托斯带着持矛士兵前来。一听到埃癸斯托斯被杀，她唤人取她的战斧：

> “不！来人，取我战斧！我倒要看看
> 究竟谁胜，谁倒下，是他还是我……”

她威胁要杀掉俄瑞斯忒斯。

但也有地方表明克吕泰墨斯特拉并不总是一个坏母亲。当儿子是婴儿时她哺育过他，对女儿伊菲革涅亚的哀悼也是真诚的，是外在情境的改变造成了她性格的变化。我认为是外在情境引发了她早期的愤恨，重新唤醒了破坏冲动；破坏冲动胜过了爱的冲动而占据了优势，而这又造成了生死本能融合状态的改变。

从厄里倪厄斯到欧墨尼德斯的改变，可以说也是外在情境在起作用。她们很担心会失去权势，雅典娜安慰她们说：她们调整后的角色将会对雅典产生影响，会协助维护法律和秩序。外在情境影响的另一个例子，是阿伽门农性格的改变。他的成功远征让他成为“王中之王”。成功往往是危险的，尤其当成功增加了威望时，它就会增强野心和竞争性，干扰爱的情感和人性。

雅典娜代表着宙斯的思想和感情。与厄里倪厄斯象征的早期超我相比，雅典娜是智慧而缓和的超我。

雅典娜有许多角色：她是宙斯的代言人，表达宙斯的思想和愿望；她是一个缓和的超我；她还是一个没有母亲的女儿，因此避免了俄狄浦斯情结。她有一个非常根本的功能：带来平静和平衡。她希望雅典人避免内部的纷争，这象征着避免家庭中的矛盾。她让复仇女神变得平和宽恕，这是妥协和整合的倾向。

这些都是内化好客体的特征，她变成了生本能的载体。剧中好母亲的雅典娜和克吕泰墨斯特拉代表的坏母亲的形象形成了鲜明的对比。这个角色也进入阿波罗和她的关系之中，她是他唯一尊敬的女性形象，他提到她时总是带着赞赏，完全遵从她。

如果在婴儿期，好客体被充分地建立，超我就会变得比较温和。我认为从生命开始就在运作的整合冲动的强度增加了，使得恨被爱所缓和。但即便是缓和的超我也还会要求控制破坏冲动，为的是在破坏和爱之间寻找一种平衡。所以我认为，雅典娜代表着超我的成熟阶段，是为了妥协相反的冲动，这和更安全地建立好客体紧密相关，且提供了整合的基础。雅典娜在下面的描述中说明了控制破坏冲动的目的：

“抛弃恐惧之心，可是别全部抛弃；

若无恐惧之心，谁能身免于罪？

恐惧是内心的规范与律法，

愿它长存你心，且萦绕你的城……”

雅典娜引导而非主导的态度，是围绕好客体而建立起来的成熟超我的特征。这体现在她不认为自己有权决定俄瑞斯忒斯的命运上面。她开设艾瑞阿帕格斯法庭，选择雅典最智慧的人并给他们充分的自由来投票，只为自己保留关键时候的决定票。我认为：反对票代表自体不是那么轻易就能统一，破坏冲动的对立面是爱和修复及悲悯的能力。内在的平静不是轻易就能建立的。

自我的整合是通过自我的不同部分完成的——这些部分在三部曲中由艾瑞阿帕格斯法庭的成员来代表，他们之间有冲突的倾向，但仍是一个整体。但这并不是说他们能彼此认同，因为一方面是破坏冲动，另一方面是爱和修复的需要，这两方面之间是有矛盾的。但自我在最好的状态下有能力关注到这些不同的方面，并让它们更紧密地聚在一起。超我的力量也仍然存在，因为即使超我是较缓和的形式，它还是能让自我产生罪疚感。整合与平衡是让生命更完整、更丰富的基础。

埃斯库罗斯通过三部曲向我们勾画了一幅人类发展的图景：从其根源发展到最进步的层次。在三部曲中，他让诸神扮演了不同的象征角色，这表达了他自己对人性的深刻理解。

为了理解象征主义在心理生活中的重要性，我们需要考虑成长中的自我对冲突和挫折的许多处理方式。这表明愤恨和满足感的表达及婴儿的整体情绪都在不断改变中。因为幻想从一开始就渗透在心理生活中，有一种强大的动力要把它们附着在不同的客体上——这些真实的和幻想的客体于是成了一些象征，给了婴儿一个情绪上的出口。这些象征一开始代表着部分客体，在几个月之内会变成完整客体（也就是人）。孩子把他的爱恨、他的冲突、他的满足和他的渴求，都放进这些内在和外在象征的创造中。所以这些象征成为婴儿心理生活的一部分。创造象征的动力如此强烈，是因为即便是最有爱心的母亲也不能满足婴儿强烈的情绪需要。实际上，没有任何现实情境能实现儿童幻想生活中那些往往矛盾的要求和愿望。只有在童年时期，象征形成的能力得到了充分的发展，且没有受到抑制的阻碍，有的人后来才能充分利用潜藏在象征意义之下的情绪力量，这也就是艺术家创作的源泉。我认为，如果象征形成特别丰富，它就会促进才能及天赋的发展。

在成人的分析中，我们发现象征形成仍然在运作着，成人和婴儿一样被象征的客体所围绕。和婴儿不同的是，成人能区分幻想和现实，以自身的因素来看待人和事。

埃斯库罗斯这位富有创造力的艺术家充分地使用象征。象征越是被用来表达爱和恨、破坏和修复及生死本能之间的冲突，就越能接近普遍的形式。剧中他浓缩各种婴儿化象征，画出了表达在其中的情绪和幻想的所有力量。戏剧家之所以伟大，是因为他能将一些普遍的象征转移到人物角色的创造之中，并让这些角色成为真正的人。象征和艺术创作之间的联系经常被人讨论，但这里我主要关注的是在最早的婴儿期过程和艺术家后来创作的作品之间是如何建立联系的。

埃斯库罗斯在他的三部曲中，让众神以各种象征角色出现，增加了其戏剧的丰富性和意义。我认为：埃斯库罗斯的悲剧的伟大，是因为他在直觉上对无意识不可穷尽的深度的理解，并且这种理解深刻地影响了他所创作的角色和情境。

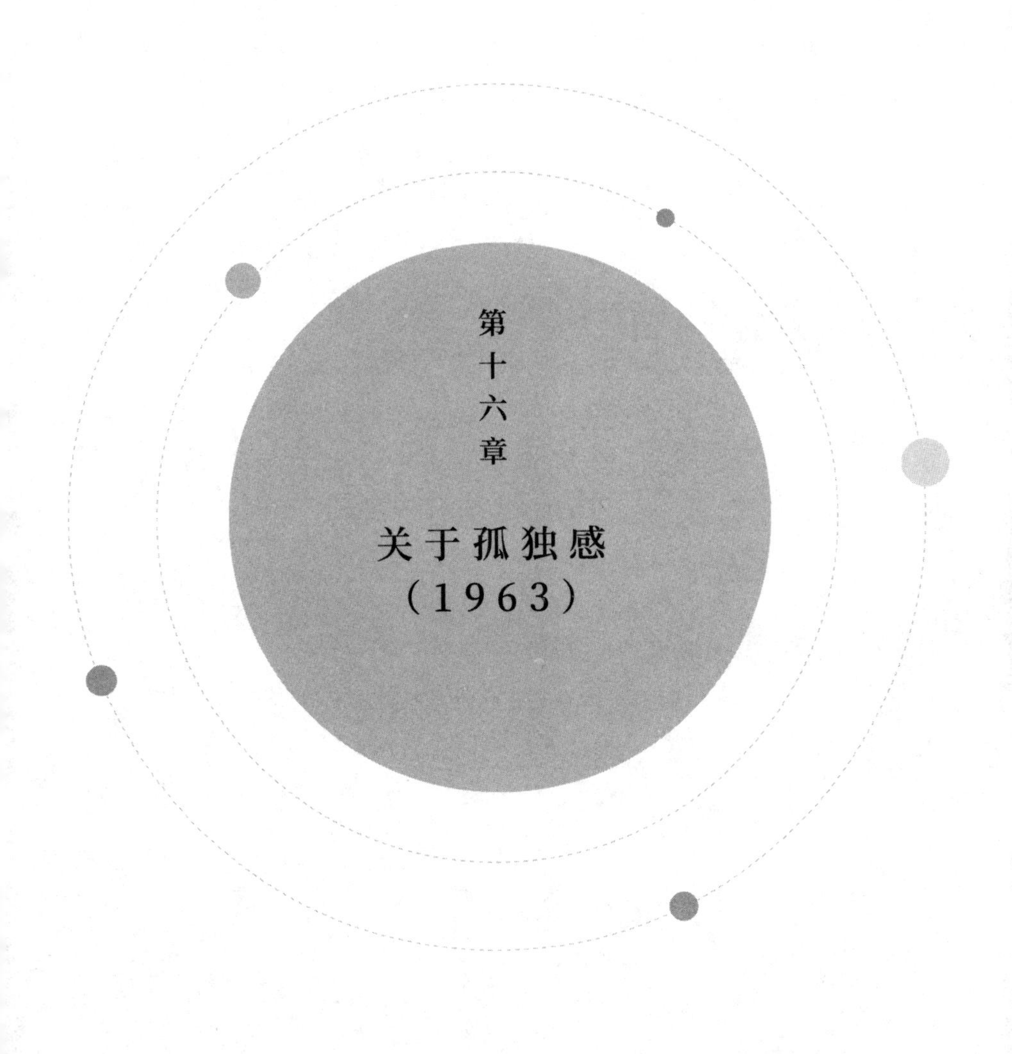

第十六章

关于孤独感（1963）

第十六章 关于孤独感（1963）

在本章节中，我将探究孤独感的来源。我所说的孤独感，并不是普通意义上被剥夺外在陪伴的客观情境，而是人内在的孤独感。

这种孤独感是不论外在环境怎么样，都觉得是独自一人；即便是在朋友当中，或正在被爱，却仍觉得孤独。我认为，这种内在孤独的状态，是追求一种无法企及的完美内在状态的结果。可以说，每一个人都会体验到这样的孤独。它是来自偏执焦虑和抑郁焦虑，也是婴儿精神病性焦虑的衍生物。每个人身上都或多或少有这些焦虑，病患身上这种焦虑最强烈，所以，孤独也是病患的一部分，它具有精神分裂和抑郁的性质。

和研究其他的情绪一样，为了理解孤独是怎样产生的，我们需要追溯到婴儿早期，并找到它对后面的生命阶段的影响。我们已知，自我从出生开始就存在并运行了。一开始自我在很大程度上缺乏凝聚，并由分裂机制所主导。死本能对自体的破坏威胁，使得冲动分裂成好的和坏的两个方面。这些冲动又被投射到原初客体，原初客体同样被分裂为好的和坏的。这样的结果是，在最早期的阶段，自我好的部分与好客体在一定意义上受到了保护，因为攻击被导离它们。我认为这些特殊的分裂过程是非常小的婴儿建设相对安全感的基础；而其他的分裂过程，例如那些造成碎裂的分裂过程，是不利于自我及其强度的。

和分裂冲动一起发展的，是一种从生命一开始就朝向整合的驱力，它随着自我的成长而增加。这种整合的过程是在好客体内化的基础上进行的，最初是一个部分客体，即母亲的乳房，虽然母亲的其他层面也进入到这一最早的关系之中。如果内在好客体能被相对安全地建立起来，它就会成为自我发展的核心。

与母亲之间良好的早期关系，说明了母亲和孩子无意识的一种亲密接触，这是得到完全理解的经验的基础，它与前语言阶段有关。在后来的成长中，他对志同道合的人表达思想和情感，在满足之余他还是会对非语言的理解有一种永不满足的渴求——根本上是渴求和母亲最早的关系。这种渴求会造成孤独感，它来自对一种无可挽回的丧失的抑郁感。

但即便是最好的状况，对母亲及其乳房的幸福关系也会受到干扰，因为被害焦虑是一定会发生的，它在生命的前三个月达到高峰，即在偏执——分裂心理位置的期间：它从生命一开始就出现了，是生本能与死本能之间冲突的结果，出生经验也是它的成因之一。每当产生强烈的破坏冲动，母亲及其乳房通过投射被感觉为具有破坏性，所以婴儿一定会经验到某种不安全感，这种偏执的不安全感是孤独的根源之一。

当抑郁心理位置升起（通常是在第一年的3~4个月），自我已经相对整合，这时候婴儿已经有一种更强烈的整体感了，所以他更能作为一个完整的人与母亲建立联结，后来与其他人建立联结。然后偏执焦虑逐渐让被抑郁焦虑取代。但整合的实际过程会带来一连串的新问题，它们中有一些与孤独有关。

刺激整合的因素之一是：早期自我想要用来抵消不安全感的分裂过程，从不只是短暂地有效；自我被驱使着尝试接受破坏冲动。这种驱力造成了整合的需要，因为如果能达成整合，结果就可以通过爱来缓和恨，从而减少破坏冲动。自我会觉得相对安全，不仅是在它自身的存活方面，还在好客体的保留方面。这就是缺乏整合是造成极端痛苦的原因之一。

但是，整合是难以接受的。破坏冲动和爱的冲动、客体的好坏层面交织在一起，会引起焦虑，担心破坏的感觉会占据爱的感觉，而危害到好客体。所以，在寻求整合与恐惧整合之间是有冲突的。曾有病人向我表达过整合的痛苦，他们说因为陪伴他们的只有自体坏的部分，他们感到孤单，觉得遭到抛弃。而当严厉的超我对破坏冲动造成一种强烈的压抑，并想要维持这种压抑时，这个过程会变得更加痛苦。

整合的发生只能是逐步进行，但通过整合达成的安全感，却极易在内在和外在的压力下受到干扰，且会影响终生。完全和永恒的整合是不可能的，因为生本能和死本能之间的对立一直存在，且是冲突的最深根源。因为完全的整合达不到，所以不可能完全理解和接受自身的情绪、幻想和焦虑。这种状态会持续进行，它是造成孤独的一个重要因素。渴望理解自己也和需要被内化的好客体理解紧密相关。这种渴望的一种表达是幻想有一个双胞胎手足，这是一种普遍幻想，比昂（Bion）在一篇未发表的论文中注意到了它。他认为，这种双胞胎的形象代表那些曾不被理解和分裂开来的部分，这些部分是个体想要重新获得的，从而能达成一个整体，并获得完整理解；它们一些时候被感觉为理想的部分，另一些时候，双胞胎也代表一个能完全信任的，理想化的内在客体。

孤独和整合之间还有更进一步的联系。一般来说，人们认为孤独是因为感到没有能归属的人或群体。这种缺乏归属感，能看出更深层的意义。无论有多少整合正在进行，都还是会有一种感觉，即自体的某些成分是不可得的。分裂出来的一些部分被投射到其他人身上，造成一个人不是完全拥有自己的感觉，或者一个人不完全属于他自己，所以不完全属于其他任何人。那些丧失的部分，也会被感觉到是孤独的。

我曾指出，即便是在没有生病的人身上，偏执焦虑和抑郁焦虑也不可能被完全克服，它们可以说是孤独的基础。当偏执焦虑过于强烈，即便还在正常范围内，和内在好客体的关系也很容易被干扰，对自体好的部分的信任也会受到损害，这造成对偏执感的投射和对他人的怀疑增加了，从而形成孤独感。

在真正的精神分裂症病人中，这些因素都是存在的，而且更为严重。

在继续讨论精神分裂症病人的孤独之前，我会更加详细地论述偏执——分裂心理位置的某些过程，因为这很重要，尤其是分裂和投射性认同。投射性认同是基于自我的分裂，及自体的部分投射到他人身上，首先是母亲及其乳房。这种投射来自口腔——肛门——尿道的冲动，目的是控制和占有母亲，自体的部分被彻底排出，以身体的实质形式进入母亲。然后，母亲就不会被感觉是一个分离的个体，而是自体的一个部分。如果这些排泄物是在憎恨中被排出的，母亲就会被感觉是危险和有敌意的。但被分裂出来并投射出去的不仅有自体坏的部分，也有好的部分。随着自我的发展，分裂和投射减少，自我就会变得更加整合。但如果自我很虚弱，且如果在出生时和生命开始时就曾遇到一些困难，那么其整合能力也是虚弱的。另外，为了避免导向自体和外在世界的破坏冲动所唤起的焦虑，还会产生一种更强烈的分裂倾向。当无法忍受这些焦虑时，就会造成深远的影响。它不仅增加了过度分裂自体和客体的需要，也会造成一种碎裂的状态，且让修通这些早期焦虑成为不可能的事。

当整合过程中没有解决这些问题，其结果就是精神分裂症。精神分裂症患者感到自己无望地变成了碎片，觉得自己永远不能拥有自体。自体碎裂的事实，会让他不能充分地将他的原初客体（母亲）内化成一个好客体，也造成了他缺乏稳定性的基础：他依赖不了一个外在和内在的好客体，也依赖不了他的自体。这个因素和孤独有密切的联系，因为它增加了精神分裂症患者的一种感觉：似乎只剩自己孤单一人承受苦难。感到自己身处一个敌意的世界，这是精神分裂疾病在偏执方面的特征。这种感觉不仅增加了他全部的焦虑，而且也严重地影响了他的孤独感。

造成精神分裂症患者孤独感的另一个因素是混乱。这是由多个因素造成的，尤其是自我的碎裂和投射性认同的过度使用，所以他会感觉到自己不仅处于碎裂的状态，还和别人搅和在一起。于是他不能区分自体好的部分和坏的部分、好的客体和坏的客体、外在现实和内在现实。所以，精神分裂症患者是不能理解自己或信任自己的。这些因素和他不相信他人结合起来，就产生了一种退缩状态。这降低了他形成客体关系的能力，及他从别人身上获得安慰和愉悦的能力——而这些能力能通过强化自我来消减孤独。他渴望与他人建立良好关系，却做不到。

精神分裂症患者的痛苦和苦难很容易被低估，是因为他们会经常防御性地使用退缩和情绪分散，所以往往不能轻易地觉察到自己的痛苦。但是，我和我的一些同事对治疗结果还是保持乐观，其中戴维森医生（Dr.Davidson）、罗森菲尔德医生和汉娜·西格尔医生，他们都曾治疗和正在治疗一些精神分裂症患者。这种乐观是基于下面的事实：这类患者也有一种朝向整合的冲动，且不论发展有多么不充分，他们也都有一种与好客体和好自体的关系。

现在，我要谈谈抑郁焦虑中的孤独的普遍特质。我曾指出：早期的情绪生活是以丧失和失而复得的重复经验为特征的。每当母亲不在时，婴儿就会觉得失去了她，要么是因为她受伤了，要么她已变成了一个迫害者。这种失去感与害怕她死亡的感觉类似。因为内射，外在母亲的死亡也代表内在好客体的丧失，而这又增加了婴儿对自身死亡的恐惧。在抑郁心理位置阶段，这些焦虑和情绪会有所提高，但就人的一生来看，对死亡的恐惧一直存在。

我曾指出，伴随整合过程所产生的痛苦，也造成了孤独，因为它代表面对一个人的破坏冲动和自体憎恨的部分，这些部分有时候会变得不容易控制，所以会危害好客体。随着整合渐增的现实感，全能感会减弱，这再次造成了整合的痛苦，因为它意味着希望的能力降低了。

整合也代表某些理想化的丧失。理想化从一开始就粉饰了和好客体的关系。当认识到好客体永远不可能拥有近似于理想化客体的完美特质，便产生了去理想化（deidealization），另外带来痛苦的是：认识到自己的理想部分是不存在的。我认为，虽然在正常的发展中，会倾向于减弱对理想化的需要，但它从来没有被完全放弃。一名病人曾告诉我，当接纳由整合中的某些步骤所得到的释放时，“令人神往的魔力就消失了”。分析显示，那消失的魔力，其实是对自体和客体的理想化，而失去它就造成了孤独的感觉。

在这些因素中，有一些因素或多或少参与到了躁郁症所特有的心理过程中。躁郁症病人已经开始迈向抑郁心理位置，即他更能将客体经验为一个整体，而他的罪疚感虽然仍然和偏执机制有关，却是较强烈和较不容易消失的。所以，相比于精神分裂症患者，躁郁症病人会有一种渴求——即想要内在安全地拥有好客体，来保存、保护它。但他觉得自己不能做到这一点，因为他并没有充分地修通抑郁心理位置，所以它修复、合成好客体和达成自我整合的能力并没有获得充分的发展。在他和好客体的关系中，还有大量的恨，所以他害怕不能充分修复它，他和它的关系往往是一种不被爱，甚至被恨的感觉。他觉得好客体重复受到自己破坏冲动的威胁。个体希望克服所有这些和好客体有关的困难。这是孤独感的一部分。极端情况下，这一点会表现为自杀倾向。

在外在的关系中，差不多的过程也运作着。躁郁症病人只能在少数时候且极短暂地从和一个好心人的关系中得到释放。因为他会很快将自身的憎恨、愤恨、嫉羡和恐惧投射出去，所以他经常对人感到不信任。也就是说，他的偏执焦虑还是很强烈。所以，躁郁症病人的孤独感，更多地集中在他不能与好客体保持一种内在和外在的陪伴，而较少地集中在他自己的碎片状态。

我们还应该关注在整合过程中一些更深层的困难，尤其是男女两性身上男性和女性要素之间的冲突。在女性身上，有一种普遍的愿望是要成为男人。阴茎嫉羡就是这种愿望的一种表达。同样，在男性身上也有女性心理位置——即拥有乳房和生小孩的愿望。这样的一些愿望和对父母双方的认同密切相关，伴随着竞争和嫉羡的感觉，及对渴望的东西的欣赏。这些认同在强度及质量上都有差异，取决于占优势的是欣赏还是嫉羡。在儿童身上整合人格中这些不同层面的欲望是整合欲望的一部分。另外，超我还提出一个自相矛盾的要求——即同时认同父母双方。这一要求是因为早期抢夺父母双方的欲望造成的后来想要修复他们二人的欲望，表达了想要在内在保留双亲的愿望。如果罪疚感的元素居优势，将会阻碍这些认同的整合，但是，一旦达成了这些认同，它们将会成为丰富人生的源泉，及不同才能和能力发展的基础。

下面我会用一个男病人的梦，来阐释整合在这个特殊层面的困难，及其与孤独的关系。一个小女孩正在和一头母狮子玩，并拿着一个铁环让母狮子跳过去，但铁环的另一边是悬崖。这头母狮子服从了女孩的命令，最后死了。同时，一个小男孩正在杀一条蛇。因为相同的素材之前也曾经出现过，病人自己确认这个小女孩代表的是他自己的女性部分，而小男孩代表的是他的男性部分。在移情情境中，母狮子和我（分析师）有很大的关联。在此我举一个例子：小女孩有一只猫，这让人联想到我的猫，而我的猫通常代表我。因为他和我的女性特质是在竞争，他想摧毁我，而在过去是想摧毁他的母亲。认识到这些，对病人来说是很痛苦的。他认识到自己的一部分想要杀死分析师（以母狮子为表征），这将剥夺他的好客体。这种认识造成的不只是痛苦和罪疚的感觉，还有在移情中的孤独感。他还认识到和父亲的竞争让他产生了摧毁父亲的潜能和阴茎（以蛇为表征）的欲望，这也让他很心痛。

这个材料指向整合工作。在母狮子梦之前，是另一个梦，梦中一个女人从一栋很高的建筑上往下跳，自杀了，但他一点儿也不惊骇，这和他往常的态度相反。在当时，分析的主要内容是他在女性心理位置上的困难，当时女性心理位置正处在高峰。梦中的女人代表他的女性部分，梦中内容说明他真的想让这部分被摧毁。他觉得这部分不仅会伤害他和女性的关系，也会损伤他的男性特质和所有建设性的倾向，包括对母亲的修复。这种把所有的嫉羡和竞争放入他的女性部分的态度，演变成一种分裂的方式，同时也掩盖了他对女性特质的欣赏和尊重。另外，他一方面觉得男性的攻击性相对更开放，所以也更诚实，另一方面他把嫉羡和欺骗都归诸女性部分。他厌恶一切虚伪和不诚信，这就造成了他在整合上的困难。

以上的分析，追溯到早期他对母亲的嫉羡，造成了他人格中女性和男性的部分有一种更好的整合，也造成了在男性和女性两种角色中嫉羡的减少。这增强了他在关系中的胜任感，所以有助于对抗孤独感。

再看另一个例子。分析中的主人公并不是一个不快乐的男人，也没有生病，在工作和关系中都很成功。他觉得自己总是感到像个孩子般孤独，这种孤独感一直存在。热爱大自然在这个病人的升华中是一个重要的特征，每当到了户外的他就会找到抚慰和满足。在一次会谈中，他向我描述了在一趟旅程中穿过丘陵地带时的愉悦，之后当他进入城市觉得很反感。我这样解释：对他来说，自然代表的不只是美丽，更是美好，是他纳入自己之中的好客体。他告诉我他觉得的确是这样，但又表示自然不只是美好，因为总有许多攻击在其中。他补充说，他与乡村的关系也不是完全美好的。当他还是一个小男孩时，他常去掏鸟窝，同时他也总是想要种点东西。他说，在对大自然的热爱中，他“纳入了一个整合的客体”。

为了理解病人的孤独感是如何产生的，我们必须考察某些他关于童年时期和大自然的联想。他告诉我，自己应该是一个快乐的婴儿，受到母亲良好的喂养。他很快又意识到他对母亲的健康的担忧，也知道他对母亲严格的态度感到愤恨。但总体上来说，他和母亲的关系在很多方面都是愉快的，他仍喜欢她。但他觉得自己在家里没有自由，并觉察到一种去户外的迫切渴求。他很早就发现户外对他来说意味着自由，去户外玩成了他最大的快乐。他说自己以前和其他男孩经常在树林和原野中游荡，也坦承有一些对大自然的攻击行为，比如掏鸟巢和破坏篱笆。但他相信这点伤不会持久，因为大自然总是会自我修复。他将大自然看成是富饶、不易受伤的，这与他对母亲的态度形成强烈的对比。他在和大自然的关系中没有什么罪疚感，而与母亲的关系中，他觉得自己要为母亲的脆弱负责任，所以存在大量的罪疚感。

从他的材料中，我得出结论：他在某种程度上内射母亲为一个好客体，在对母亲的爱和敌意之间能达到一定的合成。他的整合水平，受到他和父母关系中的被害焦虑和抑郁关系的干扰。对他的发展来说，他和父亲的关系很重要，但这并没有进入这个特殊的素材片段中。

这个病人想去户外的强迫需要，和他的幽闭恐惧症（Claustrophobia）有关。幽闭恐惧症有两个主要来源：一是对母亲的投射性认同，这产生了被幽禁在她里面的焦虑；二是重新内射，造成一种被怨恨的内在客体包围在自己内部的感觉。我对此的结论是：他热爱大自然是对这两种焦虑情境的防御。他对大自然的爱，从他与母亲的关系中被分裂开来。他对母亲的去理想化，使得他转移这份理想化到大自然上。与家庭和母亲的关系让他觉得很孤独，这种孤独的感受，加深了他对城镇的反感。大自然带给他自由和享受，也是他对孤独的一种反抗方式。

在另一次会谈中，这个病人报告了一种罪疚感。在一次去乡村的旅途中，他捉到一只田鼠，并把它放在汽车后备厢的一个盒子里，要把它当作礼物送给他的孩子。他想孩子会很喜欢这只小动物。但后来他忘了这只田鼠，想起来已经是一天以后了。他怎么也找不到它，因为它已经咬破盒子跑了出来，藏在后备厢人无法触及的角落处。终于，他再次努力捉住它之后，发现它已经死了。病人对这只田鼠的死亡感到罪疚感，这让他在后续会谈中关联到一些死去的人。他觉得自己对这些人的死亡负有一定责任，尽管这并没有理性的原因。

在后来的会谈中，他对田鼠有很多关联。田鼠扮演了好几个角色。田鼠代表着病人自己一个分裂开来的部分——孤独的和被剥夺的部分。通过对他的孩子的认同，他更感觉是被剥夺了一个潜在的伙伴。分析显示，在整个童年时期，病人都渴望有一个同龄的玩伴——这种渴望超越了对外在伙伴的实际需求，是感觉不能再次获得自体分裂开来的部分的结果。田鼠也代表了他的好客体，病人把它藏在他的内部（车子代表内部）。他对田鼠怀着罪疚感，也害怕田鼠会报复。另外，田鼠也代表一个被忽视的女人。这个联想是在一次假期后发现的，这不仅表明他被分析师孤独地留下来，也表明分析师也是被忽略和孤独的。和他的母亲有关的类似感觉在材料中清晰展现出来，因此我得出如下结论：他包含着一个死去的或孤独的客体，这增加了他的孤独。

这个病人的材料支持了我的观点：孤独与无法充分整合好客体，及自己那些感觉不能触及的部分有关。

现在，我将继续考察那些通常能减缓孤独的因素。好乳房相对安全的内化，是自我的某些天生力量的特征。一个强大的自我不太容易碎裂，所以更能达到一定程度的整合，也更能和原初客体建立起一个良好的早期关系。另外，好客体的成功内化是对它产生认同的根本原因，这种认同加强了对客体和自体美好和信任的感觉，减缓了破坏冲动，也减轻了超我的严厉性。一个比较温和的超我，对自我的要求并不严厉，这让他能容忍且有能力承受所爱客体的缺陷，而不会损伤和这些所爱客体的关系。

随着整合的进行，全能感降低，并使得一些希望感丧失，而全能感降低却让破坏冲动及其影响之间的区分成为可能，所以不再会觉得攻击性和憎恨有那么危险。这种对现实更大的适应性让人能接受其自身的缺点，结果是个体对过去挫折的愤恨感减轻了。它还打开了来自外在世界的享受的来源，这也是降低孤独感的另一个因素。

婴儿和第一客体的愉快关系和对它的成功内化，表明爱能被给予和接受，结果是，婴儿能体验到享受，不仅是在喂食的时候，而且在回应母亲的在场和情感时。对孩子来说，这种快乐的记忆是遭受挫折时的一种依靠。另外，在享受及感到理解和被理解之间有一种紧密的关联。在享受的时候，焦虑得到了适当的缓和，而与母亲的亲密感及对她的信任也达到了最高点。内射性和投射性认同如果并不过度，也在亲密感中发挥着重要作用，因为它们是构成理解能力的基础，也是促成被理解经验的一个原因。

享受总是和感恩紧密相关。如果能感受到这种感恩，它包含着想要回报所接受的美好的愿望，然后感恩就成了慷慨的基础。能够接受和能够给予之间有一定联系，这两者都是与好客体关系的一部分，所以能够对抗孤独。而且，慷慨的感觉是创造力的基础，这既适用于婴儿最原初的建设性活动，也适用于成人的创造力。

享受的能力是顺从的前提。顺从表示接受能触及的愉悦，而对不能触及的满足也不过于贪婪，也不对挫折产生太多的愤恨。这种适应能在一些幼儿身上观察到。顺从和容忍有关，也和觉得破坏冲动不会淹没爱有关，所以美好和生命能被保留下来。

我提到的所有这些发展中的因素，不能完全消除孤独感，所以它们常常被用作防御。当这些防御很强大并切合所需时，孤独就可能不会在意识的层面被体验到。有些婴儿会极度依赖母亲作为对孤独的防御方式，对依赖的需要可能会持续一生，久而久之这成为一种模式。还有，逃向内在客体也经常被防御性地使用，试图通过这样来抵制对外在客体的依赖。在一些成人身上，这种态度的结果是拒绝任何陪伴，在极端的状况下，这成为疾病的一种症状。

渴望独立是成熟的一个部分，但为了克服孤独，它也会被防御性地使用。减少对客体的依赖会让个体显得不那么脆弱，也削弱了对所爱的人内在和外在过度亲密感的需求。

另一种防御，尤其是在老年期，是沉溺于过去来回避现在的挫折，对过去的某些理想化会进入这些记忆，用来防御。在年轻人中，对未来的理想化也有与之类似的用途。对人物和事业的理想化是一种正常的防御，也是寻找被投射到外在世界的理想化内在客体的一部分。

被他人赏识和自己的成功，都能被防御性地用来对抗孤独。但如果过度地使用了这个方法，它就变得不安全，因为对自己的信任那个时候还没有充分建立起来。另一种防御和全能感及某些躁狂防御有关联，即等待渴求之物的能力的特殊用法，这可能会造成过度乐观和缺乏动力，并产生现实不完美的感觉。

对孤独的否认，往往被作为一种防御，极容易干扰好的客体关系。反之是实际经验到孤独并将孤独当成进入客体关系的一种刺激。

最后我想探讨：造成孤独的内在和外在因素之间的平衡很难评估的原因。必须指出，本文中所研究的都是内在层面——但这些并不是孤立存在的。在心理生活中，内在和外在因素之间有一种永恒的互动，这种互动的基础是开启客体关系的投射和内射过程。

外在世界对婴儿最初的影响，是出生时的各种不适感，他觉得这些不适感是由敌意的迫害力量带来的。这些偏执焦虑成了他内在情境的一部分。内在因素也是从一开始就运作了：生本能和死本能之间的冲突造成死本能转向外界，于是开启了破坏冲动的投射（弗洛伊德的观点）。我认为，生本能在外在世界寻找好客体的冲动，造成了爱的冲动的投射。于是，外在世界的图像便被内在因素所影响。然后，通过内射，外在世界的图像又反过来影响了内在世界。不仅是婴儿对外在世界的感觉受到其投射的影响，而且母子关系也以间接而微妙的方式受到婴儿对母亲的反应的影响。一个享受吸吮、能够满足的婴儿，减少了母亲的焦虑，而母亲的快乐则表现在她怀抱和喂养婴儿的方法上，这也降低了婴儿的被害焦虑，并影响到他内化好乳房的能力。相比来说，在喂养上有困难的孩子，可能会唤起母亲的焦虑和罪疚感，所以对母子关系有很不利的影响。在这些方式中，内在世界和外在世界之间不断互动，且这种互动持续一生。

外在和内在因素之间的相互作用，对孤独感的增加或减少都有非常重要的影响。因为好乳房的内化，要依赖内在和外在要素之间的相互作用。好乳房的内化只能在内部与外部因素的良性互动下产生，它是整合的基础，也是降低孤独感最重要的一个因素。另外，个体在正常的发展中，当强烈体验到孤独感时，需要转向外在客体，因为孤独感能通过外在关系而被缓和一部分。各种外在影响，尤其是对个体来说重要的人的态度，也能在一些方面降低孤独感。例如，与父母良好的关系，会让理想化的丧失和全能感的减少变得容易忍受。父母通过接受孩子的破坏冲动，并显示他们能保护自己免受孩子的攻击，就能减少孩子对其敌意愿望的后果的焦虑。这样，内在客体在感觉上就不是那么脆弱了，而自体也没有那么大的破坏性。

一个严厉的超我，永远不会在感觉上原谅破坏冲动，实际上，超我要求它们不应该存在。虽然超我在很大程度上是通过自我分裂出来的一个部分建立起来的，且一些冲动被投射在这个部分上，但它也不可避免地受到父母的人格及其与孩子的关系的内射的影响。超我越是严厉，孤独感就会越强，因为超我的严格要求增加了抑郁焦虑和偏执焦虑。

我认为：虽然能通过外在影响来降低或增加孤独，但它永远不可能消失，因为朝向整合的内驱力和整合过程中所体验到的痛苦，都是来自内在。而这些内在来源在一生中都是强有力的。